Elisa Bortoluzzi Dubach   Hansrudolf Frey

Sponsoring   Der Leitfaden für die Praxis

: Haupt

sophie Schmidt, Kudla II.

Elisa Bortoluzzi Dubach   Hansrudolf Frey

SPONSORING
Der Leitfaden für die Praxis

5., aktualisierte und erweiterte Auflage

Haupt Verlag
Bern Stuttgart Wien

Für Martin
Für Ingeborg

Bibliografische Information der Deutschen Bibliothek
Die Deutsche Bibliothek verzeichnet diese Publikation
in der Deutschen Nationalbibliografie;
detaillierte bibliografische Daten sind im Internet
über http://dnb.ddb.de abrufbar.
   ISBN 978-3-258-07653-9

5., aktualisierte und erweiterte Auflage: 2011
4., aktualisierte und erweiterte Auflage: 2007
3., aktualisierte und erweiterte Auflage: 2002
2., aktualisierte und erweiterte Auflage: 2000
1. Auflage: 1997

Gestaltung und Satz: Atelier Mühlberg, Basel
Umschlagbild: Nach einem Gemälde von Markus Huber, Frauenfeld
Printed in Germany

www.haupt.ch

Inhaltsverzeichnis

Anhang

Geleitwort

Das Geleitwort für ein Buch zu schreiben, das bereits in der fünften Auflage erscheint und einen solch positiven Einfluss auf viele Institutionen im kulturellen, sportlichen oder sozialen Umfeld hat, ist für mich eine Freude.

Der Erfolg von «Sponsoring – Der Leitfaden für die Praxis» beruht meines Erachtens auf vier Elementen:

- Der praxisbezogenen Struktur des Buches: Sie führt den Leser mit vielen praktischen Tipps und Ratschlägen zur Lösung und zeugt damit von der langjährigen praktischen Erfahrung der Autoren
- Der einfachen Sprache: Damit wird die Lektüre auch für Leser zum Vergnügen, die keine Fachleute sind
- Der Konzentration des Inhaltes auf das Wesentliche: Jedes Kapitel beschränkt sich auf die entscheidenden Elemente, die bei der praktischen Umsetzung eines Sponsoringprojektes beachtet werden sollen
- Der ganzheitlichen Optik: Die wesentlichen Problemkreise werden aus der Sicht des Sponsors und des Sponsoringnehmers beschrieben; eine vom Ansatz her einzigartige Vorgehensweise im europäischen Umfeld

Beim Lesen fällt ebenfalls auf, mit welcher Sorgfalt die einzelnen Kapitel geschrieben worden sind – mit Respekt für den Leser, mit Liebe zum Detail und stets höchster Qualität verpflichtet. «Sponsoring – Der Leitfaden für die

Praxis» ist eine wertvolle Arbeitsanleitung, die ich gerne zur Hand genommen habe. Ich kann das Buch allen empfehlen, die ihre Projekte in den Bereichen Kultur, Sport oder Soziales vorantreiben wollen.

Ich wünsche Ihnen viel Spass bei der Lektüre.

Bettina Würth

Vorsitzende des Beirats der Würth-Gruppe

Vorwort

Was ist Sponsoring? Wie suche ich Sponsoren? Wie offeriere und wie nutze ich Imagetransfer? Nach welchen Kriterien werden Sponsoringengagements eingegangen? Was muss ich als Sponsoringnehmer wissen? Das sind einige der vielen Fragen, die dieses Buch beantworten will. Sein Ziel ist, den Leser Schritt für Schritt mit allen wichtigen Instrumenten des Sponsorings vertraut zu machen, Zusammenhänge aufzuzeigen und ein solides Basiswissen über Sponsoring zu vermitteln. Als Leitfaden will es dem Benutzer in leicht verständlicher Form eine praktische Anleitung zur Lösung alltäglicher Fragen im Sponsoring geben. Es möchte, vorab Gesponserten, dann aber Studenten der Kommunikation und Fachleuten aus den Bereichen Werbung und Marketing, die sich mit Sponsoring auseinanderzusetzen haben, in der sicheren Handhabung des Sponsoringinstrumentariums unterstützen.

Man kann dieses Buch, Kapitel nach Kapitel, von vorne nach hinten lesen. Wer sich einen schnellen Überblick über das Fachgebiet Sponsoring verschaffen möchte, der kann aber auch mit dem Glossar beginnen, mit den Kapitelzusammenfassungen oder mit den besonderen Problemen des Sponsorings im Anhang. Wer das Buch zum Nachschlagen benützen möchte, der findet in den zehn Hauptkapiteln eine ganze Reihe von Checklisten und Beispielen aus der Sponsoringpraxis. Wer es in der Aus- oder Weiterbildung einsetzen möchte oder als Auffrischungskurs für das Selbststudium, dem mögen die Fragen und Antworten aus dem ganzen Gebiet des Sponsorings dienlich sein.

Dieses Buch hat den Anspruch, das Wesentliche über Sponsoring zu vermitteln, die Sensibilität für die Thematik zu schärfen und das Sensorium für die Sponsoringprozesse zu wecken. Es ist aus unserem täglichen Umgang mit praktischen Sponsoringfragen entstanden und will deshalb in erster Linie auch zur Lösung von alltäglichen Sponsoringproblemen beitragen.

Wir hatten das Glück, in unserer beruflichen Tätigkeit immer wieder mit besonders kreativen Gesprächspartnern zusammenarbeiten zu dürfen. Dabei sind wir allerdings oft konfrontiert worden mit der Schwierigkeit der Gesponserten, ihre eigenen Projekte in die richtige Form und an den richtigen Sponsor zu bringen. Auf der Seite der Sponsoren haben wir erlebt, wie anspruchsvoll es zuweilen war, den Gesponserten die eigenen Bedürfnisse so zu kommunizieren, dass diese Sponsoring mit der notwendigen Motivation und Freude erleben oder aber die Gründe einer eventuellen Absage besser nachvollziehen können. Dieses Buch vermittelt auch unsere Interpretation eines Sponsorings, das allzuoft wenig kritisch reflektiert wird und dessen grosse Chance in einem Kreativitätspotenzial liegt, das nach unserer Auffassung noch lange nicht ausgeschöpft wird. Wir sind überzeugt, dass ein wichtiger Aspekt des Sponsoringprozesses der gegenseitige Respekt zwischen Sponsor und Gesponsertem ist. Indem wir unter Respekt die Fähigkeit verstehen, vorurteilslos zuzuhören, den Willen, sich in die Situation des Partners zu versetzen, und die Bereitschaft, sich sorgfältig mit der Materie auseinanderzusetzen, sind wir zuversichtlich, dass Gesponserte und Sponsoren Sponsoring als kommunikative Herausforderung und Chance erleben, Menschen, Ideen und Ideale zusammenzubringen. Der Wille, sich dafür das Know-how anzueignen, das unabdingbar ist, um ein Projekt zum Erfolg zu führen, und die Freude, das Ziel in einem echten Teamgeist zwischen Sponsoren und Gesponsertem zu erreichen, sind dabei wichtige Schlüssel zu gemeinsamen Erfolgen.

In der rezessiven Situation, unter der Europa zurzeit leidet, verbunden mit der wirtschaftlich notwendigen, ständigen Optimierung der Ressourcen, bekommt Sponsoring als Kommunikationsinstrument mehr und mehr auch eine ethische Dimension. Wo es letztlich in schwieriger Zeit um die Verteilung von Geld an Institutionen, Werke und Anlässe geht, gewinnt die unternehmerische Verantwortung gegenüber der Gesellschaft, der Umwelt und dem Standort klar an Gewicht. Wer das Sponsoringhandwerk beherrscht und kreativ einsetzt, wird seine Aufgabe aber auch unter ungewöhnlichen Rahmenbedingungen mit Erfolg lösen. Wir freuen uns, wenn dieses Buch einen praktischen Beitrag dazu leisten kann.

Elisa Bortoluzzi Dubach und Hansrudolf Frey

14

Einführung

Vom Mäzenatentum zum Sponsoring

Sponsoring begleitet unser Leben. Keine Fernsehsendung für ein Massen-publikum, die nicht ihren Sponsor hätte, keine Sportübertragung aus den Stadien der Welt, die nicht von Sponsoren bezahlt würde, kein Talentwett-bewerb im Kulturleben, der nicht seine Sponsoren im Hintergrund hätte. Ohne Sponsoring wäre unsere Welt um viele Errungenschaften, um manche Entdeckung und um sehr viel Spass und Lebensqualität ärmer.
Die Geschichte des Sponsorings fängt an um 70 bis 8 v. Chr. Damals lebte je-ner Diplomat, Grundbesitzer und Günstling Kaiser Augustus', dessen Name 2000 Jahre später noch als Inbegriff für grosszügige Vergabungen von För-derbeiträgen stehen sollte: Gaius Clinius Maecenas.
Was als Mäzenatentum begann, hat sich indessen längst zu einer Spezial-disziplin der Kommunikation entwickelt und wird heute als Sponsoring be-zeichnet. Wenngleich Mäzenatentum schon zu Maecenas' Zeiten selten ohne Selbstzweck erfolgte, so unterscheidet seine heutige Ausprägung sich vom Sponsoring doch klar: Mäzenatentum wirkt zumeist im Stillen.

Das «Neue Mäzenatentum»

Heute ist allerdings zunehmend von einer neuen Art von Mäzenatentum die Rede. Das *neue* Mäzenatentum stellt eine Verlängerung der humanistischen Auffassung der Kultur dar, die davon ausgeht, dass Kultur etwas ist, nach dem der Mensch zu streben habe.

Im neuen Mäzenatentum stehen einer Unterstützung durch finanzielle oder Sachleistungen von Unternehmen an Sponsoringnehmer klare emotionelle Leistungen gegenüber.

Dass dabei die Visibilität als Konsequenz der guten Taten und nicht als Folge des Werbedruckes nicht zu kurz zu kommen braucht, beweisen viele Unternehmen mit Erfolg.

Zauberwort «Fundraising»

Fundraising ist der Oberbegriff für alle Formen der Mittelbeschaffung, inklusive Sponsoring. Der Begriff wird aber heute sehr oft mit Mittelbeschaffung im karitativen Umfeld gleichgesetzt.

Im Unterschied zum Sponsoring, das sich immer auf der Basis des Tausches Image gegen Geld bewegt, ist Fundraising in der Regel eine Einwegkommunikation. Auch wenn die Grenzen fliessend sind und für manche Unternehmungen im Fundraising und Mäzenatentum neben den altruistischen Überlegungen auch werbliches Kalkül im Spiel ist, so lässt sich, insbesondere wenn man Fundraising unter dem Aspekt der Wohltätigkeit sieht, sagen, dass beide Unterstützungsformen in der Regel nicht zur Erreichung der Kommunikationsziele eingesetzt werden.

Was Sponsoring heisst

Die bisherigen Auffassungen des Sponsoring gingen in der Regel vom Prinzip zweier Partner aus: dem Sponsor und dem Gesponserten. Wir möchten unseren Ansatz einen Schritt weiter entwickeln, indem wir der Überzeugung sind, dass erfolgreiches Sponsoring erst dann dem Grundsatz der Nachhaltigkeit und Langfristigkeit entspricht, wenn alle Anstrengungen dieser beiden Partner nicht nur auf die optimale gegenseitige Zielerreichung ausgerichtet sind, sondern ausdrücklich einen Nutzen und Zufriedenheit für die gemeinsamen Zielgruppen anstreben.

Aus der Sicht des Gesponserten ist Sponsoring aber nicht nur ein Instrument zur Beschaffung von Finanz- und Sachleistungen, sondern auch eine hervorragende Kommunikationsplattform. Die gemeinsamen Zielgruppen setzen sich in der Regel zusammen aus den Konsumenten bzw. Kunden des Sponsors und den Anspruchsgruppen des Gesponserten, aus den für den Sponsor und den Gesponserten relevanten Medien, Beeinflussern und Multiplikatoren sowie aus den Mitarbeitern des Sponsors einerseits und den Mitarbeitern oder Mitgliedern des Gesponserten andererseits.

Für Sponsoren und Gesponserte ist Sponsoring demnach die geplante und marktgerechte Bereitstellung von finanziellen Ressourcen, Sachleistungen und/oder Know-how mit dem Zweck, im Austausch gegen Imagetransfer kommunikative Ziele von Sponsoren und breit gestreute Ziele von Gesponserten zu erreichen sowie den Anspruchsgruppen beider Partner nachhaltig Nutzen und Zufriedenheit zu vermitteln.

Wer nach weiteren Definitionen sucht, wird gleich bei mehreren Autoren fündig. Professor A. Hermanns formuliert es so: «Beim Sponsoring handelt es sich um ein Geschäft auf Gegenseitigkeit zwischen zwei Partnern, dem Sponsor und dem Gesponserten, bei dem Leistung und Gegenleistung klar definiert werden.»

Das «Lexikon der Public Relations» spricht von der «gezielten Bereitstellung von Geld oder Sachleistungen für Einzelpersonen, Organisationen und Veranstaltungen zur Erreichung autonomer Ziele».

Manfred Bruhn definiert in seinem Buch «Sponsoring – Systematische Planung und integrativer Einsatz» folgendermassen: «Sponsoring bedeutet die Planung, Organisation, Durchführung und Kontrolle sämtlicher Aktivitäten, die mit der Bereitstellung von Geld, Sachmitteln oder Dienstleistungen durch Unternehmen zur Förderung von Personen und/oder Organisationen im sportlichen, kulturellen und/oder sozialen Bereich verbunden sind, um damit gleichzeitig Ziele der Unternehmenskommunikation zu erreichen.»

Sponsoring als besondere Kommunikationsform

Sponsoring erlaubt es Unternehmen, im Kampf um den Konsumenten das Beste, was sie haben, in die Waagschale zu werfen: ihre eigene Glaubwürdigkeit, ihre Reputation und diejenige ihrer Mitarbeiter. Sponsoring kann ausgesprochen transparent, im besten Sinne des Wortes durchschaubar gestaltet werden. Professionell gehandhabtes Sponsoring ist, was seine Akzeptanz beim mündigen und kritischen Konsumenten von heute betrifft, allen anderen Formen der Marktkommunikation längst ebenbürtig. Allerdings zählt Sponsoring auch zu den besonders anspruchsvollen Disziplinen der modernen Marktkommunikation. An einem Beispiel erklärt: Ein Softdrink-Produzent, der die Vorteile seines Produktes mit klassischer Werbung kommuniziert, wird vielleicht im üblichen Rahmen wahrgenommen. Er läuft möglicherweise Gefahr, von der Kommunikationskampagne der Konkurrenz «übertönt» zu werden. Ein Softdrink-Produzent aber, der einen Popstar sponsert, verbündet sich mit diesem – beinahe – mit Haut und Haaren. Solange dessen Image intakt ist, sind auch seine Chancen intakt.

Sponsoring baut auf der Corporate Identity auf

Sponsoring ist nicht eine isolierte Einzelmassnahme. Es soll sich an der Unternehmensstrategie, der Corporate Identity und an den Marketingzielen des Unternehmens orientieren. Corporate Identity ist das Selbstverständnis einer Firma (oder einer Organisation) kommuniziert über ihre Produkte, ihren Auftritt am Markt, ihr grafisches Erscheinungsbild, ihre Kommunikation und das Verhalten der Mitarbeiter. Die Corporate Identity beeinflusst die Wahl der Sponsoringbereiche und den Auftritt als Sponsor. Die Sponsoringziele werden von den Marketingzielen abgeleitet, müssen aber mit der im Leitbild festgehaltenen Vision des Unternehmens oder der Organisation kongruent sein. Schliesslich ist Sponsoring auch einzubetten in die Kommunikation des Gesamtunternehmens. Man spricht dann von einer «Integrierten Kommunikation».

Sponsoring ist nicht gleich Sponsoring

So vielfältig wie die Beweggründe für den Einsatz von Sponsoring, so vielfältig ist Sponsoring in seinen verschiedensten Formen. Wir unterscheiden hauptsächlich:

- *Sportsponsoring:* Die Förderung von sportlichen Aktivitäten, Einrichtungen, Einzelsportlern und Mannschaften durch Sponsoren.
- *Kultursponsoring:* Die Unterstützung kultureller Leistungen in den Bereichen bildende Kunst, Literatur, Theater, Kino, Oper, Schauspiel, Museen oder Konzerte durch Unternehmen oder Organisationen.

- *Soziosponsoring:* Die Förderung von Einrichtungen des Gemeinwohls und von Aktionen zugunsten der Gesellschaft durch Firmen. Im Rahmen des Soziosponsorings haben sich inzwischen auch Sonderformen des Sponsorings etabliert wie zum Beispiel das Umweltsponsoring, bei dem Unternehmungen Projekte, die der Umwelt zugutekommen (Flora und Fauna, aber auch einzelnen Landschaften wie Hochmooren, Bergkuppen, Seen usw.), unterstützen.
- *Mediensponsoring:* Die Summe aller Sponsoringaktivitäten, die ein Unternehmen in einer bestimmten Form oder in sämtlichen Formen der Unterstützung von Presse-, Radio- und TV-Sendungen realisiert.

Sponsoring auf verschiedenen Ebenen

Sponsoren können mithilfe des Sponsorings verschiedene Ebenen ansteuern: Zwischen der breiten Ebene des Volkssportes oder der populären Kunst und der Spitzenebene der herausragenden Forschungsprojekte, der Topleistungen der darstellenden oder bildenden Kunst sowie den Spitzenresultaten des Weltklassesports liegen zahlreiche Zwischenebenen, auf denen sich ganz bestimmte Zielgruppen in ganz bestimmten Sektoren mit zielgerichteten Sponsoringmassnahmen ansprechen lassen.

Sponsoring aus der Sicht der Gesponserten

Für Gesponserte ist Sponsoring ein wichtiges Mittel zur Beschaffung von Geld, Sachleistungen oder Know-how. Sponsoring ermöglicht ihnen, ob Sportveranstalter, Kulturschaffende oder Ökogruppen, Projekte zu realisieren, die vorhandene Mittel und Möglichkeiten übersteigen würden. Sehr oft hängt die Realisierung von der Möglichkeit des Sponsorings überhaupt ab. In vielen Fällen erlaubt Sponsoring, geplante Aktivitäten besser und interessanter zu realisieren. Manchmal ermöglichen Sponsoren zusätzliche Aktivitäten, die wiederum zusätzliches Publikum anzuziehen vermögen. Gesponserte bieten als Leistung die Partizipation an ihrem Erfolg, an ihrem guten Namen und ihrem Image an.

Sponsoring aus der Sicht der Sponsoren

Sponsoren sind es, die den Gesponserten die Erreichung ihrer Ziele ermöglichen. Sie verlangen als Gegenleistung den Imagetransfer. Bildlich ausgedrückt: Wer mit aufs Bild will, der muss dafür bezahlen.
Sponsoring betreiben Firmen, um mit gewünschten Zielgruppen ins Gespräch zu kommen, um ihren Bekanntheitsgrad zu verbessern, um ihr Image zu profilieren. Sponsoring ist aber auch hervorragend geeignet, die Motivation der eigenen Mitarbeiter zu verbessern. Darüber hinaus bietet es, vor allem im Bereich des Sozio- oder Umweltsponsorings, gute Möglichkeiten, die Verpflichtungen, die ein Unternehmen der Umwelt, der Gesellschaft oder dem Standort gegenüber hat, zu dokumentieren. Schliesslich kann Sponsoring auch ein Mittel sein, um den Absatz von Produkten und Dienstleistungen zu fördern.

Sponsoring aus der Sicht der Konsumenten

Der Konsument von heute wählt nicht mehr allein nach Preis, Qualität und Leistung. In einer Zeit, in der alle wichtigen Marktfaktoren weitgehend nivelliert sind, gewinnt die emotionale Seite des Kaufentscheides eine neue Dimension. Hier bietet Sponsoring Unternehmen und Organisationen hervorragende Profilierungschancen.
Der Konsument soll aber der eigentliche Gewinner sein: Nur wenn ihm neue Erlebniswelten erschlossen und wenn seine Einstellung und sein Verhalten verändert werden können, hat der angestrebte Imagetransfer sein Ziel erreicht. Angesichts zunehmender Probleme im ökologischen und wirtschaftlichen Bereich stellt das Erreichen und Halten einer langfristigen Kundenzufriedenheit eine anspruchsvolle Aufgabe dar.

Sponsoring als kreativer Prozess

Mit dem Sponsoring verhält es sich ähnlich wie mit der Werbung: Die wirklich kreativen Leistungen sind es, die ein Unternehmen gegenüber seinen Anspruchsgruppen profilieren, die auffallen, die ein Unternehmen oder eine Organisation ins Gespräch bringen.

Kreativität im Sponsoring heisst aber nicht nur Kreativität in der Kommunikation des Sponsoringengagements, sondern vor allem Kreativität, Originalität und Verantwortungsbewusstsein in der Wahl des Gesponserten. Hier ist das Feld der möglichen Engagements auch heute noch weit und vielerorts unbeackert.

Sponsoring beginnt oft im Kleinen...

Ob all der grossen und plakativen Beispiele sollte aber nicht vergessen werden, dass Sponsoring nicht nur ein Millionengeschäft ist. Das Sponsoringengagement von kleinen und mittleren Unternehmen oder von Gewerbetreibenden spielt gerade in kleinen Orten eine besonders wichtige Rolle. Wer dazu beiträgt, ein Orchester oder einen bekannten Autor in die vielgeschmähte Provinz zu bringen, der hat im entsprechenden Umfeld Gutes getan, über das sich sehr wohl und mit Erfolg sprechen lässt. Die professionell durchgeführte Sponsoringtätigkeit in diesem Bereich erfüllt eine doppelt wichtige Aufgabe.

... und endet im ganz Grossen

Sehr oft wachsen die Sponsoringnehmer an ihren eigenen Aufgaben. Auch kleine Veranstaltungen wachsen, und zwar meistens dank initiativer und risikofreudiger Sponsoren: Aus dem Freilufttheater von gestern entsteht das Kulturfestival von morgen. Da zeigt sich dann, wie wichtig langfristiges Denken und partnerschaftliches Vorgehen ist, wenn die Zusammenarbeit zwischen Sponsor und Gesponsertem über Jahre hinweg und mit steigendem Engagement funktionieren soll. Nur wenn es gelingt, eine tragfähige Vertrauensbasis aufzubauen, haben Gesponserte die Chance, im harten Kampf um immer anspruchsvollere Sponsorships im Rennen zu bleiben. *Die solide und handwerklich einwandfrei gestaltete Sponsoringarbeit ist die erste Voraussetzung dafür.*
In einer Zeit, in der die Gesamtsponsoringbudgets in der Regel eher rückläufige Tendenz haben, die Sponsoren oftmals weniger mutig, sprich: eher motiviert sind, Bewährtes statt Unbekanntes zu unterstützen, ist Professionalität ein zunehmend wichtiger Erfolgsfaktor.

Trends im Sponsoring

Sponsoring ist noch eine junge Disziplin. Die rasch fortschreitende Professionalisierung der Sponsoringarbeit wird in Zukunft die Resultate des Sponsorings nachhaltig verbessern und die Rentabilität dieses Kommunikationsinstrumentes anheben. Sponsoring wird dabei laufend neu definiert, und die Anwendungsbereiche werden ständig erweitert. Der Trend geht hin zur Fokussierung der Sponsoringinvestitionen und parallel dazu zur Verbesserung und Systematisierung der Sponsoring-Erfolgskontrolle. Zurzeit arbeiten beispielsweise viele Sponsoren an neuen Methoden zur Kontrolle der Kundenakquisition mithilfe des Sponsorings.

Das Sponsoring der Zukunft dürfte einerseits geprägt sein durch die laufende Vervielfachung der Kommunikationskanäle sowie deren extreme Aufsplitterung in kleine und kleinste Segmente. Im Gefolge der allgemeinen wirtschaftlichen Probleme auf den internationalen Märkten dürften zumindest hier der soziale Druck auf die Sponsoringinvestoren zunehmen und die ethischen Fragen der Sponsoringtätigkeit vermehrt in den Blickpunkt des Interesses rücken.

Die Problemdefinition

Wie sieht unser Sponsoringproblem aus?

Entscheidend ist für jedes Unternehmen vorerst einmal die grundsätzliche Frage, ob Sponsoring als Kommunikationsmassnahme überhaupt geeignet ist, die angestrebten langfristigen strategischen Ziele zu erreichen. Um diese Frage wiederum zufriedenstellend beantworten zu können, ist es ausserordentlich wichtig, die gesamten internen und externen Kommunikationsmassnahmen des Unternehmens zu hinterfragen, die kritischen Erfolgsfaktoren – und die möglichen Gefahren eines Misserfolges zu kennen. Die äusserste Klarheit in der Formulierung der angestrebten Ziele ist dabei nicht nur für den Sponsor, sondern auch für den Gesponserten von grosser Bedeutung. Voraussetzung für eine funktionierende Zusammenarbeit zwischen Sponsor und Gesponserten ist sodann ein Bericht, der die Erwartungen und die Möglichkeiten beider Seiten an ein Sponsoringprojekt offenlegt und der nicht nur die Ziele beider Partner, sondern auch den Umfang des angestrebten Sponsorships, die Dauer usw. genau festhält.

Kriterien aus der Sicht des Sponsors

Aus der Sicht des Sponsors reicht es nicht, bisher gemachte Erfahrungen allein zur Beurteilung eines Sponsorships heranzuziehen. Es gilt vielmehr, immer und immer wieder zu überprüfen, ob die geplante Strategie und die vorgesehenen Kommunikationsmassnahmen sich kohärent verhalten zu den vorgegebenen Unternehmenszielen. Eine erste Annäherung an das Sponsoringproblem erfolgt deshalb auf verschiedenen Ebenen. Die Fragestellung ist immer dieselbe: Entspricht das zur Diskussion stehende Projekt den Anforderungen der folgenden Kriterien:

- *Imageprofilierung und Branding:*
  Für den überwiegenden Teil der Unternehmen das wichtigste Argument für ein Sponsoringengagement überhaupt
- *Zielgruppenkontakte:*
  Der Kontakt zu ausgewählten Zielgruppen ist für die meisten sponsoringtreibenden Firmen ein ausschlaggebendes Kriterium

Darüber hinaus gilt es, zwei weitere Aspekte zu berücksichtigen, nämlich die qualitative Zielrichtung, die nach der Intensität fragt, mit der die gewünschte Zielgruppe den Auftritt des Sponsors wahrnimmt, und nach der Art der Inhalte, die mit dem Sponsoring vermittelt werden können, sowie die quantitative Zielrichtung bzw. die Anzahl Personen aus der fraglichen Zielgruppe, die den Auftritt wahrnehmen wird.

Was heisst das für Sponsoren?

Sponsoren werden dann bereit sein, ein entsprechendes Projekt zu unterstützendes, wenn ihnen die Gesponserten die Möglichkeit eröffnen, bestimmte, ausgewählte Zielgruppen möglichst ohne Streuverlust zu erreichen, und sich so die Gelegenheit bietet, den Bekanntheitsgrad nachhaltig zu steigern.

Weitere wichtige Kriterien für einen Sponsor sind:

- Absatzsteigerung
- Umsatzsteigerung
- Gewinnmaximierung
- Distributionsverbesserung
- Händlerwerbung
- Händlermotivation

- Markenaktualisierung, zum Beispiel bei einem Relaunch
- Leistungsdemonstration
- Profilierung im Markt
- allgemeine Kontaktpflege und Publicity
- Steigerung des Goodwills in der Öffentlichkeit,

aber auch die Mitarbeitermotivation, die Dokumentation von Verantwortung gegenüber der Öffentlichkeit und die Neupositionierung des Standortes. Sind die Kriterien einmal bestimmt und gewichtet, geht es darum, für die spezifische Art des künftigen Sponsorships die adäquate Form der Beitragsleistung zu definieren.

Hier unterscheidet der Sponsor wiederum nach folgenden Möglichkeiten:

- Handelt es sich um eine Unterstützung in Form eines finanziellen Beitrages oder einer Sachleistung?
- Sind wir Hauptsponsor, vielleicht sogar Exklusivsponsor, oder gibt es weitere Sponsoren?
- Geht es um das Sponsoring eines Namens, das heisst also zum Beispiel auch eines Sportlers, eines Künstlers, eines Umweltpioniers, oder um das Sponsoring eines Produktes, das heisst einer Veranstaltung, einer Manifestation oder einer Dienstleistung?
- Handelt es sich um etwas ganz Neues oder um Bestehendes?
- Welches sind im Rahmen des Sponsorings die für die Unternehmensstrategie relevanten Events?
- Welche Art von Zielen lassen sich für das Sponsorship definieren?

Die strukturierte Aufstellung aller dieser Fragen ermöglicht ein exaktes Bild der Ausgangslage und gibt dem Unternehmen eine Entscheidungshilfe in der Frage, ob Sponsoring ein adäquates Mittel für die Erreichung der kommunikativen Ziele ist oder nicht.

Kriterien aus der Sicht des Gesponserten

Um Erfolg zu haben, ist es entscheidend, dass sich der Gesponserte psychologisch – und ökonomisch – in die Situation des Sponsors hineinzudenken vermag. Mit anderen Worten: Die Analyse der eigenen Ausgangslage muss nicht nur den eigenen Gesichtspunkt widerspiegeln, sondern in erster Linie den Bedürfnissen und den möglichen Vorteilen des Sponsors Rechnung tragen.

Die nachfolgenden Fragen helfen dabei, dem Sponsor die Physiognomie des eigenen Projektes klar vor Augen zu führen:

■ Welcher Art von Projekten ist das vorgeschlagene zuzuordnen?
■ Welches Profil zeichnet das vorgeschlagene Projekt aus?
■ Was macht unser Projekt für den Sponsor interessant, besonders, «unique»?
■ Ist unser Projekt medienrelevant?
■ Welches sind die Ziele, die unserem Projekt zugrunde liegen?
■ Welches sind die finanziellen Erfordernisse?
■ Welches sind die nicht finanziellen Erfordernisse?
■ Welches sind die Vorteile, die einem Sponsor aus einer Zusammenarbeit erwachsen?
■ Sucht unser Sponsor eine zeitlich begrenzte oder eine kontinuierliche Zusammenarbeit?
■ Welche Ziele kann ein Sponsorship der angestrebten Art erreichen?
■ Welche Bedeutung hat das Sponsorship?
■ Sind die finanziellen Bedingungen mit den zu offerierenden Leistungen kongruent?
■ Investiert der Sponsor auch noch in andere Formen der Kommunikation mit vergleichbarem Preis-Leistungs-Verhältnis?

Wie wir unser Sponsoringproblem formulieren

Es gibt mehrere Möglichkeiten, unser Sponsoringproblem zu definieren und zu formulieren.

Handelt es sich bei unserem Projekt um eine kleine Angelegenheit, die ohne Kommunikationsverantwortlichen oder ohne PR-Abteilung auskommen muss, ist der einfachste Weg noch immer die Einberufung einer Sitzung und/oder die Bildung einer Projektgruppe. Mit einem guten Moderator an der Spitze des Teams wird es leicht sein, in kurzer Zeit die richtigen Argumente für ein Sponsorship zusammenzutragen und in einem ersten Dokument zu vereinen. Dieses Vorgehen hat gleich zwei Vorteile: Einerseits fördert es den Konsens innerhalb der Projektgruppe, denn unsere Bedürfnisse sind immer erst an den Prioritäten des potenziellen Sponsors zu messen, und andererseits wird das Dokument dank der Mitarbeit aller im Projekt Involvierten reichhaltiger, detaillierter und umfassender ausfallen.

Wichtig ist, dass der Moderator mit einer umfassenden Checkliste arbeitet, die wiederum nicht nur die eigenen Zielvorstellungen berücksichtigt, sondern die Realitäten potenzieller Sponsoren nicht aus den Augen verliert. Dann wird das Ergebnis der Sitzung mehr sein als Argumente wie «Unser Anliegen ist das schönste, deshalb sollten Sponsoren in uns investieren...»

Eine andere Möglichkeit ist, dass einer der Projektverantwortlichen ein Grundlagenpapier erarbeitet, das dann innerhalb des Unternehmens in die Vernehmlassung geschickt wird. So haben alle Spezialisten die Möglichkeit, das Projekt auf ihre ganz spezifischen Anforderungen hin zu überprüfen und ihre eigenen Ideen und Vorschläge in das Projekt einfliessen zu lassen.

Dabei sollten die ökonomischen Gesichtspunkte, immer auch aus der Sicht des potenziellen Sponsors, zwar keine ausschlaggebende, aber eine wichtige Rolle spielen, genauso wie neben allen Chancen unseres Projektes auch dessen Begrenzungen offen darzulegen sind.

Dieses erste, interne Papier ist noch keine eigentliche Sponsoringofferte. Es wird aber bei der Erstellung dieser Offerte gute Dienste leisten und mithelfen, keine für uns – und für den Sponsor – wichtigen Aspekte zu vergessen.

An diesem Punkt angekommen, lohnt es sich, das Dokument vorerst einmal jemandem zur Überprüfung vorzulegen. Das wird mit Vorteil jemand sein, der völlig von ausserhalb der Firma kommt, also beispielsweise ein Kommunikationsfachmann oder eine Sponsoringexpertin. Ihre Aufgabe ist es jetzt, eine exakte Analyse vorzunehmen, alle kritischen Faktoren noch einmal zu überprüfen und die Stärken und Schwächen unseres Projektes einzeln zu hinterfragen. Auf der Grundlage dieser Arbeit werden die Verantwortlichen der Arbeitsgruppe schliesslich entscheiden, ob das Sponsoringprojekt weiterverfolgt werden soll oder nicht.

Dieses Verfahren hat sich in der Praxis, gerade auch in Zeiten der Krise und der restriktiven Budgetvergabe, bewährt.

Unser Sponsoringprojekt aus der Sicht der intern und extern Beteiligten: Eine Checkliste für Sponsoringnehmer

Intern

- Welches sind hausintern die Schlüsselpersonen für das Gelingen des Sponsoringprojektes? Welches sind hausintern die Skeptiker, die das Projekt gefährden können?
- Welches Know-how haben die Personen, die hausintern in das Sponsoringprojekt involviert sind?
- Haben wir Kommunikationsprofis bzw. Sponsoringprofis in der Gruppe oder im Umfeld unseres Projektes?
- Haben wir hausintern einen Juristen?
- Versteht er etwas von Sponsoring oder hat er Beziehungen zu einem Fachanwalt?
- Wer in unserem Finanz- und Rechnungswesen wird ein Sponsoringbudget erstellen oder kritisch überprüfen können?
- Welche Person in der Buchhaltung wird mit den Sponsoringfragen konfrontiert sein?
- Hat unsere Organisation ein Beziehungsnetz in dem für den Sponsor relevanten Umfeld?
- Gibt es ein Argumentarium für den In-house-Gebrauch?
- Welches sind die Informationskanäle für die interne Kommunikation?
- Wann ist der ideale Zeitpunkt für die Kommunikation nach innen?

Extern

- Sollten wir ein Patronatskomitee gründen?
- Wie beurteilen die Schlüsselpersonen in unserem Umfeld das Projekt?
- Wo sind unsere potenziellen Verbündeten?
- Welches sind ihre hauptsächlichen Argumente?
- Wo sind unsere potenziellen Gegner?
- Welches sind ihre hauptsächlichen Argumente?
- Gibt es ein Argumentarium für den externen Gebrauch?
- Welches sind die Informationskanäle für die externe Kommunikation?
- Sind wir auf externe Spezialisten angewiesen?
- Gibt es Personen im Umfeld, die in unserer Kommunikation als Testimonials wirken könnten?
- Wann ist der ideale Zeitpunkt für die Kommunikation nach aussen?

Was ich im ersten Kapitel gelernt habe

> Ein Sponsor wird sich in der Beurteilung eines Sponsorships nie allein auf die bisherigen Erfahrungen abstützen.

> Das Erreichen der Unternehmensziele, auch mithilfe von Sponsoring-massnahmen, wird für jeden Sponsor im Vordergrund seiner Über-legungen stehen.

> Die Imageprofilierung steht bei den Sponsoringzielen der meisten Unternehmen ganz oben auf der Prioritätenliste.

> Sponsoren werden ein Projekt nur unterstützen, wenn das Spon-sorship ihnen die Möglichkeit gibt, ausgewählte Lifestyle-Gruppen möglichst ohne Zielgruppenverluste zu erreichen.

> Neben Absatz- und Umsatzsteigerung, neben Distributionsverbes-serung und Leistungsdemonstration setzen Unternehmer Sponsor-ships auch ein zur Mitarbeitermotivation, zur Dokumentation ihrer gesellschaftlichen Verantwortung und zur Aufwertung ihres Stand-ortes.

> Das Eindenken in die Situation des Sponsors ist die erste Voraus-setzung für die Formulierung einer erfolgreichen eigenen Sponso-ringstrategie.

> Die Bildung einer Projektgruppe fördert die Integration aller Be-troffenen in ein Projekt und sichert unserem Anliegen intern die breitestmögliche Akzeptanz.

> Das Beiziehen aussenstehender Fachleute hat sich bewährt: Distanz zu unserem Anliegen, kritisches Hinterfragen und Erfahrung in der Materie sind gute Voraussetzungen zur Professionalisierung unseres Vorgehens.

Die Analyse
der Ausgangslage

Obwohl wir uns vorgenommen haben, in allen Kapiteln des Buches den Stoff immer aus der Sicht der Gesponserten *und* des Sponsors zu beleuchten, machen wir beim zweiten Kapitel bereits eine Ausnahme. Und zwar weil in der Analyse der Ausgangslage ausnahmslos die Situation des Gesponserten untersucht wird. Für den Gesponserten ist dies wichtig, weil er dadurch seine eigene Situation erkennt. Für den Sponsor ist dies die Grundlage der Bewertung eines Sponsoringangebotes überhaupt.

Die Analyse der Institution – aus der Sicht des Gesponserten

Ist einmal der Grundsatzentscheid gefallen, dass Sponsoring der richtige Weg zur Erreichung des Zieles ist, dann geht es vorerst darum, eine eingehende Analyse des «Produktes» zu machen. Diese Analyse dient zur Erstellung eines «Produkteprofiles», das alle seine Details, seine Besonderheiten, all das, was es einmalig («unique») macht, herausarbeitet.
Diese Arbeit mag auf den ersten Blick für den Gesponserten eine überflüssige Mühe sein. Das Gegenteil ist aber der Fall. Dieser Arbeitsschritt zwingt zum kritischen Hinterfragen des eigenen «Produktes», sei es nun eine Veranstaltung, eine Ausstellung, ein Medienprojekt oder ein Projekt im Rahmen des «Ökosponsorings».

Sponsoring ist ein Prozess, der nicht nur den Sponsor angeht, sondern genauso alle jene, die diesen Prozess zu begleiten haben.

Für die Erstellung des eigentlichen «Produkteprofils» sind folgende Kriterien detailliert zu untersuchen:

Kriterien zur Erstellung eines Produkteprofils

Untersuchungsgegenstand	Institution	Produkt	Event
■ Positionierung			
■ Rechtsform			
■ Umsatz/Gewinn			
■ Mitarbeiterzahl			
■ Organigramm			
■ «Produkte»			
■ Ziel der Organisation			
■ Marketingziele			
■ Kommunikationsziele			
■ Potenzielles Medieninteresse			
■ Bestehende Medienkontakte			
■ Organisationsmerkmale			
■ Finanzielle Eckdaten			
■ Aktuelle organisatorische Strukturen			
■ Administrative Strukturen			
■ Profil der Schlüsselpersonen			
■ Die «History» des Produktes oder Events			

Das Zusammentragen dieser Informationen erfordert eine ganze Reihe von selbstkritischen Fragen. Es ist besser, wir stellen – und beantworten – diese Fragen für uns einmal ehrlich und gründlich, statt unvorbereitet zum Gespräch mit dem Sponsor zu erscheinen.

Zehn kritische Ansätze zur Selbstbefragung für Gesponserte

1. Wie sieht mein «Produkt» überhaupt aus, das ich anbieten will?
2. Welches sind im Hinblick auf ein Sponsorship seine Vorteile?
3. Wo liegen die Stärken des «Produktes» gegenüber anderen, vergleichbaren «Produkten»?
4. Welchen augenfälligen Vorteil hat mein «Produkt»? («Unique Selling Proposition»)
5. Welches sind die «Gefahren» meines «Produktes»?
6. Welches sind seine Nachteile gegenüber Mitbewerbern?
7. Wie sehen die Angebote möglicher Mitbewerber aus?
8. Wie interessant ist mein Angebot für einen Sponsor?
9. Welches könnten für ein Unternehmen die drei Hauptgründe sein, mein Angebot anzunehmen?
10. Was will, was kann ich unter diesen Prämissen realistischerweise erreichen?

Es empfiehlt sich, in allen Stadien unseres Projektes immer wieder zu fragen:

Wie kann der künftige Sponsor unser Projekt kommunizieren?

Oft müssen wir uns spätestens an dieser Stelle eingestehen, dass wir so sehr in unser Projekt «verliebt» sind, dass uns der realistische Blick für die Machbarkeit, vor allem aber für den kommunizierbaren Nutzen eines Sponsors abhandenzukommen droht.
Dagegen gibt es ein probates Mittel: Sprechen Sie mit Aussenstehenden darüber. Am besten natürlich mit Fachleuten. Suchen Sie gegebenenfalls das Gespräch mit einem Fachredaktor, einem Wirtschaftsexperten oder einem Marketing- und Kommunikationsspezialisten.

Stärken-Schwächen-Profil

Haben wir so ein möglichst schonungsloses Stärken-Schwächen-Profil erarbeitet, ist es wichtig, noch einmal einen kurzen «Marschhalt» einzulegen und das bisher Erarbeitete einer kritischen Prüfung zu unterziehen. Die Frage muss jetzt – einmal mehr – lauten: Halten unsere Kriterien, halten die Befunde auch tatsächlich einer kritischen Betrachtung stand?
Sie können diese Frage zuverlässig kaum allein beantworten.

Es empfiehlt sich deshalb auch hier wieder, sich auf das Gespräch mit Aussenstehenden abzustützen.

■ Fragen Sie langjährige leitende Mitarbeiter.
■ Suchen Sie auch das Gespräch mit Partnern, die sich vielleicht ausserhalb Ihrer Organisation bewegen, dieser aber freundschaftlich verbunden sind. Das können zum Beispiel Personen aus Aufsichtsgremien sein, Verbindungsleute zwischen Ihrer Organisation und der Politik, Experten, die in Fachkommissionen oder in Ausschüssen sitzen oder die einen Beraterstatus gegenüber Ihrer Organisation haben. Solche Kontakte helfen, die Probleme der eigenen Betriebsblindheit so gut wie möglich auszuschalten oder zu minimieren.

In der Regel sind solche Experten, die die Verhältnisse Ihrer Organisation seit Jahren kennen, sich aber nur an ihrem Rande bewegen, gerne bereit, die Resultate der von Ihnen erarbeiteten Analyse kritisch zu lesen und zu kommentieren.

Bausteine für die Analyse der Ausgangslage

Wenn Sie zum ersten Mal einen Event organisieren müssen, wird der Beizug aussenstehender Experten, die Ihnen helfen könnten, vielleicht schwieriger sein, weil die organisatorischen Strukturen solcher Veranstaltungen oftmals nur ad hoc bestehen und weil sehr oft auch ein ausgesprochenes Konkurrenzdenken den problemlosen Gedankenaustausch erschwert.
Es hat sich in solchen Fällen bewährt, entweder mit Kollegen zu sprechen, die ähnliche Events in geografisch getrennten Räumen organisieren, oder aber den Kontakt mit Veranstaltern gänzlich anderer Manifestationen zu suchen. Das heisst: Sie können als Veranstalter lokaler oder regionaler Konzerte durchaus profitieren von einem Gespräch mit dem Veranstalter von Kunstausstellungen am Ort. Wenn Sie literarische Veranstaltungen oder Autorenlesungen zu organisieren haben, dann kann ein Gespräch mit dem Kommunikationsverantwortlichen des regionalen Theatervereins äusserst hilfreich sein.

Generell gilt: Es muss Ihnen als Sponsoringbeauftragte ein Anliegen sein, mit allen potenziellen «Verbündeten» und den möglichen «Konkurrenten» in Ihrem Umfeld einen guten Kontakt zu haben. Spätestens, wenn sich zwischen verschiedenen Veranstaltungen in Ihrer Stadt oder Region Terminkollisionen anbahnen, werden Sie ohnehin dankbar sein, schnell über kollegiale und freundschaftliche Kontakte verfügen zu können.

Wenn Sie jetzt die Stärken und Schwächen gründlich analysiert und Ihre Analyse kritisch hinterfragt haben, dann bleibt in der Regel immer noch Zeit, offensichtliche und behebbare Schwächen zu mindern oder gar auszumerzen.

Es ist wichtig, dass Sie für diesen Prozess des partiellen Redesigns Ihrer Offerte wiederum alle Projektverantwortlichen hinter sich wissen. Das erfordert von Ihnen gegebenenfalls eine neue Überzeugungsarbeit, für die Sie genügend Zeit einkalkulieren sollten.

Denken Sie daran, dass Sie erst dann mit Sponsoren sprechen, wenn die eigenen Reihen geschlossen hinter Ihnen stehen, das eigene «Produkt» in sich stimmt und die Umfeldbedingungen so günstig wie möglich lauten.

Die endgültige Definition der Stärken und Schwächen Ihres «Sponsoringproduktes» sollte dabei immer unter den folgenden drei Gesichtspunkten erfolgen:

1. ausgerichtet auf Ihre Unternehmens- oder Organisationsziele
2. ausgerichtet nach den Mitarbeitern, die in Ihrem Unternehmen oder Ihrer Organisation beschäftigt sind, und sie sollte
3. unter dem Gesichtspunkt des künftigen Sponsors erfolgen

Die Wertvorstellungsanalyse Ihrer Institution

Das zweite Stadium Ihrer Analyse ist der Philosophie Ihrer Organisation und deren ethischen Prinzipien gewidmet. Hier geht es jetzt darum, eine Analyse der «hard facts» und der «soft facts» Ihrer Organisation zu machen.

Unter hard facts verstehen wir Grössen wie Umsatz, Absatz, Spendeneingang, Anzahl Mitarbeiter, Anzahl Mitglieder usw.

Unter soft facts verstehen wir zum Beispiel das Betriebsklima, den Goodwill, den Mitarbeiter oder Mitglieder in der Gesellschaft geniessen, den tadellosen Ruf usw.

Ziel dieses Arbeitsschrittes ist es, herauszufinden, welches die Schlüsselfaktoren für uns und für einen künftigen Sponsor sein werden.

Einen weiteren Schritt stellt die Analyse unserer Unternehmenskultur oder der Kultur unserer Organisation dar. Zu wissen, welche Werte in der Organisation hochgehalten werden, welche prägend für den Erfolg und die Ausstrahlung nach innen und nach aussen sind, heisst, von Anfang an die richtige Sprache zu finden, die von unseren künftigen Sponsoren auch am besten verstanden wird.

Das Betriebsklima

Nicht unwichtig ist in diesem Zusammenhang auch ein Blick auf das Betriebs-klima unserer eigenen Institution – und auf jenes eines potenziellen Sponsors. Die Mitarbeiter sind sowohl innerhalb wie ausserhalb unserer eigenen Orga-nisation ein Schlüsselfaktor, denn

- der Erfolg oder Misserfolg hängt in grossem Masse ab vom Klima der Mit-arbeiter untereinander,
- ein Sponsoringprozess besteht aus vielen, vielen Kleinigkeiten, auf deren reibungsloses Ineinanderwirken wir angewiesen sind.
- Ohne weitreichende Kooperationsbereitschaft, zum Beispiel ohne die Be-reitschaft zu Zusatzleistungen, zu Arbeitseinsätzen ausserhalb der Regel-arbeitszeit, zu gegenseitiger Hilfsbereitschaft ist ein grösseres Sponsoring-unterfangen gar nicht zu realisieren.
- Zu oft erwachsen einem Projekt ungeahnte Schwierigkeiten, weil organi-satorisch zwar alles vorbereitet wurde, in den heissen Phasen des Projektes aber die Chemie unter jenen nicht stimmt, die das gemeinsame Projekt umzusetzen haben.
- Schliesslich sei daran erinnert, dass die Mitarbeiter der am Projekt betei-ligten Firmen und Organisationen die ersten Multiplikatoren der eigenen Botschaft sind. Was hier nicht glaubhaft vermittelt wird, wird bei den Ziel-gruppen immer nur mit Wirkungsverlusten ankommen. Dies gilt natürlich für die eigenen Mitarbeiter genauso wie für jene des Sponsors.

Alle diese Elemente werden deshalb für die Wahl des richtigen Sponsors ent-scheidend sein, denn:

Conditio sine qua non einer erfolgreichen, langfristigen Zusammenarbeit im Sponsoring ist, dass wir uns nur mit Sponsoren zusammentun, deren eigene Unternehmenskultur mit der unsrigen kompatibel ist.

Andernfalls wird die Partnerschaft früher oder später in die Brüche gehen.

Informationspolitik und Kommunikation

Die Überprüfung des eigenen Bekanntheitsgrades und jene des zu sponsernden «Produktes» gehören selbstverständlich zu den «musts» der eigenen
Standortbestimmung.
Die Definition des IST-Wertes sollte dabei zweckmässigerweise ergänzt werden durch jene der SOLL-Werte, wie sie im Marketing- oder Kommunikationskonzept für die kurzfristige Periode festgelegt sind.
Das Gleiche gilt, wenn das «Produkt» ein Event ist. Wenn im Rahmen des
zu sponsernden «Produktes» eine wichtige Persönlichkeit involviert ist, also
zum Beispiel ein Kammermusiker, ein Jazz-Pianist, ein bildender Künstler usw.
dann stellt sich die Frage genauso.

So checken Sie den Bekanntheitsgrad

- Durch eine Umfrage in der relevanten Zielgruppe, wie sie von professionellen
  Marktforschungsinstituten angeboten wird. Vorteil: hohe Aussagekraft. Nach-
  teil: hohe Kosten
- Durch qualitative Gespräche mit Vertretern der relevanten Zielgruppe, zum
  Beispiel Behördenvertretern am Standort, Kunden, vor allem Schlüsselkunden,
  Zwischenhändlern, Fachjournalisten, Verbandsrepräsentanten, Vermittlern (zum
  Beispiel im kulturellen Umfeld: Konzertagenturen, Kulturveranstalter)

Die Vorteile der qualitativen Gespräche liegen in der Regel in den niedrigeren Kosten und in der Gewinnung zahlreicher zusätzlicher Informationen,
Anregungen, Warnungen, Vorschläge oder Ideen, die aus solchen Gesprächen
unmittelbar an uns zurückfliessen. Der Erfahrungsgewinn für unsere eigene
Arbeit und die realistische Einschätzung unseres eigenen Angebotes werden
durch die breiter abgestützte Grundgesamtheit einer grösseren Umfrage in
der Regel kaum aufgewogen. Allerdings sollten wir den Zeitaufwand solcher
qualitativer Gespräche realistischerweise nicht zu gering veranschlagen.
Die Feststellung des Images unserer Institution rundet die Information über
den Bekanntheitsgrad ab. Sie liefert wertvolle Informationen über das Klima,
das unser «Produkt» draussen auf dem Markt voraussichtlich antreffen wird,
und sie bestimmt zu einem späteren Zeitpunkt ganz wesentlich die Wahl der
Mittel, mit denen wir das Sponsoringziel erreichen wollen.

So checken Sie das Image Ihrer Organisation/Institution

Innerhalb der Organisation:
- durch Gespräche mit Schlüsselpersonen
- durch Befragung der Mitarbeiter
- durch eine Auswertung der Personalfluktuation
- durch die Auswertung der Teilnahme an innerbetrieblichen Weiterbildungsangeboten
- durch die Auswertung der Teilnahme an innerbetrieblichen Freizeitangeboten
- durch die Mitarbeiterinitiativen im innerbetrieblichen Vorschlagswesen

Ausserhalb der Organisation:
- durch Auswertung von Presseclippings
- durch Umfragen unter Kunden, Händlern, Zwischenhändlern, Konkurrenten
- durch qualitative Gespräche mit Zielgruppenvertretern und mit wichtigen Schlüsselpersonen aus dem Umfeld

Auch hier werden wir in der Regel aus den vorgenannten Gründen den qualitativen Gesprächen mit Schlüsselpersonen den Vorzug geben vor kostenintensiven und in der Auswertung gezwungenermassen oft unbefriedigenden Umfragen.

Wie steht es um das Medienpotenzial?

Ein weiterer Untersuchungsgegenstand sollte unbedingt auch das Medienbeziehungspotenzial sein. Es ist für uns vor einem Gespräch mit einem potenziellen Sponsor wichtig, zu wissen, welche kommunikative Unterstützung wir in das künftige Projekt einbringen können.
Für einen Sponsor andererseits wird die Frage nach den bestehenden Medienkontakten eine der Schlüsselfragen überhaupt sein. Sollte sich erweisen, dass unser «Produkt» bereits ein gutes Standing bei den Medien hat, wird das seine Attraktivität für den künftigen Sponsor markant erhöhen.
Kein Sponsor wird daran interessiert sein, seine Pressearbeit erst in den Dienst des zu sponsernden Produktes zu stellen. Im Gegenteil: Der schnelle, problemlose Zugang zu den Medien, die leichte Erklärbarkeit unseres «Produktes», sein tadelloser Ruf bei den Medien und dadurch die leichte Kommunizierbarkeit unserer gemeinsamen Botschaft sind wichtige Voraussetzungen für einen Imagetransfer mit möglichst wenig Reibungsverlusten.

Die Analyse der Trends im Umfeld unseres Projektes

Haben die bisherigen Untersuchungen primär unseren eigenen Zustand aus-
geleuchtet, also die von uns geschaffenen und in der Regel auch durch uns
zu verändernden Bedingungen, so widmen sich die Umfeldtrends jenen Bedingungen, mit denen unser Projekt von der Aussenwelt konfrontiert werden
wird und deren Veränderung zumeist ausserhalb unserer unmittelbaren,
kurzfristigen Möglichkeiten liegt. Die in der nachfolgenden Checkliste aufgeführten Beispiele zeigen die Relevanz von einigen Trends im Sponsoring.

Trends im Umfeld

Trends	Beispiele für Relevanz im Sponsoring
1. *Die juristischen Trends:* Gesetzliche Grundlagen, Verordnungen, Vollzugsbestimmungen, der rechtliche Rahmen auf den Ebenen Gemeinde, Bundesland/Kanton, Nation oder Europa-Gesetzgebung.	Das Verbot der Werbung für Zigaretten und Alkohol in den elektronischen Medien verunmöglicht Mediensponsoring durch die Tabak- und Alkoholindustrie. Juristische Limitierungen beeinflussen das Sponsoringaufkommen im Bereich von Radio/TV-Übertragungen.
2. *Die ökonomischen Trends:* Die durch die wirtschaftlichen Rahmen- bedingungen geschaffene Situation auf dem Markt.	Wenn Sie in einer Region sind, die zurzeit von einer starken Rezession ge- plagt wird und wo Industrie- und Dienstleistungsbetriebe soeben einige Tausend Mitarbeiter entlassen haben, dürfte die Bereitschaft zum Abschluss von Sponsoringverträgen relativ gering sein.
3. *Die technologischen Trends:* Die Entwicklungen im Internet und die Benutzung von Social Media eröffnen neue Möglichkeiten der Interaktivität.	Social Media werden immer mehr ein- gesetzt als flankierende Massnahmen zu traditionellen Sponsoringprojekten. So bauen Sponsoren z.B. auf Facebook Fanseiten auf, organisieren Gewinn- spiele oder geben Hintergrund- informationen zu ihren Geförderten, z.B. Sportlern und Künstlern.

Trends	Beispiele für Relevanz im Sponsoring
4. *Die ökologischen Trends:* Der Zeitgeist ändert ständig. Unternehmen, die zu spät erkannt haben, dass die Konsumenten nicht nur die Qualität der Produkte, ihre Nützlichkeit, ihren Preis und ihre Verfügbarkeit, sondern auch das umweltfreundliche Produktionsverfahren beim Kauf berücksichtigen, hatten beträchtliche Umsatz- und Imageeinbussen hinzunehmen.	Ein Fastfooder sah sich bei der Eröffnung seines ersten Restaurants in Europa einem massiven Protest breiter Bevölkerungskreise ausgesetzt, die vor allem die Verschmutzung der Strassen und Plätze im Umkreis des Restaurants anprangerten. Mit der Einführung von speziellen Umweltsachbearbeitern, speziellen Entsorgungstrupps, mit LKWs, die anstelle der bekannten Companyfarbe in grünstem Grün leuchteten, sowie mithilfe einer publizistischen Aufklärungskampagne vermochte der Konzern sich in kürzester Zeit vom Stigma des Umweltverschmutzers zu befreien.
5. *Die soziologischen Trends:* Wenn sich in den grossen Agglomerationen die Zusammensetzung der Wohnbevölkerung innert weniger Jahre grundlegend verändert, dann hat die Sponsoringstrategie sich entsprechend anzupassen. Im Rahmen der «Eindrittels/Zweidrittels-Gesellschaft» wird eine Minderheit Zugang zu den neuesten technologischen und wissenschaftlichen Erkenntnissen haben und zu den künftigen Entscheidungsträgern gehören. Selbstständigkeit, Selbstbewusstsein, Selbstvertrauen, Kommunikations- und Kontaktfähigkeit werden die zentralen Werte dieser Generation sein. Beständigkeit, Verlässlichkeit, Verbind-	Die zunehmende Vereinsamung auch jüngerer Leute in den Ballungsgebieten der Grossstädte hat dem Aspekt des «Bringing-people-together» in allen Sponsoringaktionen einen ganz anderen Stellenwert verschafft als noch vor zwanzig Jahren. Diese Situation wird die Kommunikation im Familien-, Freundes- und Bekanntenkreis allerdings nicht erleichtern. Die grosse Masse wird in dieser Gesellschaft hauptsächlich als Konsumenten (von Waren und von Freizeit) in Erscheinung treten. Verändertes Kommunikationsverhalten, veränderte soziodemografische Fakten und ein steigendes Bildungsniveau im Rahmen der Eindrittels/Zweidrittels-

[Trends im Umfeld]

Trends	Beispiele für Relevanz im Sponsoring
lichkeit und Zuverlässigkeit werden eine neue gesellschaftliche Bedeutung erlangen. Das künftige Leben wird geprägt sein von völlig neuen Lebens- und Arbeitszeitmodellen. «Man wird von einem Lebenszeitmodell und von einem Zeitbudget ausgehen und weniger von Arbeits- und Freizeit ... Eher sehe ich die Gefahr, dass es viel weniger Freizeit geben wird als bisher und vor allen Dingen keine gemeinsame mehr. Man spricht ja nicht zuletzt von Pinn- brett- oder Patchworkfamilien, die sich zuletzt nur noch übers Pinnbrett ver- ständigen können.» (Prof. Dr. Horst W. Opaschowski, BAT-Freizeitforschungsinstitut)	Gesellschaft erfordern eine neue, anspruchsvollere Art von Sponsoring.

Die Chancen-und-Gefahren-Analyse

Das Gegenstück zur Stärken-Schwächen-Analyse, die sozusagen das Röntgen-
bild unseres Unternehmens oder unserer Organisation im Hinblick auf ein
Sponsorship zum Ziel hat, ist die Chancen-und-Gefahren-Analyse.
Im Unterschied zur erstgenannten Arbeit, die gegenwartsbezogen oder rück-
wärtsgerichtet ist, analysiert die Chancen-Gefahren-Untersuchung die positiven und negativen Punkte im Hinblick auf die Realisierung der bevorstehenden Aufgaben. Sie ist eine nach vorwärts gerichtete Risikoanalyse, die alle
Pluspunkte und alle Minuspunkte der angestrebten Entwicklung auflistet und
in der Regel in eine Empfehlung ausmündet.
So könnte Ihre Chancen-Gefahren-Analyse aufgebaut sein:

**Beispiel einer Kulturvereinigung,
die vor einem Sponsoringentscheid für die Herausgabe
eines Kunstbuches steht**

Chancen des Projekts:
- bisher noch keine Monografie des Künstlers B. auf dem Markt
- starke Verankerung des Künstlers im Umfeld der Kulturvereinigung
- Autor der Monografie ist Kunstsachverständiger einer grossen Bank im Einzugs-
  gebiet
- Bereitschaft der Regierung zur Subventionierung vorhanden gemäss mündlicher
  Äusserung des Kulturamtleiters
- 800 eigene Mitglieder als Absatzkanal
- Jubiläums-Kunstausstellung zum 70. Geburtstag des Künstlers schafft Publizität

Gefahren des Projekts:
- Kunstbuchmarkt ist voll besetzt
- Name des Künstlers über die Region hinaus wenig bekannt
- Kunstbuch als Ausstellungskatalog wenig geeignet, da zu teuer
- Rezessive Zeiten, zurückhaltende Käufer

Die Chancen-und-Gefahren-Analyse basiert auf den Resultaten der Analyse
des Umfeldes und der Konkurrenz. Die einzelnen Argumente werden im Hinblick auf das anstehende Projekt gewichtet.

Die Analyse der Ausgangslage sollte Klarheit in der Positionierung unseres «Produktes» bringen, indem sie seinen USP (Unique Selling Proposition) herausarbeitet und aufzeigt, wo die tatsächlichen oder die im Angebot besonders zu betonenden Vorteile unseres Sponsoringangebotes liegen.

Sie können das in Form eines klassischen Positionierungskreuzes tun, in dem Sie zum Beispiel die Positionen von hoch- und tiefpositioniert sowie zwei gegensätzliche «Produktmerkmale» festlegen und die Situation Ihres Produktes sowie eventueller «Konkurrenzprodukte» entsprechend einzeichnen.

Sie können dies aber auch verbal tun, indem Sie festhalten, was Sie wollen und was Sie ausdrücklich nicht wollen.

Schlussfolgerung und Empfehlung

Die Analyse einer Ausgangslage sollte in eine kleine Zusammenfassung des IST-Zustandes mit entsprechender Schlussfolgerung ausmünden. Ihr sollte dann eine konkrete Empfehlung folgen. Diese kann eine Ablehnung eines bestimmten Vorhabens beinhalten oder, was wohl meistens der Fall sein wird, eine Empfehlung, *wie* ein bestimmtes Sponsoringobjekt unter Berücksichtigung der vorgängig dargelegten Stärken und Schwächen, der Chancen und Gefahren und unter Berücksichtigung der wichtigsten Umfeldtrends anzupacken wäre.

Beispiel einer Empfehlung

«Die Chancen, die in der Zusammenarbeit mit den Förderern Ihrer kulturellen Einrichtung liegen, sind nicht oder ungenügend genutzt. Die Sponsoringangebote sollten individuell auf die Bedürfnisse und die Zielpublika des Sponsors zugeschnitten sein. Optimierungen sind sowohl im klassischen Sponsoring als auch bei den Kooperationen mit Dritten möglich.»

Wie überprüfen wir unser Beziehungspotenzial mit den Medien?

- Gibt es einen Medienbeauftragten/Pressesprecher im Unternehmen/in der Organisation?
- Wie sieht seine hierarchische Stellung aus?
- Wie ist die Pressestelle personell dotiert?
- Wie ist sie technisch/finanziell dotiert?
- Gibt es eine Journalistenkartei?
- Ist sie sowohl nach Titel wie nach Journalisten aufgebaut?
- Wurde in unserem Unternehmen/unserer Organisation in den letzten drei bis fünf Jahren Medienauswertung betrieben?
- Gibt es ein Abonnement bei einem Zeitungsausschnittdienst?
- Wann wurde der Auftrag zum letzten Mal definiert?
- Entspricht die Definition noch den heutigen Bedürfnissen?
- Gibt es ein Medienarchiv?
- Wie viele und welche Medien sind für wen abonniert im Unternehmen?
- Wissen wir, welche Medien wann, wie oft, wie gross, wie prominent platziert über uns berichtet haben?
- Gibt es institutionalisierte Meetings mit der Presse, wie zum Beispiel
  - Bilanzpressekonferenz?
  - Jahrespressekonferenz?
  - Produktpressekonferenz?
  - Pressereisen?
  - Presse-Apéro
- Gibt es eingeführte Instrumente der Pressearbeit, wie zum Beispiel
  - Facts and Figures
  - Publikationsbilanz
  - Jahresbericht für die Presse
  - Newsletter
  - Halbjahresbrief des Präsidenten usw.
  - Mitarbeiterzeitungsversand an die Presse
- Wer wird das künftige Sponsoringengagement medienmässig begleiten bei uns?
- Wer wird der Ansprechpartner sein für den Medienbeauftragten des Sponsors?

Mit der gründlichen Abklärung der Medienfragen signalisieren wir unserem künftigen Sponsor Professionalität, Verantwortungsbewusstsein und den Willen, mit ihm gemeinsam die bestmögliche Gesamtwirkung zu erzielen.

Nützliche Dokumente für die Erstellung der Analyse der Ausgangslage

- Jahresbericht
- Budget
- Kontrollstellenbericht
- Marketingkonzept
- CI-Konzept
- CI-Richtlinien
- Vision
- Kommunikationskonzept
- Mittel- und langfristige Sponsoringplanung
- Sponsoringrichtlinien
- Sponsoringkonzept
- Sponsoringdetailkonzepte
- Sponsoringablaufplanung
- Sponsoringverträge
- Sponsoringhandbuch inklusive Sponsoring-Anwendungsvorschriften
- Korrespondenz
- Auswertung Sponsoringarchiv
- Unterlagen über das Profil der Gesponserten
- Adresskartei der Schlüsselpersonen extern
- Beispielsammlung Sponsoringmassnahmen
- Rapporte über die Sponsoring-Erfolgskontrollen
- Imageanalyse
- Presseclippings
- Videos and tapes (Radio/TV)
- Interne Befragungen
- Rapporte über die Teilnahme von Mitarbeitern an Sponsoringaktionen
- Rapporte über Identifizierung Mitarbeiter mit Sponsoringaktionen
- Profil der Mitarbeiter, die sich intern um das Sponsoring kümmern (speziell Sponsoring-Know-how)
- Positionierung dieser Mitarbeiter im Organigramm
- Unterlagen interne Sponsoringschulung
- Adresskartei der Schlüsselpersonen intern
- Medienkartei Sponsoringinteressenten
- Adressen Fachpresse
- Ausdruck vorhandener Fachliteratur Sponsoring im Unternehmen
- Teilnahmeliste Sponsoringkongresse usw.
- Mitgliedschaften in Sponsoring-Clubs, Erfa-Gruppen usw.
- Liste Sponsoringansprechpartner am Standort

Entscheidungskriterien für regionales
oder (inter-)nationales Sponsoring

Stärken des *regionalen* Sponsorings

■ **Kommunikation in regionalen Märkten**
 – Qualitative Kommunikation statt quantitative
 – Geringerer kommunikativer Aufwand bei gleichzeitig besser messbarem Erfolg
 – Einfachere Ermittlung
 – Leichtere Umsetzung in Absatz/Umsatz-Massnahmen vor Ort
 – Schnellere Verfügbarkeit von Resultaten

■ **Erhöhung des lokalen Bekanntheitsgrades**
 – Einfachere Umsetzung für Start-ups
 – Unkompliziertere Ausschöpfung des Potenzials
 – Einfachere und schnellere Kontrolle
 – Sammeln von Erfahrungen zur späteren Umsetzung im internationalen Rahmen

■ **Imagetransfer und Unternehmensethik**
 – Stärkere Verbundenheit mit dem Umfeld des Unternehmens
 – Grössere Glaubwürdigkeit im überschaubaren Rahmen
 – Grössere Wirkung bei Entscheidungsträgern

■ **Plattform für Kommunikation und Aktivitäten mit lokalen Medien**
 – Einfachere Beziehungspflege
 – Schnellere Integration
 – Grössere emotionelle Bindung

■ **Plattform für Zusammenarbeit mit lokalen Co-Sponsoren**
 – Unkompliziertere Kontakte in lokalen und regionalen Wirtschaftskreisen
 – Leichtere Bindung von Sponsorenpools
 – Chancen für unkomplizierte und wirkungsvolle Partnerschaften

■ **Goodwill bei Behörden und Opinion Leaders**
 – Kontakte zu Sportlern – und zu Amtsstellen
 – Kontakte zu Kulturschaffenden – und zu Amtsstellen
 – Kontakte zu sozialen Gruppierungen – und zu Amtsstellen

■ **Aspekte der Human Relations**
 – Grosse Bedeutung der Visibilität der Schlüsselpersonen
 – Chancen der direkten Kundenpflege
 – Unmittelbare Verankerung am Standort durch direkte Kontakte

Stärken des *(inter-)nationalen* Sponsorings

■ **Möglichkeiten der nationalen- oder weltweiten Kommunikation**
 – Quantitative Kommunikation mit hoher Reichweite
 bei gleichzeitig schwer messbaren Resultaten
 – Kaum möglicher Nachweis der umsatzrelevanten Wirkung
 – Kurzfristig schwierige Umsetzung in Absatz/Umsatz-Massnahmen
 – Grösserer Aufwand zur Ermittlung von Resultaten

■ **Erhöhung des Bekanntheitsgrades**
 – Starke Eignung für Übermittlung von visuellen Botschaften
 – Attraktive Möglichkeiten für den Einsatz von TV und Printmedien
 – Nationale Anpassung an Mentalitäten und Gepflogenheiten erforderlich

■ **Imagetransfer: Firmen, Namen und Unternehmensphilosophie**
 – Nationale, kontinentale oder interkontinentale Ausschöpfung möglich
 – Sprachregionale Abdeckung möglich (frankophone, angelsächsische usw.)
 – Attraktive Rückkoppelungseffekte auf die Ausgangsmärkte möglich

■ **Plattform für nationale und internationale Händlerpromotionen**
 – Internationale Anlässe mit hohem Aufmerksamkeitswert
 – Attraktive Möglichkeiten des «Bringing people together»
 – Chancen der Präsenz in den internationalen Medien

■ **Plattform für nationale und internationale Promotionen mit Co-Sponsoren**
 – Chancen der Kooperation mit neuen Partnern
 – Länderspezifische Mixes der Zusammenarbeit möglich
 – Neue Möglichkeiten des Erfahrungsaustausches für Mitarbeiter

■ **Plattform für interessante Incentive-Programme**
 – Chancen der «Internationalisierung» von Image und Produkten
 – Chancen der Vertiefung interessanter Kontakte
 – Imagetransfer von Weltklasse-Events möglich

■ **Plattform für internationale Grosskundenpflege**
 – Lang anhaltende und nachhaltige Wirkung möglich
 – Gewinnung neuer Ideen für spätere regionale oder nationale Umsetzung
 – Attraktive Möglichkeiten der internationalen Kommunikation

Was ich im zweiten Kapitel gelernt habe

> Sponsoring ist ein Prozess, der nicht nur den Sponsor angeht, sondern alle jene, die diesen Prozess zu begleiten haben.

> Die kritische Selbstbefragung ist wichtig, um herauszufinden, welche Chancen unser Sponsoringangebot tatsächlich haben wird, aber sie allein reicht nicht aus: Interne und externe Sachverständige müssen deshalb rechtzeitig in die Arbeit an unserem Sponsoringangebot eingebunden werden.

> Nach der ersten Stärken-Schwächen-Analyse sollte ich die Zeit nutzen, um Adaptionen, Verbesserungen und Änderungen am Angebot vorzunehmen.

> Eine Wertvorstellungsanalyse gibt Aufschluss über die Werte, die in unserem Unternehmen oder unserer Organisation hochgehalten werden. Erst wenn wir unsere eigene Kultur genau kennen, können wir einen Sponsor suchen, dessen Unternehmenskultur mit der unsrigen kompatibel ist.

> Ohne engagierte Mitarbeiter im eigenen Unternehmen, in der eigenen Organisation und in der Organisation des Sponsors, lässt sich kein anspruchsvolles Sponsoringprojekt verwirklichen.

> Wir müssen den eigenen Bekanntheitsgrad und das eigene Image kennen, um unser Angebot richtig positionieren zu können.

> Ein guter «Leumund» bei den Medien ist Voraussetzung für eine erfolgreiche Medienarbeit im Rahmen unseres Sponsorings. Wir müssen aber wissen, welches Beziehungspotenzial wir in den Dienst der gemeinsamen Sache stellen können.

> Die Analyse von Stärken und Schwächen, von Chancen und Gefahren beschreibt die gegenwärtigen und die künftigen Aussichten unseres Projektes auf der Grundlage von Dingen, die wir verändern können.

> Die sorgfältige Analyse der Umwelttrends macht auf Bedingungen aufmerksam, die wir nicht, zumindest nicht kurzfristig, beeinflussen können und deren Auswirkungen wir deshalb umsichtig in unserem Konzept berücksichtigen sollten.

Welche Sponsoren kommen für uns infrage?

Wenn wir die Analyse der Ausgangslage richtig interpretiert haben, wenn wir unser eigenes «Produkt» mit all seinen Stärken und Schwächen, seinen Chancen und Gefahren kennen, wenn uns die Umwelttrends, die unser Vorhaben beeinflussen werden, vertraut sind, dann ist es Zeit, sich zu fragen: Welche von vielen möglichen Sponsoren kommen für mein Sponsorship infrage?

Den Markt der potenziellen Sponsoren kennen

Um eine möglichst gute Erfolgschance zu haben, sollten wir den Markt der potenziellen Sponsoren zuerst einmal gründlich analysieren.
Die Kriterien, nach denen eine erste Analyse zu machen ist, sind:

- Bekanntheit des Unternehmens
- Affinität zu unserem Sponsoringanliegen
- Übereinstimmung der Zielmärkte von Sponsor und Gesponsertem
- Geografische Nähe
- Vermutete finanzielle Möglichkeiten des Sponsors

Nachdem wir so eine erste Liste von möglichen Firmen zusammengestellt haben, fragen wir uns, welche Informationen über diese Unternehmen wir bereits haben oder in Kürze beschaffen können.

Was wir von unseren potenziellen Sponsoren wissen sollten

■ den Namen, in seiner korrekten, in unserem Land eingeführten Schreibweise
■ exakte Adresse, Fax, Telefonnummer, gegebenenfalls auch die Durchwahlnummern der Ansprechpartner
■ den Namen des für das Sponsoring zuständigen Managers, Abteilungsleiters, Vorstandes usw.
■ seine Stellung innerhalb der Organisation
■ die Geschäftsfelder, in denen das Unternehmen tätig ist
■ die Produkte, die es herstellt
■ die Vertriebswege, die es üblicherweise nutzt
■ die Märkte, auf denen es tätig ist
■ die ungefähre Anzahl der Mitarbeiter, die am Standort, regional oder landesweit beschäftigt werden
■ wer Inhaber des Unternehmens ist
■ welche Tochterfirmen gegebenenfalls zum Unternehmen gehören
■ die Positionierung des Unternehmens auf den Märkten
■ die Umsatzgrösse
■ die Werbestrategie, die das Unternehmen verfolgt
■ welches seine grössten Konkurrenten sind
■ die grossen Erfolge des Unternehmens
■ seine «Schattenseiten»

Weitere Informationen, die für unsere Arbeit nützlich sind:

■ Mitglieder von Kommissionen und Ausschüssen, die für unser Sponsoringanliegen wichtig sind
■ Budgets der Amtsstellen, die für unser Anliegen wichtig sind
■ Beispiele ähnlichen Kultursponsorings aus den vergangenen drei Jahren
■ Berichterstattungen über ähnliche Veranstaltungen aus den vergangenen drei Jahren

Was wir von der Sponsoringstrategie des Sponsors wissen sollten

■ Gibt es eine Sponsoringstrategie des Unternehmens?

■ Seit wann wird Sponsoring betrieben?

■ Ausformulierte Sponsoringstrategie
  – Broschüre?
  – Im Internet ersichtlich?

■ Sponsoringarten, die gepflegt werden
  – Thematische Schwerpunkte
  – Geografische Schwerpunkte

■ Welche Sponsoringziele haben Relevanz?
  – Absatzziele? (welche?)
  – Imageziele? (welche?)

■ Sponsoringbudget der letzten drei Jahre (sofern bekannt)
  – Zeitpunkt der Budgetierung

■ Wirkung der Sponsorships in den Märkten, die für den Sponsoringnehmer interessant sind

■ Wirkung in anderen (welchen?) Märkten

Wo und wie beschaffen wir uns die Basisinformationen über die Sponsoringstrategie?

■ Durch Telefonanruf im Unternehmen
■ Durch Herunterladen von Informationen aus dem Internet (Google, Mediendatenbanken, Homepage des Sponsors)
■ Durch Konsultation der Sponsoring- und Kommunikationsfachpresse
■ Durch Kontakte mit der Wirtschaftspresse
■ Durch Telefonanrufe bei anderen Partnern/Sponsoringnehmern
■ Durch Versand von Briefen und Fragebogen
■ Durch Besuch von Sponsoringfachkongressen

Motivationskriterien unserer potenziellen Sponsoren

In einem nächsten Schritt versuchen wir, uns in die Situation unserer künftigen Sponsoren zu versetzen und eine gewichtete Liste der Gründe aufzustellen, die möglicherweise für ein Sponsorship sprechen.

Kriterien	Gewichtung		
	x	xx	xxx
■ Interesse an den Zielgruppen, die wir ansprechen?			
■ Produkte für die Zielgruppen, die wir ansprechen?			
■ Den gleichen Werten und Idealen verpflichtet wie unsere Organisation?			
■ Bereits bisher Unterstützung ähnlicher Anliegen?			
■ Am gleichen Standort angesiedelt wie wir?			
■ Günstiger Zeitpunkt für ein Sponsorship unserer Art?			
■ Imagetransfer aus Gründen der momentanen Unternehmensentwicklung nutzbringend?			
■ Persönliche Sympathie der Unternehmensleitung zu unserer Idee/Produkt/Veranstaltung?			
■ Persönliche Sympathie zu Meinungsträgern aus unserem Umfeld?			
■ Beziehungen der Mitarbeiter zu unserer Organisation/Idee/Anliegen/Exponenten?			

x = weniger wichtig   xx = wichtig   xxx = sehr wichtig

Da Sponsorships aber nicht von anonymen «Firmen» eingegangen werden, sondern weil es immer Menschen sind, die unser Anliegen an entsprechender Stelle vertreten müssen, lohnt es sich, neben den rein kommerziellen – oder unternehmensethischen Kriterien auch ein paar persönliche, menschliche Beweggründe aufzulisten:

Persönliche Motivation der Sponsoringmanager

Könnte in dem Unternehmen ein leitender Manager mit unserem Sponsorship

- ■ sich selbst etwas Gutes tun (Bestätigung, Anerkennung usw.)
- ■ sich einen lang gehegten Traum verwirklichen
- ■ Einfluss auf seine Umwelt nehmen
- ■ seine Ideale im geschäftlichen Umfeld bewusst zum Tragen bringen

Die Beispiele zeigen, dass es nicht reicht, sich eine Liste möglicher Firmennamen zu notieren. Die Informationen, die wir sammeln müssen, sollten sehr viel umfassender sein.

Die Werkzeuge, die wir für unsere Arbeit brauchen

Es gibt verschiedene Möglichkeiten, sich die oben genannten Informationen zu beschaffen. Wenn Sie seit längerer Zeit im Sponsoring tätig sind, werden Sie vielleicht bereits eine ganze Sammlung von Daten, Fakten und Belegen zum Thema Sponsoring zusammengetragen haben. Wenn Sie das Sponsoringumfeld regelmässig beobachten und diese Unterlagen mehr oder weniger systematisch sammeln, dann betreiben Sie das, was die Experten mit «Monitoring» bezeichnen würden. Eine solche, selbst erstellte Fachdokumentation, die ganz gezielt auf Ihre eigenen Bedürfnisse ausgerichtet ist, ist ein nützliches Informationswerkzeug.
Falls Sie ein solches Instrument noch nicht haben: Beginnen Sie heute mit dem Aufbau. Sammeln Sie Clippings aus der Fachpresse und aus wichtigen Tageszeitungen, die unter den oben beschriebenen Kriterien für Ihre eigene Arbeit interessant sein könnten, kleben Sie sie auf Blätter und legen Sie sie systematisch in einem oder mehreren Ordnern ab. Scannen Sie Bilder, Texte und Daten ein und führen Sie ein elektronisches Archiv. Wenn Ihre Arbeitsbelastung die Anlage einer solchen Datensammlung nicht erlaubt, dann lassen Sie sich von einem Zeitungsausschnittdienst eine Offerte machen für die Medienbeobachtung zu den von Ihnen gewünschten Stichworten. Es hat sich ausserdem bewährt, eine «Ideen-Box» zu führen, ein Mäppchen oder ein Computerfile, in dem Sie laufend Ideen, Anregungen und Gedanken für Ihre eigene Sponsoringarbeit ablegen. Setzen Sie die Instrumente des Internets ein, wie z.B. Suchmaschinen, Blogs, Webseiten, Social Media usw.

Wie Sie die relevanten Informationen beschaffen können

Für lokale und regionale Sponsoringaktivitäten
Beschaffen Sie sich eine Liste Ihrer potenziellen Ansprechpartner durch eine telefonische Anfrage beim Handels- und Industrieverein, beim Industrieverband Ihrer Region oder bei der zuständigen Handelskammer. Wichtig: Die Liste sollte nicht nur Namen und Adressen der Firmen aus Ihrer Umgebung

enthalten, sondern nach Möglichkeit auch die Namen der Verantwortlichen für Marketing, Sponsoring, Werbung usw.

Solche Listen sind in der Regel entweder gratis oder gegen einen Unkostenbeitrag zu bekommen. Wenn sie nicht vollständig sind, das heisst, wenn die Namen fehlen, ergänzen Sie diese später, nachdem Sie sich die Informationen mit Telefonanrufen bei den Telefonzentralen oder den Direktionssekretariaten der betreffenden Firmen eingeholt oder aus dem Internet heruntergeladen haben.

Benötigen Sie Informationen über bestimmte Events: Klären Sie mit Gesprächen beim örtlichen Verkehrsverein, der Tourist-Info, der Stadtverwaltung, dem Kulturamt usw. ab, welche anderen Veranstaltungen gegebenenfalls im gleichen Zeitraum und am gleichen Ort vorgesehen sind.

Haben Sie Mühe, Ihre Liste mit den Namen der zuständigen Personen zu komplettieren: Ein Telefongespräch mit dem Leiter der regionalen Wirtschaftsredaktion oder, je nach Problemstellung, dem Leiter des Ressorts Sport oder Kultur hilft sehr oft weiter. Oft gibt es auch die Möglichkeit, die Sekretäre von regionalen Werbevereinigungen, Marketingleiterclubs oder PR-Gesellschaften zu fragen.

Sie können Industrieadressen selbstverständlich auch beim nächstgelegenen Adress-Broker kaufen. Erkundigen Sie sich aber vorher genau nach den Selektionierungsmöglichkeiten und den möglichen Adressprofilen. Die Kollegen aus der Direct-Mailing-Branche mögen es uns nachsehen, aber meistens eignen sich die abrufbaren Adressstämme der Broker relativ schlecht für den Aufbau einer Sponsorenkartei. Das heisst: Das Organisieren der Basisdaten ist eine mühevolle Kleinarbeit. Sie macht aus den Einzelstücken Ihres Puzzles aber bald ein facettenreiches Gesamtbild.

Und vergessen Sie nicht: Sie lernen bei dieser Arbeit eine Menge neuer und für Ihre künftige Arbeit wichtiger Adressen kennen.

Für nationale Sponsoringaktivitäten
Grundsätzlich ist das Vorgehen gleich wie beim regionalen Sponsoring.

Die wichtigsten Verbände und ihre Anschriften finden Sie in Handbüchern, wie zum Beispiel im *Publicus* (Schweiz). Wenn Sie mit den Verhältnissen in der Hauptstadt Ihres Landes nicht oder wenig vertraut sind, dann kann es sich lohnen, mit einer Fachperson für Public Affairs Kontakt aufzunehmen.

Die wichtigsten Wirtschaftsverbände haben in den Hauptstädten oder den wirtschaftlichen Zentren ihre Kontakt- und Verbindungsbüros, die in der Regel mit Lobbying-Spezialisten besetzt sind, die über ein ausgezeichnetes Beziehungsnetz verfügen. Konsultationen mit erfahrenen Lobbyisten kosten wenig oder gar nichts. Sie können aber gewaltige kommunikative Umwege ersparen. Die Redaktoren der Verbandszeitschriften stellen ebenfalls eine Informationsquelle dar. Checken Sie das Internet gründlich.

Für internationale Sponsoringaktivitäten
Hier gelten grundsätzlich die gleichen Regeln wie im regionalen Sponsoring. Nationale und internationale Nachforschungen sind zeitaufwendig und mit grösseren Kosten (Telekommunikationskosten!) verbunden. Denken Sie daran, dass international operierende Firmen auch im Sponsoringbereich selten in allen Ländern die gleiche Strategie fahren. Es können sogar im nationalen Rahmen grosse Unterschiede auftreten: Was in Norddeutschland richtig ist, muss in Bayern noch lange nicht ideal für die Zielerreichung sein.
Extrem ist die Situation natürlich in zwei- oder mehrsprachigen Ländern wie der Schweiz, Belgien oder Italien, wo die Mehrsprachigkeit auch die Berücksichtigung kultureller Unterschiede erfordert. International oder gar weltweit operierende Unternehmen beauftragen für ihre PR- und Sponsoringarbeit sehr oft eine ebenfalls weltweit arbeitende Agentur. Diese arbeitet in der Regel eine sogenannte Dachstrategie aus, die dann von den Agenturen in den einzelnen Ländern den regionalen Verhältnissen entsprechend adaptiert wird. Dachagenturen verfügen sehr oft über ausgezeichnete Sponsoringerfahrungen. Dank ihren fein verästelten Beziehungen auf den regionalen Märkten sind sie auch in der Lage, die Verbindung zu jenen Spezialisten vor Ort herzustellen. Haben Sie zum Beispiel einen Event internationalen Zuschnitts als Sponsoringverantwortliche zu betreuen oder sind nicht nur Geld-, sondern auch Sachmittel und Dienstleistungen zu sponsern, dann führt in der Regel kein Weg an den federführenden Agenturen vorbei.

Hier gilt eine weitere goldene Regel: *Nehmen Sie erst dann Kontakt mit einer Agentur auf, wenn Sie selbst über ausreichende Detailkenntnisse verfügen und wenn Sie sich alle erdenklichen Informationen über den potenziellen Sponsor beschafft haben, sodass Sie bestens informiert und dokumentiert zum ersten Agenturgespräch gehen können.*

Das Erstellen einer Liste potenzieller Sponsoren zwingt Sie immer wieder zur selbstkritischen Beurteilung und Hinterfragung Ihrer Sponsoringofferte. Das ist gut so, denn es hilft Ihnen, Ihr eigenes «Produkt» besser und immer auch aus der Distanz des potenziellen Sponsors kennenzulernen.
Wenn Sie sich jetzt mit der vorgängig skizzierten Technik eine Liste potenziell interessierter künftiger Sponsoren erstellt haben, dann sollten Sie sich, bevor Sie zum Telefon oder zu Ihrem Computer greifen, die nachfolgenden 18 Fragen

noch einmal selbst vorlegen. Wenn Sie mindestens 12 davon mit einem klaren «Ja» beantworten können, sind Sie auf dem richtigen Weg.

Achtzehn Kontrollfragen zur Motivation eines Sponsors

1. Gibt es einen sachlichen Bezug für den Sponsor zu Ihrem Sponsorship? Produktnähe, örtliche Verbundenheit am Standort?
2. Gibt es einen Verantwortungsbezug? Welche ethischen Verpflichtungen könnten auf Unternehmerseite den Ausschlag geben für das Eingehen eines Sponsorships?
3. Gibt es einen Imagebezug? Weshalb könnte ein Transfer Ihres Images auf das Image des Sponsors für das Unternehmen besonders interessant sein?
4. Gibt es einen Zielgruppenbezug? Übereinstimmung Ihrer Zielgruppen mit den Zielgruppen des Sponsors? Oder bieten Ihre Zielgruppen eine ideale Ergänzung zu den vorhandenen Zielgruppen?
5. Gibt es einen Know-how-Bezug? Lassen sich durch den Sponsor dank Ihrer Initiative und Ihrer Kontakte mit den im Unternehmen vorhandenen Ressourcen Ihre Probleme bzw. die Probleme Ihres Auftraggebers lösen?
6. Welches könnte für den potenziellen Sponsor die «wahre message» Ihres Sponsorships sein?
7. Bietet Ihr Sponsorship dem Sponsor einen echten, zusätzlichen Nutzen?
8. Bietet Ihr Sponsorship dem potenziellen Sponsor gute oder sehr gute Kommunikationsmöglichkeiten?
9. Gibt Ihr Sponsorship dem Sponsor die Möglichkeit, seine Produkte und Dienstleistungen zu verkaufen?
10. Ist der Zeitpunkt, den Sie dem potenziellen Sponsor offerieren, für ihn auch der ideale Zeitpunkt?
11. Ist für den Sponsor die Verbreitung der Sponsorbotschaft interessant, oder handelt es sich um ein «stilles Engagement»?
12. Lässt sich für den Sponsor Ihre Sponsorbotschaft störungsfrei übermitteln?
13. Ermöglicht das Sponsorship dem Sponsor die Kommunikation seines Sponsoringengagements zu einem guten Preis-Leistungs-Verhältnis?
14. Bietet Ihr Sponsorship Möglichkeiten der Einbindung der Mitarbeiter des Sponsors?
15. Kann der potenzielle Sponsor damit rechnen, dass es für ihn Medienverstärker gibt für die Kommunikation?
16. Ermöglicht Ihr Sponsorship dem Sponsor, seine Kunden besonders zu pflegen?
17. Lässt sich die Wirkung des Sponsorships für den Sponsor messen?
18. Ist das Sponsorship für den Sponsor medienmässig umzusetzen und zu nutzen?

Was ich im dritten Kapitel gelernt habe

❭ Wer den richtigen Sponsor sucht, sollte daran denken: Je mehr wir über den potenziellen Sponsor wissen, desto gezielter werden wir ihn finden.

❭ Sponsorships werden nicht von anonymen Körperschaften eingegangen, sondern von Menschen. Ihre Motive zu kennen, heisst, ihnen zu helfen, mit unserer Unterstützung ihre Ziele schneller und mit weniger Verlusten zu erreichen.

❭ Die Suche nach einem Sponsor beginnt lange, bevor Sie wissen, dass Sie einen Sponsor suchen: Fangen Sie heute mit dem systematischen Monitoring an und sammeln Sie Basisdaten zu Ihrem Arbeitsgebiet!

❭ Das Erstellen einer Liste potenzieller Sponsoren ist eine mühevolle Kleinarbeit, sie bringt Sie aber in Kontakt mit einer Menge Leute, die für Sie und Ihre Arbeit schon bald sehr nützlich sein könnten.

❭ Internationale Sponsoren suchen heisst, mehr Zeit und Geld investieren, mit internationalen Dachagenturen zusammenarbeiten und Rücksichten nehmen auf die regionalen, nationalen, sprachlichen und kulturellen Unterschiede.

❭ Gehen Sie erst dann zum Gespräch mit einer Agentur (und einer Sponsoring- oder PR-Abteilung), wenn Sie alles über Ihre Gesprächspartner, ihre Sponsoringstrategie und ihre Erfolge wissen.

Wie Sponsoren denken

Warum Sponsoringrichtlinien?

Wir haben diesen Titel bewusst so gewählt, obwohl Sponsoringrichtlinien sowohl von Sponsoren wie von Gesponserten formuliert werden sollten. Die Auseinandersetzung mit den Sponsoringrichtlinien erlaubt dem Gesponserten aber, sich mit der Sponsoringphilosophie und der Sponsoringpolitik des Sponsors vertraut zu machen.

Die Sponsoringrichtlinien sind das grundlegende Dokument, in dem eine Unternehmung ihre Sponsoringpolitik niedergelegt hat. Sie sind sozusagen das, was die Verfassung für einen Staat darstellt. Die Sponsoringrichtlinien mit ihren Grundsätzen sind ihrerseits eingebettet in die Corporate Identity des Unternehmens. Das heisst, sie sind kongruent mit den übergeordneten Unternehmenszielen und abgestimmt auf die Marketing- und Kommunikationsziele. Die Sponsoringrichtlinien stützen sich damit ab auf die strategischen Ziele sowie auf die von Fall zu Fall definierten operativen Zielsetzungen. Sponsoringrichtlinien sind darüber hinaus ein gutes Instrument, um die Risiken im Sponsoring im Griff zu behalten und gleichzeitig die Grundzüge der späteren Erfolgskontrolle festzulegen. Die Formulierung von Sponsoringrichtlinien ist aber nicht nur für jedes sponsoringbetreibende Unternehmen ein absolutes Muss. Für Gesponserte, ob im Bereich des Sport-, der Kultur- oder des Umwelt- und Ökosponsorings tätig, stellen eigene Sponsoringrichtlinien geradezu eine Gewissensfrage dar.

Richtlinie für die Sponsoren, Philosophie für die Gesponserten

Wie etwa soll sich ein Museum verhalten, das zur Finanzierung seiner Aus-
stellungs- und Forschungstätigkeit Sponsoringgelder sucht? Lassen sich Vereinbarungen mit einer chemischen Industrie, die am gleichen Standort für
nachhaltige Umweltprobleme verantwortlich ist, rechtfertigen? Nach welchen Grundsätzen soll eine Sportgruppe verfahren, die zur Förderung ihrer
Jugendarbeit auf Sponsorenbeiträge angewiesen ist? Soll sie Gelder von der
Tabakindustrie oder von Brauereien entgegennehmen? Wie rechtfertigt eine
Berggemeinde den Einsatz von Mitteln aus dem Sponsoring für die Erhaltung
einer schützenswerten Heckenlandschaft, wenn die Mittel von der Elektrizi-
tätsgesellschaft stammen, die mit ihrer Restwasserpolitik ins Gerede gekom-
men ist?

Was für die Sponsoren ein unternehmerisches Hilfsmittel ist, eine Richtlinie,
eine Investitions- und Verhaltensanweisung, ein verwaltungstechnisches
Papier, kann für Gesponserte schnell einmal zum «Glaubensbekenntnis»
werden. Sponsoringrichtlinien tragen dazu bei, dass Sponsoren gegenüber
ihren Mitarbeitern, ihren Angehörigen, ihren Kunden und der Umwelt eine
berechenbare, glaubwürdige Kommunikationspolitik vermitteln können. Den
Gesponserten erlauben sie, nicht einfach Geld gegen Image zu tauschen,
sondern ihre Umwelt mit einem «Imageverstärker» auf ihr Anliegen aufmerksam zu machen und sich gleichzeitig zu schützen vor missbräuchlicher Verein-
nahmung.

Sponsoren sollten sich für die Erstellung von Sponsoringrichtlinien ausrei-
chend Zeit nehmen. So wie sie sich für die Erstellung verbindlicher mittel- und
langfristiger Budgets auch Zeit nehmen. Die Umsetzung der Richtlinien bindet
schliesslich nicht unbeträchtliche finanzielle Mittel.

Gesponserte sollten die Richtlinien ebenfalls mit aller Sorgfalt erarbeiten. Für
sie sind Sponsoringgrundsätze Teil ihres Selbstverständnisses. Eine breite Akzeptanz, die gerade bei Gruppierungen in den Bereichen Kultur- und Soziosponsoring nicht immer leicht zu erreichen ist, hat hier hohe Bedeutung.

Grundgedanken zu den Sponsoringrichtlinien

Bevor wir die eigentlichen Sponsoringrichtlinien formulieren, sollten wir uns über wichtige Grundsatzfragen im Klaren sein. Die Selbstbefragung könnte zum Beispiel so aussehen:

Eine Checkliste für Sponsoren

A Wer wir sind

1. Welches ist die heutige Positionierung unserer Firma (Organisation, Vereinigung usw.), und wie beeinflusst sie das Sponsoring?
2. Worin unterscheidet sich unsere Firma (unsere Gruppe, unsere Vereinigung) von anderen Firmen, Gruppen und Vereinigungen? Wird diese Besonderheit durch unsere Sponsoringtätigkeit gefördert oder nivelliert?
3. Welches sind unsere wesentlichen Werte? Inwieweit beeinflussen sie unsere Sponsoringtätigkeit?
4. Welches sind die Grundzüge unserer Unternehmenskultur, und wie lassen sie sich im Rahmen des Sponsorings kommunizieren?
5. Welches ist unser Image? Nach innen und nach aussen?
6. Wo will unsere Firma in fünf Jahren stehen, und inwiefern kann uns Sponsoring bei der Erreichung dieses Zieles helfen?
7. Wie könnte unsere unternehmerische Vision im Rahmen einer Sponsoringtätigkeit kommuniziert werden?

B Welchen Beitrag Sponsoring zur Erreichung unserer Ziele leisten kann

1. Ist das Sponsoring zu vereinbaren mit unseren Wertvorstellungen und Zielen?
2. Wie ist Sponsoring im Rahmen unserer Corporate Identity positioniert?
3. In welchem Rahmen findet Sponsoring in unserem Unternehmen statt?
4. Welche finanziellen Mittel stehen für das Sponsoring zur Verfügung?
5. Welches sind unsere drei wichtigsten Grundsätze unserer Sponsoringtätigkeit?
6. Wie sieht das Umfeld aus, in dem wir unsere Sponsoringtätigkeit entfalten?
7. Welches sind die Chancen, welches die Gefahren unserer künftigen Sponsoringtätigkeit?
8. Wer sind in unserem Unternehmen die Sponsoringverantwortlichen?

Natürlich gilt die kritische Selbstbefragung auch für Sponsoringnehmer. Hier ist es noch wenig gebräuchlich, sich eigene Richtlinien zu geben. Dennoch tun gerade Organisationen im Non-Profit-Bereich gut daran, sich klar darüber zu werden, wie weit sie ihrerseits bei Sponsoringengagements gehen wollen.

Eine Checkliste für Sponsoringnehmer

A Generelle Beschränkungen

1. Ist die Entgegennahme von Geldern Dritter für Projekte mit unseren eigenen Idealen und Werten (eigenen Satzungen, eigenen Richtlinien) vereinbar?
2. Sind wir bereit, unser Image einem künftigen Sponsor «zu leihen»?
3. Sind wir in der Wahl unserer potenziellen Sponsoren frei, oder gibt es Einschränkungen, zum Beispiel bezüglich Branchen, Firmen, Standort, Zeit, Dauer, Höhe und Umfang des Sponsorings usw.
4. Gibt es potenzielle Sponsoren, mit denen eine Zusammenarbeit grundsätzlich nicht infrage kommt? Welche?
5. Wird der entsprechende Grundsatzentscheid von unseren Mitgliedern (unserer Gruppe, unserem Verein, unserer Gemeinschaft) getragen und akzeptiert?

B Sponsoringbezogene Fragen

1. Sind wir bereit, Aussenstehenden umfassenden Einblick zu geben in unsere Arbeit, unsere Ziele, unsere mittel- und langfristige Planung?
2. Sind wir bereit, die Sponsoringziele unserer künftigen Sponsoringpartner mitzutragen?
3. Sind wir bereit, an der Formulierung und Überprüfung gemeinsamer Zielsetzungen mit unseren künftigen Sponsoren aktiv mitzuwirken?
4. Bestehen Differenzen über Fragen der Finanzierung innerhalb unserer Gruppe (Gemeinschaft, Verein usw.)?
5. Welche Personen innerhalb unserer Organisation sind in die Sponsoringverhandlungen einzubeziehen und zu involvieren?

Zwei besonders wichtige Zielgruppen unserer Sponsoringtätigkeit stellen die Medien und die eigenen Mitarbeiter dar. Im Zusammenhang mit der Medienarbeit interessieren uns bei der Vorbereitung der Sponsoringrichtlinien vor allem drei Hauptfragen:

1. Bietet eine künftige Sponsoringarbeit neue Möglichkeiten für unsere Presse-, Medien- und Internetarbeit?
2. Wie können wir die Presse und die Medien als Verstärker unserer Sponsoringarbeit einsetzen?
3. Welches sind die drei wichtigsten Punkte, die Medienleute im Zusammenhang mit dem Sponsoring aufgreifen werden? Wie lauten unsere Antworten darauf?

Im Hinblick auf die eigenen Mitarbeiter könnten die hauptsächlichsten Fragen lauten:

1. Welche Fragen werden unsere eigenen Mitarbeiter bezüglich unseres Sponsoringengagements an uns haben? Und wie lauten unsere Antworten?
2. Welche Fragen werden die Angehörigen unserer Belegschaft an die Mitarbeiter haben bezüglich Sponsoring? Und was werden unsere Mitarbeiter dazu sagen?
3. Wie können wir die Mitarbeiter, ihre Angehörigen und ihr Umfeld in unsere Sponsoringbemühungen einbeziehen? Was haben unsere Mitarbeiter und ihre Angehörigen davon?

Natürlich interessieren uns über diese Fragen hinaus zahlreiche Einzelheiten über die unmittelbar für unsere Sponsoringaktivitäten verantwortlichen Mitarbeiter. So machen wir uns Gedanken über die fachlichen und charakterlichen Voraussetzungen der Führungscrew im Sponsoring, über die Weiterbildungsmöglichkeiten im Sponsoringbereich und über die Akzeptanz der Schlüsselpersonen innerhalb und ausserhalb des Unternehmens.

Eine Erarbeitungsmethode

Um Sponsoringrichtlinien zu erarbeiten, ist es für Sponsor und Sponsoringnehmer gleichermassen wichtig, das Problem zu erkennen:
Was wollen wir mit welchen Mitteln in welchem Zeitraum bei welcher Zielgruppe erreichen? Der genauen Situationsanalyse hat die Frage nach der Marschrichtung für die Zukunft zu folgen. Es ist wichtig, hier die Richtlinien nicht mit dem Sponsoringkonzept zu verwechseln.
Die Richtlinien stellen die «Guidelines» dar, die Leitplanken, innerhalb deren die Sponsoringpolitik zu formulieren und umzusetzen ist.
Das Konzept hingegen zeigt Wege zur Umsetzung im einzelnen konkreten Fall auf.

Wenn Sie noch keine Spezialkenntnisse im Sponsoringbereich haben und wenn Sie sich auf dem Feld der Corporate Identity noch nicht zu Hause fühlen, tun Sie gut daran, sich die Hilfe eines CI-Spezialisten oder einer CI-Spezialistin zu sichern. Die Sponsoringrichtlinien machen nämlich nur Sinn, wenn sie auf dem Corporate-Identity-Prozess des Unternehmens oder der Non-Profit-Organisation aufbauen.

Es hat sich bewährt, mehrere Leute aus dem Betrieb oder der Vereinigung in einer Arbeitsgruppe zusammenzufassen, die sich mit der Erstellung der Sponsoringrichtlinien befasst. Lassen Sie diese Arbeitsgruppe gegebenenfalls von einem Aussenstehenden führen und übertragen Sie die innerbetriebliche Koordination jener Person, die sich nachher als Sponsoringverantwortlicher mit der Umsetzung der Richtlinien beschäftigen muss. Ein solcher Prozess kann je nach Grösse des Unternehmens und nach Umfang der Aufgabe mehrere Monate dauern. Der Prozess, der zu den Richtlinien führt, ist dabei genauso wichtig wie die Richtlinien selbst.

Der Implementierung dieser Richtlinien ist anschliessend besondere Aufmerksamkeit zu widmen, sollen die Guidelines nicht zu einem papierenen Bekenntnis verkommen, dem niemand im Unternehmen nachlebt. Folgende Mittel können Ihnen die Implementierung erleichtern:

- Broschüren, die die Grundsätze Ihrer Sponsoringpolitik erklären
- die Richtlinien in gedruckter Form selbst,
  abgedruckt in der
  – Betriebszeitschrift
  – im Rundbrief an die Mitglieder der Organisation
  – im Newsletter für Ihre Kunden usw.
- Kurse und Seminarien für die leitenden Mitarbeiter

Ein Handbuch über unsere Sponsoringprocedures

Es hat sich bewährt, die Sponsoringrichtlinien nicht nur mithilfe der Richtlinien selbst, der Einführungsbroschüren oder unterstützt durch Seminare einzuführen, sondern ein eigentliches Handbuch für die Mitarbeiter zusammenzustellen. Das Handbuch hat den Vorteil, dass es als Kursunterlage für interne Aus- und Weiterbildungsveranstaltungen sowie als Nachschlagewerk für Neueintretende in Marketing, Kommunikation und Sponsoring verwendet werden kann. Die Gliederung eines solchen Handbuches könnte folgendermassen aussehen:

Gliederung eines Sponsoringhandbuches

Titel:
Unser Sponsoring

Untertitel:
Planung, Durchführung und Erfolgskontrolle von Sponsoringmassnahmen

Impressum:
Verfasser des Handbuches, Angabe der verantwortlichen Sponsoringleiter, Copyright-Vermerk, Gültigkeitsvermerk, Sperrvermerke bei vertraulichen Dokumenten

Einführung:
Warum wir unsere Richtlinien in einem Handbuch erklären

Unsere Sponsoringphilosophie:
Grundsätze unseres Denkens und Handelns
Warum wir Sponsoring betreiben
Was wir erreichen wollen
Was wir im Sponsoring tun wollen
Was wir nicht tun wollen

Unsere Sponsoringstrategie:
Wo wir uns engagieren wollen
Wo wir Schwerpunkte setzen

Die einzelnen Sponsoringarten:
Kultursponsoring
Ökosponsoring
Soziosponsoring
Sportsponsoring
Mediensponsoring

Die Sponsoringmassnahmen:
Massnahmen nach innen
Massnahmen nach aussen
Terminplanung
Zuständigkeitsabgrenzungen
Budgetierung

Die Verantwortlichkeiten:
Projektverantwortung

[Gliederung eines Sponsoringhandbuches]

Sponsoring und Corporate Design:
Grundsätze
Ausführung

Die Sponsoring-Erfolgskontrolle:
Was wir messen
Wie wir messen
Gemeinsame Kontrollen mit den Sponsoringnehmern
Beobachtung der Aktivitäten von Konkurrenten

Anhang:
Musterverträge für alle Sponsoringarten
Liste der externen Spezialisten, mit denen wir zusammenarbeiten

Prozessregelungen:
- Entscheidungsgrundlagen für die Wahl von geeigneten Sponsoringaktivitäten
- Kriterien für die Beurteilung der Effizienz sowie der Kosten-Nutzen-Relation
- Checklisten für Planung, Durchführung und Kontrolle von Projekten

Die Formulierung der Richtlinien

Das nachfolgende Beispiel zeigt Sponsoringrichtlinien eines Kunstmuseums, wie sie auch für Ausstellungsveranstalter, Galerien, lokale und regionale Ausstellungszentren usw. adaptiert werden können, sowie eine Vereinbarung über Extra-Ausstellungen und Sonderschauen eines Kulturveranstalters.

Sponsoringrichtlinien für ein Museum oder eine kulturelle Einrichtung

1 Inhaltsverzeichnis

Einleitung
Begriff
Zweck

[Sponsoringrichtlinien für ein Museum oder eine kulturelle Einrichtung]

Rahmenbedingungen
Generelle Vorgaben
Sponsoringgrundsätze
Einschränkungen
Schwerpunkte
Medienarbeit
Erfolgskontrolle
Sponsoring und unsere Mitarbeiter

2 Einleitung

Die Richtlinien für das Sponsoring wenden sich an die Museumsmitarbeiter sowie an unsere Partner. Sie sind eine Aufforderung, unsere Arbeit im Sponsoringbereich kreativ, flexibel und mit Fantasie anzugehen. Sie setzen Massstäbe für die Erfolgskontrolle. Sie sind die Basis, auf der die Qualität unserer Zusammenarbeit gemessen wird. Die Richtlinien haben Gültigkeit für das Sponsoring, während die Bereiche Zusammenarbeit mit Donatoren und Mitgliedern des Fördervereins gesondert zu betrachten sind.

3 Begriff

Sponsoring ist eine Möglichkeit der engen und partnerschaftlichen Zusammenarbeit zwischen dem Museum und Unternehmen oder Marken.

- Sponsoring soll neben Erlösen aus dem Verkauf von Eintrittskarten und Subventionen die dritte ordentliche Finanzquelle des Museums werden.
- Gesucht wird die Zusammenarbeit mit wenigen, aber exklusiven Sponsoren.
- Das Museum fördert die partnerschaftliche Beziehung mit den Sponsoren.
- Das Museum tritt nur mit Sponsoren auf, die sich mit dem Image des Museums vertragen.
- Das Museum arbeitet mit in- und ausländischen Sponsoren zusammen.
- Durch intensive Zusammenarbeit mit den Sponsoren will das Museum seine eigene Öffentlichkeitsarbeit profilieren und aktualisieren. Es will die ständige Nähe der Museumsarbeit zu den täglichen Herausforderungen von Forschung, Entwicklung, Produktion und Handel in allen Sektoren des öffentlichen Lebens sicherstellen.
- Durch die Zusammenarbeit mit Sponsoren will das Museum seine Integration in das gesellschaftliche Umfeld unseres Landes fördern.

[Sponsoringrichtlinien für ein Museum oder eine kulturelle Einrichtung]

4 Sponsoringgrundsätze

Das Museum strebt hochqualitative und langfristige Partnerschaftsverträge an, in deren Rahmen es alles unternimmt, was zur Planung, Organisation, Durchführung und Kontrolle sämtlicher Sponsoringaktivitäten gehört, wie zum Beispiel: in enger Zusammenarbeit mit Industrie und Handel Geld, Sachmittel und Dienstleistungen unserer Sponsoren bereitzustellen

- zur Förderung der Attraktivität des Museums
- für den kontinuierlichen Aufbau von Museum, Archiv und Sammlungen
- für die Durchführung von Sonderausstellungen

In der Zusammenarbeit mit den Sponsoren ist das Museum offen und flexibel. Es begrüsst ausdrücklich Kreativität und Initiative seiner Sponsoren. Mit Ausnahme seiner Sonderausstellungen ist das Museumssponsoring immer mittel- und langfristig ausgerichtet.
Sponsoring ist ein Teil des Marketingmix und wird in die Kommunikationsstrategie des Museums integriert. Die Massnahmen sind eingebettet in die Gesamtstrategie des Museums. Es werden nur Massnahmen gefördert, die zu den Imagedimensionen des Museums passen.

5 Einschränkungen

Das Museum geht nur Verträge ein, die weder materiellen noch Imageschaden verursachen.
Es stellt sich nicht zur Verfügung als Plattform für unkritische, einseitig politisch oder wirtschaftlich motivierte Manifestationen.
Das Museum lehnt einmalige und kurzfristige Engagements zur Werbung und Verkaufsförderung ab.
Das Museum erlaubt nicht, die völker- und menschenverbindende Idee des Museums für Ziele zu nutzen, die diesen übergeordneten Interessen zuwiderlaufen.

6 Schwerpunkte

Das Sponsoringprojekt soll einen gesellschaftlichen Nutzen für die Allgemeinheit der Zielgruppen des Museums haben und nicht nur einer kleinen Minderheit zugutekommen.
Das Projekt soll neuen Ideen zum Durchbruch verhelfen.

[Sponsoringrichtlinien für ein Museum oder eine kulturelle Einrichtung]

Das Museums-Sponsoringprojekt soll nach einer Starthilfe selbstständig lebensfähig sein.
Von dem Projekt soll ein langfristiger Effekt ausgehen.

7 Medienarbeit

Das Museum legt im Rahmen der Sponsoringaktivitäten mit den Medien besonderen Wert auf:

- Transparenz und Kreativität in den Beziehungen zu den Medien
- die Erforschung neuer und origineller Formen der Zusammenarbeit
- die regelmässige gegenseitige Information und auf
- den Austausch der Erfahrung mit den Sponsoringexperten der Medien

8 Erfolgskontrolle

Die Erfolgskontrolle ist ein wichtiger Bestandteil des Sponsoringprojektes.
Die messbaren Ziele sowie die Modalitäten der Kontrolle werden zu Beginn gemeinsam mit den Sponsoren formuliert.
Die Erfolgskontrolle wird vom Museum und den Sponsoren gemeinsam finanziert.

9 Sponsoring und Mitarbeiter des Museums

9.1 *Der Koordinator:*
Die Verantwortung für das Sponsoring trägt ein Koordinator.
Er rapportiert unmittelbar dem Direktor des Museums.
Er akquiriert und koordiniert die Sponsoringprojekte.
Er pflegt die Beziehungen zu den Sponsoren und den Medien.
Er erhält die grösstmöglichen Kompetenzen für die interne Durchsetzung aller notwendigen Massnahmen.

9.2 *Die Mitarbeiter der Marketingabteilung:*
Um den erforderlichen hohen Standard zu erreichen und um die Arbeit des Sponsoringkoordinators wirkungsvoll zu unterstützen, fördert das Museum die Professionalität und Kompetenz seiner Mitarbeiter durch:

- eine qualifizierte Aus- und Weiterbildung im In- und Ausland
- durch die Bereitstellung der entsprechenden internationalen Fachliteratur im Rahmen des Budgets
- durch die Delegation von Mitarbeitern an branchenspezifische Veranstaltungen

[Sponsoringrichtlinien für ein Museum oder eine kulturelle Einrichtung]

9.3 *Die Gesamtheit der Mitarbeiter*

Das Museum fördert die Beteiligung der Mitarbeiter an Entscheidungen über Kultursponsorships.

Das Museum fördert die Sponsoringmassnahmen, die auf Initiative von Mitarbeitern entstanden sind.

Das Museum fördert den Dialog zwischen Führungskräften und Mitarbeitern über die Sponsoringrengagements.

Vereinbarung über das Sponsoring von Sonderausstellungen

1 Inhaltsverzeichnis

Grundsätze im Sponsoring von Sonderausstellungen:

- Ziele
- Zielgruppen
- Einschränkungen
- Schwerpunkte

Grundsätze im Sponsoring mit mittel- und langfristigen Partnern:

- Ziele
- Zielgruppen
- Einschränkungen
- Schwerpunkte
- Leistungen der Partner

2 Grundsätze im Sponsoring von Sonderausstellungen

Das Ziel jeder Vereinbarung besteht darin, in Zusammenarbeit mit den Sponsoren etwas Ausserordentliches in Qualität, Präsentation und Wirkung zu realisieren, was im Alleingang nicht möglich wäre.

Maximal zwei Hauptsponsoren sollen sich in direkter (Werbung mit dem Veranstalter) und in indirekter (PR-)Form jederzeit und mit allen Mitteln der Kommunikation mit dem Veranstalter identifizieren können. Dabei stehen grundsätzlich die folgenden Themenschwerpunkte zur Verfügung:

1. Gegenwartskunst
2. Die Kunst unseres Landes

[Vereinbarung über das Sponsoring von Sonderausstellungen]

3. Die Kunst der Region
4. Installationen
5. Skulpturenpark
6. Restaurant
7. Halle für Sonderausstellungen

Maximal zwei Co-Sponsoren treten als Partner der Sonderausstellungen auf und setzen den Veranstalter im Rahmen ihrer eigenen Kommunikationsarbeit nach innen wie nach aussen ein.

3 Zweck

Mit dem Sponsoring von Sonderausstellungen möchte der Veranstalter führenden nationalen und internationalen Unternehmen die Möglichkeit geben,

- die Publicity unserer erfolgreichen Ausstellungen und ihrer Sonderschauen zu nutzen
- die Unternehmenskontakte zur Öffentlichkeit und zu den Medien zu verbessern,
- auf lokaler, regionaler, nationaler und internationaler Basis Goodwill zu schaffen und zu erhalten
- den Bekanntheitsgrad von Produkten und Dienstleistungen zu erhöhen,
- vom Imagetransfer zu profitieren und dabei
- einen nachhaltigen Beitrag zur langfristigen Sicherung der finanziellen Grundlagen des Veranstalters zu leisten

4 Rahmenbedingungen

Sponsoring ist ein Bestandteil der integrierten Kommunikation des Veranstalters. Sponsoring ist im Hinblick auf die Corporate Identity abzustimmen auf die anderen Kommunikationsinstrumente.
Sponsoring erfordert einen systematischen Entscheidungsprozess.
Die einzelnen Massnahmen basieren auf einer Situationsanalyse und der von den Sponsoren und dem Veranstalter gemeinsam erarbeiteten Zielformulierung.
Planung, Durchführung und Kontrolle erfolgen gemeinsam.

5 Generelle Vorgaben

Die Sponsoringpolitik des Veranstalters basiert auf dem Grundsatz: Sponsoring ist ein wesentlicher Teil unserer Kommunikation und fällt unter die Verantwortung des Veranstalters.

[Vereinbarung über das Sponsoring von Sonderausstellungen]

5.1 *Sponsoringziele*
Im Einzelnen verfolgt der Veranstalter dabei folgende Ziele:

■ die Profilierung des Images beider Partner
■ die Erhöhung des Bekanntheitsgrades
■ die Schaffung von Sympathie und Akzeptanz
■ die Unterstützung der positiven Einstellung zum Veranstalter
■ die Schaffung von Vertrauen in die Sponsoren
■ die Verbesserung der Zielgruppenbeziehungen
■ die Steigerung des Identifikationspotenzials

5.2 *Zielgruppen*
Die Zielgruppen werden zu Beginn der Partnerschaft gemeinsam definiert.

5.3 *Einschränkungen*
In beiderseitigem Interesse ist jede begleitende Massnahme, die sich nicht harmonisch in die Gesamtkonzeption der Ausstellung integriert und die beim Besucher negative Emotionen auslösen könnte, unzulässig.

5.4 *Schwerpunkte der Wirkung dieser Sponsoringprojekte*

■ Sonderausstellungen müssen zusätzliches Publikum anziehen
■ sie müssen national und international beitragen zur Verbreitung des Namens unserer Veranstaltung
■ sie müssen einem hoch gesteckten kulturellen und Bildungsanspruch genügen, den weder der Veranstalter noch der Partner allein realisieren könnte
■ sie müssen in ihrer Einmaligkeit den Veranstalter als Ausstellungs- und Festivalort jedes Mal neu ins Gespräch bringen
■ sie müssen dazu beitragen, den Veranstalter als kulturelle Begegnungsstätte über die Landesgrenzen hinaus bekannt zu machen

6 Grundsätze im Sponsoring mit mittel- und langfristigen Partnern

Der Veranstalter geht nur Verträge ein, die seine Unabhängigkeit nicht tangieren und die ihm eine kontinuierliche, erfolgreiche und langfristige Kunst-Festivalsarbeit ermöglichen.

[Vereinbarung über das Sponsoring von Sonderausstellungen]

7 Ziele

Die Verträge sichern dem Veranstalter seine einmalige Stellung in der europäischen Kunstlandschaft.

Sie sollen den Sponsor seinem aussergewöhnlichen Engagement entsprechend in diesem Umfeld profilieren.

Sie sollen die Innovationsfähigkeit des Veranstalters nachhaltig fördern und erhalten.

8 Zielgruppen

Zielgruppen sind die Besucher sowie die breite Öffentlichkeit.

9 Einschränkungen

Der Veranstalter geht keine Verträge ein, die seine Unabhängigkeit und seinen Handlungsspielraum einschränken.

10 Schwerpunkte

Der Veranstalter arbeitet mit wenigen und exklusiven Sponsoren zusammen.

Der Veranstalter trägt die Verantwortung für die Sponsoringabkommen.

Die Verträge müssen Ausgangspunkt für Manifestationen von nationaler und internationaler Bedeutung sein.

Die Vereinbarungen müssen so gestaltet sein, dass sie beide Partner in ihrer Entwicklung nachhaltig vorwärtsbringen.

Jenseits dieser Richtlinien sind alle Möglichkeiten der Kreativität und Innovation in der täglichen Arbeit mit unseren Partnern voll auszuschöpfen.

11 Die Leistungen der Partner

Die Leistungen sind Gegenstand individueller Abmachungen beider Partner.

Was ich im vierten Kapitel gelernt habe

〉 Die Sponsoringrichtlinien sind die «Verfassung» unserer Unternehmung bezüglich Sponsoring.

〉 Das Sponsoringkonzept dagegen sind die Gesetze bzw. die Ausführungsbestimmungen.

〉 Die Sponsoringrichtlinien müssen aufbauen auf der Philosophie der Corporate Identity.

〉 Die Erarbeitung der Sponsoringrichtlinien erfolgt am besten in einer Arbeitsgruppe.

〉 Wenn Ihnen selbst die Erfahrung fehlt, dann lassen Sie die Arbeitsgruppe durch eine aussenstehende Persönlichkeit leiten und bestimmen Sie als Koordinator nach innen jene Person, die die Sponsoringpolitik in Ihrem Hause umsetzen muss.

〉 Der Prozess der Erarbeitung ist genauso wichtig wie die Richtlinien selbst.

〉 Die Sponsoringrichtlinien müssen mithilfe geeigneter Massnahmen wie Berichte in der Mitarbeiterzeitschrift, Seminare oder Workshops implementiert werden.

Die Definition
einer Sponsoringofferte

Was wir tun sollten,
damit unsere Offerte Aussicht auf Erfolg hat

Um ein erfolgreiches Sponsoringangebot zu schreiben, sollten Sie sich zuerst fragen, welche Punkte Ihr Angebot denn überhaupt erfolgreich machen. Die Erfahrung zeigt, dass Sponsoringangebote, die inhaltlich an und für sich erfolgreich sein könnten, oftmals an Formfehlern scheitern oder an Kleinigkeiten, deren Einhaltung aber wichtig ist. Sie finden hier einige Hinweise und Tipps, die den Prozess der Angebotserarbeitung vereinfachen und die Erfolgsaussichten verbessern könnten.

Meiden Sie Abhängigkeiten

Die Erfahrung zeigt, dass Sponsoringangebote, die für einen potenziellen Sponsor an und für sich geeignet sind, oft erfolglos bleiben, weil gewisse Voraussetzungen nicht erfüllt sind. Eine erste grosse Hürde stellt sehr oft die Art der Finanzierung des Gesamtprojektes dar. Es muss für einen potenziellen Sponsor klar ersichtlich sein, dass die Realisierung des vorgeschlagenen Projektes nicht von seiner, und nur von seiner, Mitbeteiligung abhängig ist. Ihr Projekt sollte vielmehr so gestaltet sein, dass andere Finanzierungsquellen die Realisierung sicherstellen oder mindestens zum Teil sicherstellen. Andere vorzusehende Einnahmequellen können zum Beispiel sein:

- Verkauf von Eintrittskarten im Falle einer Veranstaltung
- Subventionen der öffentlichen Hand
  (Gemeinde, Stadt, Bundesland, Kanton, Bund usw.)
- Merchandising
- Verkauf von Medienrechten

Das Gesetz der Subsidiarität

Denken Sie daran, dass es zum Beispiel gerade in der Schweiz schon fast ein ungeschriebenes Gesetz ist, dass die öffentliche Hand ihre Subventionierungspolitik nach dem Grundsatz der Subsidiarität handhabt. Das heisst: Die Gemeinde zahlt sehr oft, wenn der Kanton auch zahlt. Oder der Kanton zahlt sehr oft, wenn der Bund auch zahlt. Und beide zahlen dann am liebsten, wenn auch von privater Seite ein deutliches Engagement erkennbar wird.
Für einen Sponsor geht es nicht nur darum, weniger bezahlen zu müssen, sondern auch darum, das Projekt in sicheren Händen zu wissen.

Reden Sie zuerst mit einem Fachspezialisten Ihres Vertrauens

Die zweite Hürde, die Ihr Projekt nehmen muss, heisst «Medien». Wenn die Medien in Ihrem Projekt eine wichtige Rolle spielen sollen: Schalten Sie sie erst ein, wenn Sie absolut sicher sind, dass Ihr Sponsoringangebot in jeder Hinsicht vor kritischen Augen bestehen kann. Es lohnt sich deshalb, vorerst das Gespräch mit einem Fachspezialisten zu suchen. Sie finden solche Spezialisten im Kollegenkreis befreundeter Unternehmungen oder Organisationen. Die kritische Beurteilung durch Aussenstehende erleichtert Ihnen selbst die realistische Einschätzung Ihres Projektes und verleitet Sie nie dazu, Ihren Sponsoren Dinge zu versprechen, die Sie nachher nicht einhalten können.

Geben Sie Ihren Partnern genügend Zeit

Die dritte Hürde ist relativ einfach zu nehmen: Sie heisst «Frühzeitigkeit». Denken Sie daran, dass nicht nur Sie, sondern auch der potenzielle Sponsor ein Budget und einen Zeitplan hat. Je grösser der Sponsor, desto grösser die zeitliche Spanne, die Sie dem potenziellen Sponsor gewähren müssen. Die Entscheidungswege in Grossfirmen oder in national oder international ausgerichteten Firmengruppen sind oft kompliziert. Die Bearbeitung Ihrer Offerte kann unter Umständen Wochen und Monate in Anspruch nehmen.

Wenn Ihre Offerte eintrifft, wenn die Budgetierung bereits abgeschlossen wurde, das heisst üblicherweise im Oktober/November, kann nur der Generaldirektor, oft aber nicht einmal er, etwas für Ihr Anliegen tun.

Das Gesetz der (Daten-)Wahrheit

Wahr und überprüft müssen die Zahlen, Daten und Fakten sein, die Sie im Rahmen der Verhandlungen einsetzen. Keine fiktiven Zahlen! Denken Sie daran, dass sowohl in den staatlichen Gremien wie in der Privatindustrie mittlerweile sehr viele gut ausgebildete Spezialisten sitzen, die Ihre Zahlen mit Erfahrungshintergrund und Recherchen genau hinterfragen.

Fragen Sie sich bereits frühzeitig, am besten während der Abfassung Ihrer Gesuche und Offerten, was Aussenstehende ggf. noch gerne wissen möchten, und liefern Sie solche Ergänzungen freiwillig, umfassend und bevor Sie darum gebeten werden.

Es ist eine Frage des Respektes, dass Sie Ihre Zahlen und Daten in einem Zustand liefern, der es auch Uneingeweihten sofort ermöglicht, die richtigen Schlüsse daraus zu ziehen.

Vergessen Sie bitte nicht, dass in allen Gremien – ob Industrie oder öffentliche Hand – Menschen sitzen, die Ihr Sponsoringangebot in oftmals schwierigen Sitzungen gegen andere Formen der unternehmerischen Kommunikation verteidigen müssen. Bevor Sie Ihre Partner also «ins Feuer» schicken, sollten Sie alles tun, damit diese dort – in Ihrem Sinne und in Ihrem Interesse – Erfolg haben können.

Exklusiv und sponsorengemäss

muss Ihre Offerte sein. Das heisst, Ihr potenzieller Partner soll sich individuell angesprochen fühlen. Exklusiv heisst aber nicht, dass Sie Ihren künftigen Partner über vorgesehene Co-Sponsoren im Ungewissen lassen.

Weil sich im Sponsoring keine universellen, sondern immer nur individuelle, massgeschneiderte Lösungen anbieten, gibt es auch keine allgemeingültige Art, Ihr Sponsoringangebot aufzusetzen und zu verschicken. Es ist aber eine weitere Todsünde, Sponsoringangebote breit zu streuen! Die Community der Sponsoringleute ist klein. Man kennt sich, und eine Offerte, die breit gestreut wird, macht schnell einen denkbar ungünstigen Eindruck. Sponsoring verlangt in der Abwicklung auch einen gewissen Grad an Diskretion. Dem sollten Sie Rechnung tragen.

Das Sponsoringvermarktungskonzept

Was ist ein Sponsoringvermarktungskonzept?

Das Sponsoringvermarktungskonzept ist ein Dokument, das die Alleinstellung des zu vermarktenden Projektes zum Ausdruck bringt, die Leitplanken der zukünftigen Vermarktung definiert und dafür sorgt, dass alle relevanten Marktmöglichkeiten auf optimale Art und Weise ausgeschöpft werden.
Dieses Dokument ist die Basis für die individualisierten Sponsoringangebote und die Verhandlungen mit den verschiedenen Sponsoren.

So gehen Sie in der Praxis vor:

Phase 1: Auflistung der Rechte der Institution/des Sponsoringnehmers
Phase 2: Erarbeitung der Finanzbeschaffungspyramide
Phase 3: Erarbeitung des Vermarktungskonzeptes

Phase 1

In einer ersten Phase wird es darum gehen, eine Auflistung aller Rechte, die Sie als Sponsoringnehmer zu vergeben haben, systematisch aufzulisten. Die Reihenfolge könnte so aussehen:

- Titel/Prädikat (z.B. Hauptsponsor)
- Branchenexklusivität
- Kommunikationsmassnahmen aufgeteilt in Print, Radio, TV, IT detailliert ausgeführt
- Hospitalitymassnahmen, Events
- Bildrechte, Musikrechte
- Merchandising
- Weitere Massnahmen je nach Projekt

Sie werden nun den Wert aller Massnahmen zusammenstellen und damit auch wissen, welches der finanzielle Wert des Projektes auf dem Sponsoringmarkt ist.
Die Frage wird sein: Was darf das, was ich zu bieten habe, kosten? Sie errechnen diesen Wert am einfachsten so:

1. Listen Sie die einzelnen Leistungen in einer Tabelle auf, die folgendermassen strukturiert ist:

Leistung (z. B. Hauptsponsor)	Wert	Wertinput (wie bin ich auf den Wert der Leistung gekommen)

2. Addieren Sie den Wert aller Massnahmen.

Um jetzt zu sehen, ob die Summe, die Sie errechnet haben, realistisch ist, können Sie den von Ihnen kalkulierten Preis mit jenem der Konkurrenz vergleichen.
So können Sie vorgehen:

1. Durch Analyse von Sponsoringangeboten anderer ähnlicher Institutionen
2. Durch den Kontakt mit verbündeten Sponsoringspezialisten, Sponsoringdozenten usw.
3. Durch Auswertung der Medienberichterstattung (Fachmedien und Publikumspresse sowie elektronische Medien)
4. Durch Einholung einer Zweitmeinung aus der Finanzbeschaffungscommunity

Reflektieren Sie:
Sind Sie realistisch gewesen oder müssen Sie Korrekturen anbringen? Beachten Sie, dass Faktoren wie zum Beispiel der Wert Ihrer eigenen Marke den Gesamtwert des Sponsoringprojektes wesentlich beeinflussen können. So ist zum Beispiel der Preis für das Hauptsponsoring eines Konzertes in einem Theater, das ein weltweites Renommee hat, höher als jener für eine gleiche Veranstaltung in einem qualitativ hochstehenden, aber kleinen Theater auf dem Lande.

Das Ergebnis könnte folgendermassen sein:

1. Der Wert ist höher als die Finanzen, die Sie suchen.
2. Der Wert entspricht der Summe, die Sie suchen.
3. Der Wert ist kleiner als die Summe, die Sie suchen.

In den ersten zwei Fällen werden die Typologie und die Anzahl der Sponsoren von folgenden Faktoren abhängig sein:

■ Gesuchtes Budget, Bedürfnisse bezüglich Sachleistungen
■ Gesamtwert der Rechte, die zur Verfügung stehen
■ Personelle, zeitliche und organisatorische Ressourcen für die Betreuung der Sponsoren

Im dritten Fall werden Sie andere/weitere Finanzierungsquellen suchen müssen.

Phase 2

Jetzt können Sie eine sogenannte Finanzbeschaffungspyramide erstellen. Das Prinzip der Pyramide besteht darin, dass die Basis die Eigeneinnahmen sind und dann die Einnahmen ohne kommerzielle Gegenleistungen kommen und schliesslich die Sponsoren. An der Basis dieser Pyramide werden alle Erlöse, denen keine kommerziellen Gegenleistungen gegenüberstehen, aufgelistet. Das sind Eigeneinnahmen, allfällige Subventionen, Beiträge von Partnern, wie z. B. Mäzenen, Gönnern, Förderstiftungen usw. Dann folgen alle Partner, die kommerzielle Gegenleistungen erwarten, wie z. B. die Official Suppliers, die Mediensponsoren, die Co-Sponsoren und schliesslich der Hauptsponsor. Diese erste Grundlage erlaubt es, zu definieren, wie viel finanzielle Ressourcen bzw. Sachleistungen Sie vom Sponsoringpartner erwarten.

Die Finanzbeschaffungspyramide: Beispiel

Hauptsponsor

Co-Sponsoren

Mediensponsoren

Official Suppliers

Stiftungen

Gönnerkreis

Eigeneinnahmen

Phase 3

Sponsoringvermarktungskonzept: Excel-Tabelle

Der letzte Schritt ist dann die Erarbeitung einer Excel-Tabelle, mit der Sponsoren-erwähnung nach Typologie der ihnen zugeteilten Rechte, des Preises für jedes einzelne dieser Rechte und der Wertinputs, das heisst der Kriterien, nach denen diese Werte definiert sind.

Kategorie	Haupt-sponsor	Wert	Wert-input	Co-Sponsoren	Wert	Wert-input	Official Suppliers	Wert	Wert-input
Beschrän-kung	1 Haupt-sponsor			2 Co-Sponsoren			5 Official Suppliers		
Status	Haupt-Partner								
...									

Übersichtliche Strukturen vereinfachen die massgeschneiderte Zusammenstellung der verschiedenen Angebote für die einzelnen Partner.

Dieses Gerüst ist die Grundlage Ihrer Angebote, die Sie aber dann individualisiert auf die Bedürfnisse des potenziellen Sponsors erarbeiten werden. Verlangt ein Sponsor mehr Leistungen, bezahlt er einen höheren Preis. Damit ist die Transparenz der Preise gewährleistet und Sie verkaufen sich nicht unter Ihrem Wert.
Erst jetzt können Sie sich an die Arbeit machen und Ihre Sponsoringofferte erstellen.

Wie Sie Ihr Sponsoringangebot aufbauen

Es gibt keine goldene Regel, wie ein Sponsoringangebot zu formulieren ist. Bewährt hat sich aber der nachfolgende Aufbau:

1. Der Sponsoringnehmer

Stellen Sie sich kurz vor. Wer sind Sie? Was wollen Sie? Was haben Sie bisher erreicht?
Nennen Sie die Menschen hinter Ihrer Organisation. Wer sitzt im Aufsichtsrat? Wer hat gegebenenfalls das Patronat über Ihr Projekt?

2. Der Projektbeschrieb

Beschreiben Sie Ihr Projekt: Handelt es sich um ein «Produkt», um Ihren Verein, Verband, Ihre Organisation oder Einrichtung, die gesponsert werden soll, oder um eine Veranstaltung? Formulieren Sie kurz, bündig, prägnant.
Verzichten Sie auf jeden technischen Wortschatz. Sie können gegebenenfalls die technischen Details in einem Kästchen, als PS oder in einer Beilage separat aufführen.
Stellen Sie aber klar heraus, was an Ihrer Sponsoringofferte besonders, einmalig, «unique» ist.
Stellen Sie die finanzielle Grössenordnung Ihrer Aktivität vor. Mit realistischen, belegbaren Zahlen. Am besten fügen Sie Ihren Unterlagen ein Budget bei.

3. Ihre Sponsoringvision

Was wollen Sie mit Ihrem Sponsoringprojekt bei wem und in welcher Zeit bewirken?
Sie dürfen visionär bleiben, solange Ihre Vision einen realistischen Ausgangspunkt hat.
Sie dürfen an die Emotionen appellieren, sofern Sie auch mit einem fundierten «Unterbau» an Zahlenmaterial aufwarten können.

4. Die Zielgruppen,

die sich mit Ihrer Sponsoringaktivität erreichen lassen. Unterscheiden Sie qualitative und quantitative Merkmale. Der potenzielle Sponsor ist nicht nur an den demografischen Informationen interessiert (Altersstruktur, Berufe,

Aufbau eines Sponsoringangebotes

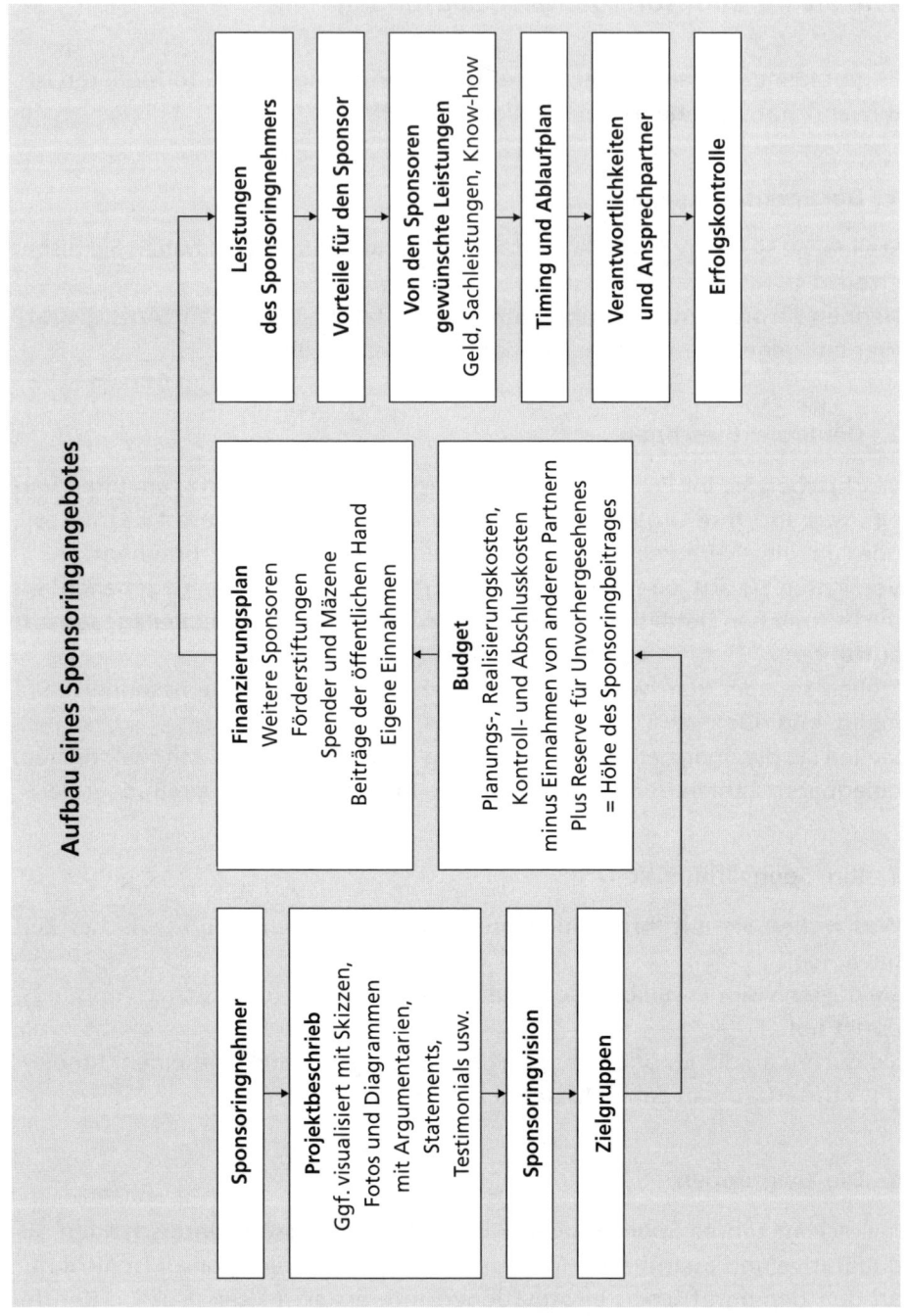

Sponsoringnehmer

Projektbeschrieb
Ggf. visualisiert mit Skizzen, Fotos und Diagrammen mit Argumentarien, Statements, Testimonials usw.

Sponsoringvision

Zielgruppen

Finanzierungsplan
Weitere Sponsoren
Förderstiftungen
Spender und Mäzene
Beiträge der öffentlichen Hand
Eigene Einnahmen

Budget
Planungs-, Realisierungskosten,
Kontroll- und Abschlusskosten
minus Einnahmen von anderen Partnern
Plus Reserve für Unvorhergesehenes
= Höhe des Sponsoringbeitrages

Leistungen des Sponsoringnehmers

Vorteile für den Sponsor

Von den Sponsoren gewünschte Leistungen
Geld, Sachleistungen, Know-how

Timing und Ablaufplan

Verantwortlichkeiten und Ansprechpartner

Erfolgskontrolle

Einzugsgebiete), sondern auch an Lifestyle-Merkmalen (konservativ, dynamisch, klassisch, traditionell usw.). Bei einer Veranstaltung denken Sie an diejenigen, die an der Veranstaltung dabei sein werden, und an jene, die über die Medien erreicht werden können.

5. Das Budget

Der Aufbau Ihres Budgets könnte so aussehen:

Im Falle eines Produktes

Entwicklungskosten	Jahr 1	Jahr 2	Jahr 3	total
Material				
Personal				
Miete				
Lizenzen				
Honorare				
Bewilligungen				
Schulung				
Kapitalkosten				
Produktionskosten				
Material				
Personal				
Fertigung				
Transport				
Lager				
Kapitalkosten				

[Sponsoringangebot – Budget]

Vermarktungskosten	Jahr 1	Jahr 2	Jahr 3	total
Marketinggrundkosten				
produktbezogene Marketingkosten				
Kontrollkosten				
Erfolgskontrolle				

Im Falle einer Veranstaltung

Planungskosten				
Personal				
Material				
Reisekosten				
Rekognosz.–Spesen				
Sitzungsgelder				
Beratungskosten				
Realisierungskosten				
Personal				
Material				
Bewilligungen				

	Jahr 1	Jahr 2	Jahr 3	total
Infrastrukturkosten				
Mieten für Material und Technik				
Versicherungen				
Unterkunft				
Bewirtung/Reise für geladene Gäste				

[Sponsoringangebot – Budget]

Pressedokumentationen

Bildmaterial

Anzeigen

Prospekte/Plakate

Post/Kurier

Telekommunikation

Bürokosten

Kontrollkosten

Im Falle eines Verbandes

Produktbezogene Kosten

(Entwicklung, Produktion,
Verwaltung, Kontrolle)

Veranstaltungsbezogene Kosten

(Planung, Realisierung, Kontrolle)

Andere Kosten

(Administration,
insbesondere Mitgliederverwaltung)

Achtung: In allen drei Fällen Reserve einbauen.

Ihr Budget sollte klar den Fehlbetrag ausweisen, den Sie mit Ihrem Sponsoringangebot zu decken hoffen. Auch hier gilt die Regel der absoluten Wahrheit: Nehmen Sie keine Posten in Ihr Budget auf, die Sie, aus welchem Grunde auch immer, nicht zu berappen haben. Die Sponsoringkontrolle hat hinterher den SOLL-Positionen die IST-Werte gegenüberzustellen.

6. Der Finanzierungsplan

gibt Auskunft darüber, welche verschiedenen Partner in die Finanzierung eingebunden sind (öffentliche Hand, Stiftungen, Mäzene, Sponsoren usw.).

7. Leistungen

Zählen Sie die Leistungen, die sich der Sponsor erwirbt, einzeln auf.

Zum Beispiel:

- Die Verwendung des Titels «Offizieller Sponsor», «Offizieller Lieferant», «Official Carrier» usw. Halten Sie fest, in welcher Form, in welchem Umfeld, welchem geografischen und welchem zeitlichen Rahmen diese Titel verwendet werden dürfen.
- Die Verbindung Ihres Firmennamens, des Namens und/oder Logos Ihrer Organisation mit dem Firmen- oder dem Produktenamen des Sponsors. Legen Sie genau fest, in welcher Grösse, in welcher Position, in welcher Reihenfolge, in welcher Intensität und gegebenenfalls in welchen Kombinationen mit den Signeten der Co-Sponsoren die Verwendung erfolgen darf.
- Die aktive Teilnahme des Sponsors an Ihren Produktepräsentationen, an Shows und Veranstaltungen des Gesponserten. Die Teilnahme von Zielgruppen des Sponsors wie Kunden, Mitarbeiter, Angehörige usw.
- Die sichtbare Präsenz an Veranstaltungen in Form von Programmhinweisen, Banden, Fahnen, Plakaten, VIP-Zelten, Produktepräsentationen, Sonderanlässen.
- Die Präsenz auf Drucksachen wie Prospekten, Foldern, Postern, auf POS-Material, in Inseraten usw. Legen Sie auch hier klar die Grösse und die Positionierung, die Auflagen, die Verwendung und die Verwendungsdauer fest.
- Die gemeinsame Pressearbeit und der gemeinsame Medienauftritt. Legen Sie fest, wer, was, wie, in welcher Form, wann und wie lange sagen oder zeigen darf.
- Die Präsenz in den elektronischen Medien. Fernsehen: Billboard, Reminders. Legen Sie fest: Dauer, Grösse des Logos, Text, Ausstrahlungszeit, Zielgruppenansprachen, Senderwahl, Trailers und ihre Länge, Grösse und Zeigedauer des Logos, Ausstrahlungszeiten usw. Bei TV-Übertragungen von Anlässen ist es wichtig, auch die Positionierung der Logos im Kamerabereich, die Schwenkdauer, die Häufigkeit, mit der der Sponsor ins Bild

gerückt werden darf usw. festzulegen. Radio-Jingle: Musik, Dauer, Text, Ausstrahlungszeit, Zielgruppenansprachen.

■ Wettbewerbe: Offerieren Sie dem Sponsor Möglichkeiten wie zum Beispiel die Abbildung von Produkten, Logos und Personen aus Ihrem Umfeld, verschiedene Zielgruppenansprachen je nach Einsatzgebiet des Wettbewerbes, Text- und Sprachvarianten usw.

■ Merchandising und Cause-related-Marketing: Verwendung von Markenrechten, Einsatz von Bildern aus dem Arbeitsbereich des Gesponserten und von Personen aus Ihrem Umfeld, Einsatz von Personen aus Ihrer Organisation bei Marketing- und Verkaufsförderungsmassnahmen des Sponsors.

■ Spezialvergünstigungen für spezielle Zielgruppen des Sponsors bei Veranstaltungen oder für Produkte und Dienstleistungen des Gesponserten.

8. Die Vorteile für den Sponsor

Führen Sie hier alle für den Sponsor wichtigen Vorteile auf:

■ Was wird das Sponsoring kommunikativ bewirken?
■ Bei den externen Zielgruppen des Sponsors?
■ Bei seinen internen Anspruchsgruppen?
■ Bei den Medien?
■ Bei den Anspruchspartnern am Standort?
■ Bei Politikern und Behörden?

Denken Sie an möglicherweise ganz neue Erlebniswelten, die sich durch den Einsatz Ihres Sponsoringanlasses oder Ihres Sponsoringproduktes für die Zielgruppen des Sponsors erschliessen lassen.

9. Gegenleistungen

In diesem Abschnitt legen Sie fest, welche Gegenleistungen Sie vom Sponsor für das Sponsorship erwarten:

■ Geld: Wie viel, gegebenenfalls in welchen Tranchen, über welche Zeit hinweg, wann und wo ausbezahlt.

■ Sachleistungen: Materiallieferungen, Übernahme von Bau-, Unterhalts- oder Reparaturarbeiten als einmalige oder wiederkehrende Massnahme, Zurverfügungstellen von Fahrzeugen für Personen- und/oder Materialtransporte, Übernahme von Transportleistungen für Sportler, Mitglieder von kulturellen oder sozialen Gruppen, Unterkunft und Verpflegung von

Gruppen des Gesponserten, Übernahme von Sachversicherungsleistungen zum Beispiel für Museen, oder von Personenversicherungen, zum Beispiel für Sportler. Zeitmessung bei sportlichen Anlässen, Computerservice-leistungen bei Sportanlässen, Druck von Ranglisten, Beschallung und Beleuchtung von Anlässen usw.

- Know-how: Übernahme der Pressearbeit, Gratisteilnahme an Ausbildungs-programmen, Trainings, Überlassung von Lehrmaterialien, Handbüchern, Manuals, Training-on-the-Job-Programmen.

Grundsätzlich gilt gerade auch bei Sachleistungen und Know-how-Über-tragungen, dass Art, Zeitpunkt, Anzahl der Begünstigten und Umfang dieser Leistungen exakt definiert werden. Dies hilft nicht nur, spätere mögliche Aus-einandersetzungen über allfällig nicht oder nicht vertragskonform erbrachte Leistungen und Gegenleistungen zu vermeiden. Die exakte Auflistung der vereinbarten Leistungen erleichtert beiden Seiten die Wirkungskontrolle des Sponsorships.

10. Der Zeitpunkt

Ihr Sponsoringangebot sollte klar und unmissverständlich sagen, wann und wie lange das fragliche «Objekt» oder «Subjekt» gesponsert werden kann. Es hat sich bewährt, bereits im Sponsoringvertrag darauf hinzuweisen, falls der Sponsor eine Option auf eine weitere Vertragsperiode erwerben kann. Für viele, vor allem umfangreichere Sponsorships, hat sich eine Vertragsdauer von zwei bis drei Jahren als optimal herausgestellt. Dies erlaubt dem Sponsor nicht zuletzt, u. U. notwendig werdende infrastrukturelle Massnahmen über eine längere Zeitperiode abzuschreiben. Oft entspricht dieser Zeitraum auch dem üblichen Zeitrahmen, in dem die einmal festgelegte Marketing- oder Sponsoringstrategie unverändert weitergefahren wird.

11. Die Ansprechpartner

Ihre Offerte sollte die Namen, die Direktwahl-Telefonanschlüsse und die E-Mail-Adressen Ihrer Ansprechpartner für den Sponsor enthalten. Damit erleichtern Sie einem Sponsor in einer ersten Phase die Beschaffung zusätzlicher Informationen und in der zweiten, der Umsetzungsphase, die gesamte Kommunikation zwischen Sponsor und Gesponsertem.

Kompetenz heisst für beide Seiten:

■ bringt die fachlichen Voraussetzungen mit, um in Sachen Sponsoring ein fachlich ausgewiesener Gesprächspartner zu sein
■ mit den nötigen Kompetenzen ausgestattet, um Entscheide möglichst schnell und unbürokratisch treffen zu können
■ als Gesponserter mit den Bedürfnissen des Sponsors vertraut
■ leicht erreichbar

12. Die Erfolgskontrolle

Machen Sie in Ihrer Sponsoringofferte einen Vorschlag für die Erfolgskontrolle. Sie können auch einen Budgetposten dafür vorsehen – oder einfach festhalten, dass die Erfolgskontrolle von beiden Partnern gemeinsam definiert und durchgeführt wird.

Sorgen Sie für interne Akzeptanz
Nehmen Sie sich jetzt die Zeit, Ihrem Sponsoringvorhaben intern breite Akzeptanz zu sichern. Sprechen Sie mit allen in das Projekt Involvierten über Ihre Absichten. Bitten Sie gegebenenfalls Vorgesetzte und Untergebene gleichermassen um ihre Mitwirkung. Sie können dies im Rahmen einer hausinternen Vernehmlassung machen oder aber in persönlichen Gesprächen mit den entsprechenden Schlüsselpersonen. In wichtigen Fällen lohnt es sich, vorher noch den Rat eines aussenstehenden Fachmannes einzuholen.

Wenn Sie die Sponsoringofferte geschrieben haben

Es lohnt sich, die Offerte noch einmal gründlich zu prüfen, bevor Sie sie dem interessierten Sponsor zugehen lassen. Wenn Sie nach den folgenden Punkten vorgehen, vergessen Sie dabei nichts:

■ Ist Ihre Sponsoringvision treffend beschrieben? Zeigen Sie die Offerte gegebenenfalls einer Drittperson und fragen Sie kritisch nach, ob Zweck und Ziel Ihres Vorhabens klar genug beschrieben worden sind.

■ Haben Sie die Rahmenbedingungen, unter denen Ihr Projekt zu realisieren ist, klar genug beschrieben? Sind die für Sie relevanten Rahmenbedingungen auch für den Sponsor relevant?

■ Ermöglicht Ihr Projekt das Erreichen aller relevanten Zielgruppen mit vertretbarem Aufwand und mit adäquaten Mitteln?

■ Haben Sie das Besondere Ihrer Sponsoringofferte für den Sponsor klar genug herausgearbeitet?

■ Haben Ihre Zielsetzungen die Chance, mit den Zielsetzungen des Sponsors kongruent zu sein? Sind sie klar genug formuliert?

■ Lassen sich die von Ihnen vorgeschlagenen Massnahmen im Rahmen der integrierten Kommunikation und mit ausreichenden Synergieeffekten für Marketing, Werbung, Verkaufsförderung, PR usw. realisieren?

■ Haben Sie Ihr Sponsoringbudget exakt und unter Einrechnung einer vertretbaren Reserve berechnet? [nach S. Mauerer]

Das folgende Kapitel gibt Ihnen einige Tipps, wie Sie Ihre Sponsoringofferte mit Erfolg präsentieren können.

Checkliste Bestandteile einer Sponsoringofferte

1. Der Sponsoringnehmer
2. Projektbeschrieb:
   - gegebenenfalls visualisiert mit Skizzen, Abbildungen, Fotos, Diagrammen usw.
   - gegebenenfalls mit einem Argumentarium, mit Testimonials usw.
3. Ihre Sponsoringvision
4. Zielgruppen
5. Budget
6. Finanzierungsplan
7. Verzeichnis von Leistungen
8. Vorteile für den Sponsor
9. Verzeichnis von Gegenleistungen
10. Zeitplan
11. Ansprechpartner
12. Erfolgskontrolle

Preis-/Leistungs-Kriterien für ein Eventsponsorship
Eine Checkliste für Sponsoringnehmer

Art des Sponsorings?

- Sportsponsoring
- Kultursponsoring
- Soziosponsoring
- Ökosponsoring

Periodizität unseres Events

- Handelt es sich bei unserem Event um eine einmalige Veranstaltung
- um eine künftig halbjährliche
- jährliche
- zweijährlich zu wiederholende Veranstaltung?

Status der Sponsorship

- Hauptsponsorship
- Co-Sponsorship
- Verträge als Official Suppliers usw.

[Preis-/Leistungs-Kriterien für ein Eventsponsorship]

Haben wir unsere Sponsoringpyramide gestaltet?

Hauptsponsoren
Co-Sponsoren
Official Suppliers usw.

Was offerieren wir?
Gesamte Palette möglicher Sponsorships?

- ein oder mehrere Hauptsponsorships?
- ein oder mehrere Co-Sponsorships?
- ein oder mehrere Verträge als Official Suppliers?

Branchenexklusivität

- Gewähren wir Branchenexklusivität?
- Welche Branchen sind angesprochen
  in erster, zweiter, dritter Priorität?

Grössenordnung unseres Events?

Haben wir es mit einem
- lokalen
- regionalen
- nationalen
- internationalen
Event zu tun?

Erwartete Teilnehmer

- Wie viele Teilnehmer erwarten wir?
  - Schätzung
  - Vorverkauf
  - Erfahrung früherer Events

Kann der Sponsor etwas tun für die

- Vergrösserung unserer Besucherzahlen?
- positive Beeinflussung des Images unserer Veranstaltung?
- breitere Medienabstützung unseres Events?

94

[Preis-/Leistungs-Kriterien für ein Eventsponsorship]

Kann der Sponsor in einer mit den Gesetzen vertretbaren Form von unserer Adressdatenbank profitieren?

■ Ja
■ Nein
■ Welche Voraussetzungen wären zu erfüllen, damit dies möglich wäre?

Können wir in einer mit den Gesetzen vertretbaren Form von der Adressdatenbank des Sponsors profitieren?

■ Ja
■ Nein
■ Nur unter folgenden Voraussetzungen:

Zielgruppe, die unser Event anspricht?

■ breite Zielgruppen, nämlich:

■ Spezialinteressen, nämlich:

Sind die Zielgruppen deckungsgleich mit den Zielgruppen der anzusprechenden potenziellen Sponsoren?

■ Ja
■ Nein
■ Was könnte einen Sponsor bewegen, unser Angebot dennoch zu prüfen?
■ Welche Multiplikatoren kennen wir ggf. im Umfeld der potenziellen Sponsoren?

Prestige unseres Events

■ Imagedimension
  – klein
  – mittel
  – hoch
  – ausschlaggebend

[Preis-/Leistungs-Kriterien für ein Eventsponsorship]

Bekanntheitsgrad des Events

- erstmalige Durchführung
- wiederholte Durchführung
- eingeführte Veranstaltung

Erwartete Medienwirksamkeit

bei	lokalen	regionalen	nationalen	internationalen Medien
gering				
mittel				
hoch				

Art der interessierten Medien

Print
- lokal
- regional
- national
- international

Radio/TV
- lokal
- regional
- national
- international

Fachmedien
- branchenbezogen
- branchenübergreifend

Internet

Offerierte Gegenleistungen

Welche Gegenleistungen offerieren wir dem Sponsor?
- Image
- Bekanntheitsgrad
- Beziehungspflege
- Verkaufsförderung

[Preis-/Leistungs-Kriterien für ein Eventsponsorship]

Geldwert dieser Gegenleistung

in SFR/Euro

Welche Rechte kann ich dem Sponsor offerieren?

- Übertragungsrechte
- Werberechte (Banden, Flaggen, Ballons usw.)
- Recht, der Veranstaltung seinen Namen zu geben
- Vorzugsrechte (zum Beispiel vergünstigte Tickets) für Zielgruppen des Sponsors

Welchen Preis haben diese Rechte auf dem freien Markt?

in SFR/Euro

Zusatzleistungen für potenzielle Sponsoren

Kann ich dem Sponsor zusätzlich eine professionelle Betreuung garantieren?
- Möglichkeiten der besonderen Betreuung für
  - Kunden
  - Mitarbeiterinnen und Mitarbeiter
  - Special Guests
  - Medienbetreuung
  - Hospitality

Welchen Geldwert haben diese Zusatzleistungen auf dem freien Markt?

- in SFR/Euro

- als Leistung so gar nicht zu haben

Evaluationsverfahren von Sponsoringangeboten
Eine Checkliste aus Sicht der Sponsoren

Grundlagen des Sponsorings

- Kohärenz mit unserem Leitbild vorhanden?
- Kohärenz mit unserer Corporate Identity sichergestellt?
- Kohärenz mit unseren Sponsoringrichtlinien gewährleistet?

Sponsoringbereich

- Sportsponsoring
- Kultursponsoring
- Soziosponsoring
- Ökosponsoring
- Weitere…

Sponsoringdimension

- Spitzensponsoring
- Breitensponsoring
- Nachwuchsförderung

Informationen zum Sponsorship

- Sponsoringstatus
  - Sind wir Hauptsponsor?
  - Sind wir Co-Sponsor?
  - Anzahl der Co-Sponsoren?
  - Welches sind die Medienpartner?
  - Weitere Partner im Umfeld?

Von uns als Sponsor erwartete Gegenleistungen

- Finanzielle Leistungen
- Sachleistungen
- Human Power

Gegenleistungen des Sponsoringnehmers

Zum Beispiel:
- Die Verwendung des Titels «Hauptsponsor»
- Branchenexklusivität

[Evaluationsverfahren von Sponsoringangeboten]

- Logo des Unternehmens bei flankierenden Kommunikationsmassnahmen wie z.B. Anzeigen, Plakate, Spots, Homepage, Socialmedia usw.
- Erwähnung des Sponsors in der Pressearbeit
- Möglichkeit von Hospitalitymassnahmen
- Bildrechte

Sponsoringanlass

- Allgemeine Informationen über die Veranstaltung
- Ziele der Veranstaltung
- Ort der Veranstaltung
- Timing
- Wirksamkeit für unsere Zielgruppen
- Ausstrahlung auf unsere Zielgruppen
- Integration in unsere eigene Kommunikation
- Kommunikative Möglichkeiten des Sponsorships

Fragen zum Gesponserten

- Trägerschaft
- Grad der Professionalität
- Erfahrung mit Sponsoring
- Renommee/Prestige
- Affinität zum Sponsor und seiner Unternehmenskultur
- Finanzielle Situation des Sponsoringnehmers
- Vorhandene Ressourcen im Umfeld des Sponsoringnehmers

Potenzial des Projektes

- Tauglichkeit des Engagements für die Erreichung unserer Sponsoringziele
- Relevanz der angesprochenen Zielgruppen für uns
- Entwicklungspotenzial für mittel- und langfristige Sponsoringzusammenarbeit

Was ich im fünften Kapitel gelernt habe

❭ Das Gesetz der Subsidiarität bei der Finanzierung spielt eine wichtige Rolle

❭ Es ist am besten, mit aussenstehenden Experten zu sprechen, bevor ich das Sponsoringangebot fertig formuliere.

❭ Ich muss für eine breite interne Akzeptanz meines Sponsoringprojektes sorgen.

❭ Ich sollte meinen Partnern genügend Vorlaufzeit für die Prüfung meines Sponsoringangebotes geben.

❭ Ich hüte mich davor, in der Sponsoringofferte die Zahlen zu «verschönern».

❭ Eine Sponsoringofferte muss wahr, nachprüfbar und reell sein.

❭ Eine Sponsoringofferte darf niemals breit gestreut werden.

❭ Meine Sponsoringofferte sollte auf einem 12-Punkte-Programm aufbauen:

    1. Der Sponsoringnehmer
    2. Der Projektbeschrieb
    3. Die Sponsoringvision
    4. Die Zielgruppen
    5. Das Budget
    6. Der Finanzierungsplan
    7. Die Leistungen
    8. Die Vorteile für den Sponsor
    9. Die Gegenleistungen
    10. Der Zeitplan
    11. Die Ansprechpartner
    12. Die Erfolgskontrolle

Die Sponsorensuche

Ihr erster Kontakt mit dem Sponsor

Wenn der erste Eindruck entscheidend ist, dann bietet Ihre erste Kontaktaufnahme mit dem potenziellen Sponsor tatsächlich gute Möglichkeiten, Ihr Sponsoringprojekt an prominenter Stelle zu profilieren.

Deshalb gilt hier ganz besonders: Ihr erster Kontakt mit dem Sponsor, ob telefonisch oder schriftlich, sollte gründlich vorbereitet werden. Hüten Sie sich in Ihrer ersten Begeisterung davor, einfach in einem Unternehmen anzurufen und den Marketing- oder den Sponsoringverantwortlichen zu verlangen, in der Hoffnung, Ihr Anliegen so per Telefon auf den richtigen Schreibtisch zu bringen. Diese Art von Telefonkontakt ist höchstens dann zu empfehlen, wenn Sie in einer ersten Phase der Vorabklärungen Informationen über ein Unternehmen suchen. Wenn Sie aber Kontakt aufnehmen mit dem Ziel, ein konkretes Angebot zu präsentieren, dann sollten Sie behutsam und mit methodischen Schritten vorgehen.

Wie bereits im 3. Kapitel erwähnt, sollten Sie vorerst Informationen beschaffen über den künftigen potenziellen Sponsor, über sein Produkteprogramm, über seine Unternehmensphilosophie und gegebenenfalls über seine bisherigen Sponsoringaktivitäten. Sie sollten darüber hinaus mindestens den Namen des Sponsoringverantwortlichen in Erfahrung bringen.

Dann ist es am besten, bei ihm anzurufen, ihm zu sagen, dass Sie ihm ein Angebot schicken werden und dass Sie später noch einmal zurückrufen möchten, um einen Besprechungstermin zu vereinbaren. Wenn Sie es mit einem Grossunternehmen zu tun haben, wird der Sponsoringverantwortliche ein Sekretariat haben. Informieren Sie dessen Mitarbeiterinnen ausführlich und hinterlassen Sie beim ersten Anruf dort Ihre Adresse und Telefonnummer.

Bereiten Sie jetzt den Brief vor, den Sie zusammen mit Ihrem Angebot verschicken wollen. Dieser Brief sollte kurz, aber präzise sein. Er sollte folgende Punkte enthalten:

1. Eine kurze Präsentation Ihrer Institution
2. Eine kurze Vorstellung Ihres Sponsoringobjekts
3. Der Zeitraum, in dem die Sponsoringaktivität stattfinden soll
4. Informationen über die Rolle und die Funktion des Unterzeichnenden
5. Schreiben Sie, wann Sie anrufen werden, um einen Termin zu vereinbaren
6. Name, Adresse, Telefon, E-Mail-Adresse, Homepage und Faxnummer, damit der Sponsor weiss, wo er sich gegebenenfalls zusätzliche Informationen besorgen kann

Das erste Ziel einer Korrespondenz mit dem Sponsor ist immer, dass ein Termin zustande kommt, um das Sponsoringangebot persönlich präsentieren zu können. Bitte denken Sie daran, dass Sponsoringangebote nie gleichzeitig an mehrere Firmen verschickt werden sollten. Die Kunst besteht natürlich darin, den ersten Kontakt mit dem richtigen Gesprächspartner zustande zu bringen. Vermeiden Sie es, Termine zu vereinbaren mit Leuten, die gar nicht über die fragliche Entscheidungskompetenz verfügen. Akzeptieren Sie auf keinen Fall einen Termin mit dem Stellvertreter des Stellvertreters des Stellvertreters …

Ihr Risiko ist im besten Falle das, Zeit zu verlieren. Schlimmstenfalls bekommen Sie ein Nein als Antwort, weil Ihr Angebot bereits durch mehrere Hände gegangen ist.

Beispiel eines Briefes an einen künftigen Sponsor

Sponsoringangebot Juniorenmeisterschaften Basketball

Sehr geehrter Herr XYZ,

Gerne lasse ich Ihnen in der Beilage, wie heute telefonisch besprochen, unser Sponsoringangebot für die Basketball-Juniorenmeisterschaften zugehen. Der Förderverein des Hessischen Basketball-Landesverbandes e. V. vereinigt landesweit 7000 Mitglieder, die sich in zehn Sektionen vor allem der Förderung des Nachwuchssports und der Organisation von Meisterschaften und Freundschaftsspielen annehmen. Er ist jetzt vom Bundesverband der Basketballclubs mit der Organisation und Durchführung der Deutschen Juniorenmeisterschaften 2012 beauftragt worden. Austragungsort dieser Spiele wird das Jahn-Stadion in Darmstadt sein.

Der Sportbeauftragte des Hessischen Innenministeriums hat das Patronat über die Veranstaltung übernommen. Das Organisationskomitee wird vom technischen Leiter der Deutschen Basketballvereinigung präsidiert. Wir offerieren Ihnen gemäss der beiliegenden Dokumentation ein Sponsorship als Hauptsponsor der Deutschen Juniorenmeisterschaften.

Der Bundesverband rechnet mit insgesamt 80 000 Zuschauern. Die Spiele werden vom Fernsehen ARD sowie vom Deutschen Sportfernsehen übertragen. Um die Hörfunkrechte hat sich der Hessische Rundfunk bemüht.

Als Kommunikationsverantwortlicher des Hessischen Landesverbandes möchte ich Ihnen die Einzelheiten des Sponsoringangebotes gerne in einem persönlichen Gespräch erläutern. Darf ich Sie, wie mit Ihrem Sekretariat heute telefonisch vereinbart, am kommenden Donnerstagvormittag anrufen, um einen Termin auszumachen?

Für ergänzende Informationen stehe ich Ihnen unter Telefon/Fax-Nummer/E-Mail/XYZ gerne zur Verfügung.

Mit bestem Dank für wohlwollendes Interesse
und freundlichen Grüssen

So bereiten Sie sich auf das Gespräch mit dem Sponsor vor

- Bereiten Sie ein Argumentarium vor
- Stellen Sie sich vor, welche Fragen Ihnen der Sponsor stellen könnte und welche Antworten Sie darauf geben würden
- Stellen Sie sich verschiedene mögliche Szenarien vor
- Überprüfen Sie Ihren Vorschlag auf alle erdenklichen Schwachstellen
- Stellen Sie sich vor, wie Sie die Stärken Ihres Angebotes zur Geltung bringen könnten
- Überprüfen Sie noch einmal, ob Ihre Zahlen, Daten und Fakten dem allerneuesten Stand entsprechen
- Bereiten Sie sich vor auf unangenehme Einwände...
- ...und auf unangenehme Personen
- Studieren Sie Ihre möglichen Reaktionen in diesem Fall
- Denken Sie daran, dass auch persönliche Fragen gestellt werden könnten

Ihr erster Termin

Dank den Informationen, die Sie sich beschafft haben, werden Sie jetzt eine ziemlich genaue Vorstellung haben vom Typus des Unternehmens und möglicherweise sogar von Ihrem Gesprächspartner, den Sie treffen werden.

Die goldene Regel:

Die Grundhaltung, mit der Sie in ein solches Gespräch gehen, ist jene des Respekts, den Sie Ihren Gesprächspartnern entgegenbringen und den Sie von Ihren Gesprächspartnern erwarten dürfen.
Respekt steht in diesem Falle für gründliche Vorbereitung, für Offenheit und Unvoreingenommenheit und für die Fähigkeit und den Willen, sich in die Situation seines Gesprächspartners zu versetzen.

Es gibt dabei, wie in jedem wichtigen geschäftlichen Gespräch, einige Basisgesetze, gegen die Sie nicht verstossen sollten:

- Streben Sie von Anfang an ein paritätisches Verhältnis an: Das heisst, wenn Sie eine Gruppe von Entscheidungsträgern treffen, dann versuchen Sie Ihrerseits, Ihre Fachspezialisten zum Gespräch mitzunehmen.
- Lassen Sie sich nicht einschüchtern! Warten Sie keine vierzig Minuten im Vorzimmer.

- Vermeiden Sie provokative Kleidung, das heisst Kleidung, die den Gesprächspartner in Schwierigkeiten bringen könnte. Wenn Sie in einem konservativ-traditionellen Umfeld sind, vermeiden Sie zum Beispiel Blue Jeans oder allzu sportliche Kleidung.
- Vermeiden Sie eine provokative Sprache, das heisst keine Kritik oder polemische Haltung gegenüber der Unternehmung, bei der Sie zu Gast sind. Was könnte Ihr Gesprächspartner schon sagen, ohne unkorrekt zu sein gegenüber seinem Arbeitgeber?
- Vermeiden Sie die nur Ihnen selbst geläufige technische Terminologie.
- Vermeiden Sie jede Arroganz in Ihrem Gespräch. Sie sollten Ihrem Gesprächspartner in keiner Weise – auch nicht nonverbal – kommunizieren, dass er fachlich nicht auf der Höhe ist, falls er Ihr Angebot nicht annehmen will. Der Sponsor, der Ihnen heute Nein sagt, kann morgen unter veränderten Bedingungen ein für Sie interessanter und geschätzter Verhandlungspartner sein.
- Bleiben Sie realistisch in Ihrer Erwartungshaltung. Sicherheit und Überzeugung für die eigene Sache ist gut. Gerade deshalb sollten Sie aber Adjektive vermeiden wie «fantastisch», «ausserordentlich» usw. Man kann die Bedeutung der gepflegten und angemessenen Sprache in der heutigen Zeit nicht deutlich genug betonen.
- Arbeiten Sie nicht ausschliesslich auf der emotionalen Ebene, sondern zeigen Sie Vertrauen in die eigene Arbeit, indem Sie den logischen Aufbau dieser Arbeit erklären.
- Seien Sie kurz und bündig: Geben Sie Ihrem Gesprächspartner die Möglichkeit, mit «Ja» oder «Nein» zu antworten.
- Seien Sie klar und präzise, wenn es um Geld geht.
- Ihre Tonlage sollte sein: Freundlich, interessiert, aber «to the point».
- Akzeptieren Sie von Ihrem Gesprächspartner auf keinen Fall, dass er Ihnen einen Termin vorschlägt an einem inadäquaten Platz, zum Beispiel in der Betriebskantine, der Cafeteria usw.

So präsentieren Sie Ihr Angebot

Nachdem Sie sich vorgestellt haben, erklären Sie Ihre Rolle und Aufgabe innerhalb Ihrer Organisation. Wenn Sie den Eindruck haben, dass die Atmosphäre kühl oder gespannt ist, können Sie immer noch zusätzliche Informationen über das Unternehmen erfragen. Sie geben so Ihren Gesprächspartnern Zeit und Sicherheit und bauen eine Atmosphäre des Vertrauens auf.

Bringen Sie immer mehr Kopien Ihres Angebots mit als die Anzahl Gesprächspartner, die Sie treffen. Sie sind so gewappnet, falls zusätzliche Sitzungsteilnehmer erscheinen.

Idealerweise präsentieren Sie Ihr Angebot dem für das Sponsoring zuständigen Mitarbeiter des Unternehmens. Ihr Gespräch sollte nach Möglichkeit nicht länger als 25 bis 30 Minuten dauern. Der Respekt, den Sie Ihren Gesprächspartnern entgegenbringen, misst sich nicht zuletzt daran, dass Sie sorgfältig mit deren Zeit umgehen.

In dieser kurzen Zeit können Sie natürlich nicht das gesamte Angebot präsentieren. Beschränken Sie sich deshalb auf das Wesentliche, arbeiten Sie die Besonderheiten Ihres Konzeptes heraus, das, was Ihr Angebot gegenüber potenziellen Mitbewerbern «unique» macht. Weisen Sie auf das schriftliche Angebot hin, das vor Ihnen auf dem Tisch liegt.

Visualisieren Sie wenn möglich Ihre Ausführungen, aber setzen Sie bildliche Elemente ein, die der Gedankenwelt des Sponsors und dem gemeinsamen Sponsoringvorhaben angemessen sind. Arbeiten Sie dabei ruhig mit emotionalen Vergleichen, die aber unbedingt hundertprozentig stimmen müssen.

Falls Sie mit Folien oder Laptop arbeiten: Überladen Sie Ihre Präsentationsträger nie: Mehr als sieben Zeilen Text in grosser Schrift oder mehr als eine einzige, einfache grafische Darstellung pro Folie bzw. pro Seite sind auch beim besten Willen nicht zu verarbeiten.

Sprechen Sie zielgruppengerecht. Ihre Sprache muss die Sprache Ihres Auditoriums sein. Klären Sie vorher ab, ob einzelne Teilnehmer der Runde fremdsprachig sind, und widmen Sie diesen wenn immer möglich besondere Aufmerksamkeit, indem Sie kurze Zusammenfassungen in der entsprechenden Sprache einstreuen. Bereiten Sie sich auf den Frageteil besonders vor, indem Sie eine Liste potenzieller Fragen und deren richtige Antworten eintrainieren. Zeigen Sie dem Sponsor Flexibilität, was die Leistungen angeht, zeigen Sie Bereitschaft zu Verhandlung, signalisieren Sie dort, wo es möglich ist, Verhandlungsspielraum.

Wenn der Sponsor sich nicht interessiert zeigt ...

Wenn der Sponsor sich vorerst nicht interessiert zeigt: Vermeiden Sie den Fehler, Ihr Angebot preislich zu reduzieren. Sie verlieren sonst nicht nur Ihr Geld, sondern auch Ihre Glaubwürdigkeit. Suchen Sie vielmehr gemeinsam nach Finanzierungsmöglichkeiten, nach neuen Modellen der Abwicklung, nach möglichen Partnern, die sich am Sponsorship beteiligen könnten. Der Grad an Kreativität und Hilfsbereitschaft, den Sie hier einsetzen können, ist beinahe unerschöpflich. Natürlich sollten Sie Ihren Gesprächspartner dabei nicht überfordern, schon gar nicht überfahren.

Wenn der Sponsor sich interessiert zeigt,

befragen Sie ihn gründlich und notieren Sie sich seine Bemerkungen, seine Wünsche, seine Zusatzfragen. Vereinbaren Sie einen Termin für die definitive Antwort und setzen Sie freundlich, aber entschlossen, eine entsprechende Deadline.

Wer entscheidet?

Sponsoring ist, vom Gesichtspunkt seiner Integration in die Unternehmenskommunikation her, ein ziemlich junger Bereich. Deshalb sind die Sponsoringzuständigen und die Entscheidungsträger oft in den verschiedensten Bereichen der Unternehmung anzutreffen: zum Beispiel in Marketing, Werbung, Public Relation, manchmal werden die Entscheide sogar von der Geschäftsleitung getroffen.
Heute ist Sponsoring meistens in der Marketing- oder Werbeabteilung angesiedelt, falls es nicht eine eigene Sponsoringabteilung gibt. Aus der Zugehörigkeit zur Abteilung können Sie die Philosophie herauslesen, die hinter der Sponsoringarbeit des Unternehmens steht: Ist Sponsoring im Marketing angesiedelt, wird es benutzt, um primär die Kundenakquisition, die Kundenbindung oder den Verkauf zu unterstützen. Finden Sie die Sponsoringexperten in der PR-Abteilung, dann wird Sponsoring eher zum Aufbau des Corporate Image eingesetzt.
Wie auch immer die Positionierung des Sponsorings im Organigramm ist, eines bleibt sich gleich: Sponsoring orientiert sich an der Corporate Identity des Unternehmens. Das hat für Gesponserte zwei klare Konsequenzen:

■ Lesen Sie als Gesponserte das Leitbild des Sponsors und die Sponsoring-richtlinien, falls es eine Version für Aussenstehende gibt. Denn: Nur wenn Ihr Angebot mit den Richtlinien des Sponsors kohärent ist, hat es wirklich Chancen auf Erfolg.

Dann beeinflusst natürlich die Positionierung des Sponsorings im Organi-gramm eines Unternehmens Zeit und Art jedes Entscheids. Deshalb gilt:

■ Wenn Sie ein Organigramm der Firma besitzen, lesen Sie es kurz vor Ge-sprächsbeginn noch einmal durch.

Wie wird entschieden?

Die Sponsoring-Entscheidungsprozesse laufen in den meisten Unternehmen ungefähr so ab:
Zuerst legen die Sponsoringverantwortlichen ihre Sponsoringziele und ihre Sponsoringzielgruppen fest – und zwar immer auf der Grundlage der einmal festgelegten Corporate Identity sowie des verabschiedeten Marketingkon-zeptes. Anschliessend werden Sponsoringrichtlinien erstellt.
In einem nächsten Schritt wird das Unternehmen die Sponsoringstrategie sowie die entsprechenden Massnahmen festhalten. Damit verfügt Ihr po-tenzieller Sponsor jetzt über ein taugliches Instrumentarium zur Beurteilung eingehender Sponsoringofferten. Die Beurteilung erfolgt dann sehr oft im Hinblick auf wenige, aber wichtige Kriterien, zum Beispiel:

1. im Hinblick auf die Kompatibilität mit den Richtlinien des Sponsors
2. im Hinblick auf das mögliche Potenzial, das in der Sponsoringidee für den Sponsor steckt, sowie
3. nach dem Preis-Leistungs-Verhältnis

Das nachfolgende Beispiel zeigt, wie ein solcher Beurteilungsraster aufgebaut sein kann:

Beurteilungsraster für Sponsoringprojekte

1 Fragen zum Gesponserten

- Wer ist der Gesponserte?
- Wer steht gegebenenfalls hinter dem Gesponserten?
- Wer ist der Ansprechpartner des Gesponserten?
- Wer ist aufseiten des Gesponserten für die Realisierung des Sponsorships zuständig?

2 Fragen über unser künftiges Verhältnis zum Gesponserten

- Sind wir Hauptsponsor?
- Sind wir Co-Sponsor?
- Wer sind die übrigen Co-Sponsoren?
- Wie steht es mit der Imageverträglichkeit der Co-Sponsoren?
- Welchen Vorteil bringt uns die Position als Hauptsponsor?
- Welche Auswirkungen auf unsere Medienarbeit hat unser Sponsorship?
- Welche Auswirkungen haben wir, falls wir nur Co-Sponsor sind?
- Welche Auswirkungen haben wir, falls wir auf das Sponsoringangebot überhaupt verzichten?
- Welchen Grad an Professionalität dürfen wir vom Gesponserten und seinem Team erwarten?

3 Zum Sponsorship

- Ist das Sponsorship mit unserer CI kohärent?
- Ist ein unmittelbarer Kundennutzen mit dem Sponsorship verbunden? Welcher?
- Entspricht die Durchführung des Sponsorships unseren Sponsoringrichtlinien?
- Datum und Ort des Sponsorships?
- Zeitpunkt?
- Voraussichtliche Massnahmen unserer Konkurrenz im gleichen Umfeld?
- Wie «unique» sind wir gegenüber unseren Konkurrenten?
- Welche Kommunikationsmassnahmen setzen wir für dieses Sponsorship ein?
- Wie gross wird die Medienwirksamkeit des Projektes sein?
- Erreichen wir damit unsere Sponsoringzielgruppen?

4 Zum Sponsoringbudget

- Wie sieht für uns das Preis-Leistungs-Verhältnis aus?
- Welche Zusatzkosten fallen gegebenenfalls noch an?
- Welche Leistungen können intern erbracht werden und welche müssen auswärts vergeben werden?

Wenn Ihr Angebot diese Hürden genommen hat, dann wird es mit einer entsprechenden Empfehlung der nächsthöheren Instanz vorgelegt. Falls Ihr Gesprächspartrner die entsprechenden Kompetenzen hat, wird er auch direkt mit Ihnen weiterverhandeln.

Wie Sponsoren ihre Aktivitäten planen

Die Planung einer Sponsoringtätigkeit kann in folgende Arbeitsschritte eingeteilt werden:

1. Der Sponsor wählt aus mehreren möglichen Angeboten diejenigen aus, die ihm gemäss den oben genannten Kriterien für seine speziellen Bedürfnisse am aussichtsreichsten erscheinen.
2. Er verhandelt anschliessend mit dem Gesponserten.
3. Er handelt einen Sponsoringvertrag aus.
4. Er plant die nach innen und nach aussen gerichteten Massnahmen vor und während des Sponsorships.
5. Er plant die Nachbearbeitung und bestimmt in Zusammenarbeit mit dem Gesponserten die Instrumente der Sponsoring-Erfolgskontrolle.

Wie Gesponserte ihre Aktivitäten planen

Die Überlegungen, die sich Gesponserte machen, entsprechen in ihrem Ablauf ziemlich genau dem Aufbau dieses Buches. Damit Sie jetzt nicht zurückblättern und das Inhaltsverzeichnis konsultieren müssen, hier eine Kurzzusammenfassung:

1. Definieren Sie Ihr Sponsoringproblem.
2. Analysieren Sie Ihre Ausgangslage.
3. Überlegen Sie sich, welche Sponsoren für Sie infrage kommen könnten.
4. Denken Sie darüber nach, was Sponsoren von Ihnen erwarten.
5. Setzen Sie eine Sponsoringofferte auf.
6. Suchen Sie einen konkreten Sponsor für Ihr Projekt.
7. Setzen Sie sich mit Ihrem – und mit dem Sponsoringkonzept der von Ihnen angegangenen Unternehmen auseinander.
8. Formulieren Sie einen Sponsoringvertrag.

9. Überlegen Sie sich, ob Sie Ihr Projekt mit dem Sponsor zusammen realisieren können oder ob gegebenenfalls eine Sponsoringagentur zwischengeschaltet wird.
10. Entwickeln Sie zusammen mit Ihrem Sponsor Methoden und Messkriterien einer Erfolgskontrolle.

Natürlich kann sich ein Gesuchsteller auch von Anfang an überlegen, ob er eine Sponsoringagentur beauftragen soll. Diese würde dann im Rahmen Ihres Auftrages auch die Erstellung der Gesuchsunterlagen übernehmen.

Ihr zweiter Termin mit dem Sponsor

findet dann statt, wenn beim Sponsor der Entscheid zugunsten Ihres Projektes gefallen ist. Sie sollten vor diesem Gespräch bereits die kritischen Details und alle für den Entscheidungsprozess wichtigen Fragen geklärt haben.
Dieses zweite Gespräch wird im Wesentlichen ein Brainstorming sein, in dessen Verlauf alle möglichen Aktivitäten gemeinsam besprochen werden. Das Ziel des Gespräches ist auch, eine Massnahmen-Rohplanung mit Terminen und Verantwortlichkeiten aufzustellen. Spätestens jetzt sollten alle jene Personen in die Sitzung integriert werden, die das Sponsorship nachher umzusetzen haben. Das hat zwei Vorteile: Einerseits motiviert man jene, die mit den Konsumenten unmittelbar zu tun haben, andererseits haben Sie die Chance, die einzelnen Ideen der Kritik einer grösseren und zumeist erfahrenen Runde von Sponsoringspezialisten auszusetzen.
Die Aktennotiz dieser Besprechung wird dann sowohl für Gesponserte wie für Sponsoren zur Basis des zu erarbeitenden Sponsoringkonzepts. Die wichtigen Punkte werden ausserdem in den Sponsoringvertrag Eingang finden.

Checkliste für Ihre Präsentation

■ Weiss ich, wer meine Zuhörer sein werden?

■ Weiss ich, wer von diesen Zuhörern meinem Projekt positiv gegenüberstehen dürfte?

■ Weiss ich, von welcher Seite meinem Anliegen Opposition erwachsen dürfte?

■ Kenne ich die wichtigsten Argumente der «Gegner»?

■ Sind alle Zuhörer deutscher Sprache?

■ Wer ist gegebenenfalls der deutschen Sprache nicht oder nicht perfekt mächtig?

■ Welche zweite Sprache muss ich gegebenenfalls in meine Präsentation einbauen?

■ Wer stellt den Beamer oder den Overheadprojektor?

■ Gibt es einen Ersatzapparat, falls der Projektor aussteigt?

■ Gibt es mindestens Ersatzbirnen? Ersatzsicherungen?

■ Habe ich mindestens 15 Minuten Vorbereitungszeit zum Einrichten?

■ Wie viele Kopien des kompletten Konzeptes brauche ich zur Abgabe an die Zuhörer?

■ Sind weitere Kopien an nicht Anwesende zu schicken?

■ Sind Filzstifte, Hinweispfeile usw. für die Präsentation vorhanden?

■ Welche wichtigen Statistiken und Hintergrundmaterialien nehme ich «für alle Fälle» mit?

■ Habe ich die Präsentation zu Hause 1:1 geübt?

■ Sind die Zeitvorgaben einzuhalten?

Was ich im sechsten Kapitel gelernt habe

> Die gute Vorbereitung meines ersten Kontaktes mit dem potenziellen Sponsor verbessert meine Chancen, den richtigen und mit den nötigen Kompetenzen ausgestatteten Gesprächspartner zu erreichen.

> Es lohnt sich, sich mit einem Argumentarium auf dieses Gespräch vorzubereiten.

> Respekt gegenüber dem Gesprächspartner aufbringen heisst, gut vorbereitet zum Gespräch zu kommen, die knappe Zeit bei der ersten Kontaktaufnahme nicht zu strapazieren, sich in die Situation des Gesprächspartners einzudenken.

> Ein Sponsor, der (vorerst) einmal Nein sagt, kann morgen vielleicht ein wichtiger Gesprächspartner sein. Wir sollten daran denken, wenn wir ein «Nein» entgegennehmen müssen.

> Die Einordnung des Sponsorings im Organigramm verrät viel über seine Bedeutung und die Aufgaben des Sponsorings im Unternehmen.

Das Sponsoringkonzept

Warum lohnt es sich, ein Sponsoringkonzept zu formulieren?

Wenn Sie das Instrument Sponsoring professionell für eine Organisation, einen Verein, einen Club, eine Arbeitsgruppe, eine Galerie oder ein Museum einsetzen wollen, ist eine klare und realistische Vorstellung dessen, was mit Hilfe von Sponsoring zu erreichen ist, unabdingbar. Es sollte auch Einigkeit darüber bestehen, dass Sponsoringnehmer Sponsoring in erster Linie dazu einsetzen, zusätzliche finanzielle Ressourcen zu akquirieren.
Das gegenseitige Verständnis darüber ist für Sponsor und Sponsoringnehmer gleichermassen die Grundlage einer offenen Zusammenarbeit zu gegenseitigem Nutzen.

Diese Idee eines Sponsorships findet im Falle eines Sponsors ihren Ausdruck in einem sogenannten Sponsoringkonzept, das von der Planungs- bis zur Umsetzungsphase die Grundlage der operativen Sponsoringarbeit darstellt.
Wenn die in Kapitel 4 vorgestellten Sponsoringrichtlinien sozusagen die «verfassungsmässige Grundlage» Ihrer Sponsoringtätigkeit darstellt, dann ist das Sponsoringkonzept so etwas wie eine konkrete «Ausführungsbestimmung», ein Entscheidungsrahmen für ein konkretes Projekt.
Natürlich gilt das für beide Partner eines Sponsorships. Auch der Sponsoringnehmer tut gut daran, die Grundlagen seiner eigenen Sponsoringarbeit in

einem konzeptionellen Rahmen niederzulegen. Es wird ihm nicht nur die eigene Arbeit erleichtern, sondern vor allem auch intern Klarheit darüber verschaffen, was er – über die finanziellen Aspekte hinaus – von einer Sponsoringzusammenarbeit realistischerweise erwarten kann. Er wird sich dabei die gleichen Fragen stellen, die sich ein Sponsor stellen wird. Das Denken des Sponsoringpartners zu kennen, der Versuch, sich in die Welt des Sponsors einzudenken und einzuleben, wird die Kommunikation beider Partner entscheidend vereinfachen.

Die Gliederung Ihres Konzeptes

Es gibt einige wenige Grundsätze, nach denen Sie Ihr Konzept aufbauen können.

1. Es soll möglichst umfassend, aber dennoch übersichtlich und konzentriert sein.
2. Es soll lesbar sein – und zwar auch für Leser ohne betriebswirtschaftliche Fachkenntnisse. Denken Sie immer daran, dass Sie mit Ihrem Konzept ein Anliegen, eine Idee, ein Vorgehen «verkaufen» müssen.
3. Es soll sich auf die absolut aktuellsten Verhältnisse, Zahlen, Daten und Fakten abstützen.

Diese Gliederung hat sich als zweckmässig erwiesen:

1	Die Einführung
2	Analyse der Ausgangslage
2.1	Die Analyse der Unternehmung
2.1.1	Philosophie, Unternehmensklima und Kommunikation
2.1.2	Die Sponsoringorganisation
2.1.3	Die Stärken-und-Schwächen-Analyse für Sponsoren
2.2.	Die Analyse des Umfeldes
2.2.1	Die Konkurrenz
2.2.2	Die Trends im unternehmerischen Umfeld
2.2.3	Die Chancen-und-Gefahren-Analyse
3	Die Sponsoringvision
4	Die Zielgruppen
4.1	Zielgruppen des Sponsors
4.2	Zielgruppen des Gesponserten

Der Umfang des ganzen Konzeptes hängt natürlich von der Komplexität des Projektes ab. Wenn Sie pro Kapitel eine Seite berechnen, dann zwingen Sie sich selbst zur präzisen und klaren Formulierung und überfordern das Zeitmanagement Ihrer Partner nicht. Sie können ergänzende Informationen, Grafiken, Statistiken usw. immer noch in einem «Anhang» unterbringen.

1 Die Einführung

Die Einführung sollte grundsätzlich Auskunft darüber geben, was man erreichen will, was man bisher getan hat und welche Freiheiten man hat, das eigene Problem mithilfe des Sponsorings zu lösen.

Für Schnell-Leser empfiehlt es sich, der Einführung einen Grundsatz, ein Motto für Ihr Sponsoring voranzustellen, das sozusagen das visualisiert, was Sie beabsichtigen.
Eine strukturierte Sponsoringtätigkeit zahlt sich immer aus. Sie reduziert die Risiken, erhöht die Visibilität und verbessert die Möglichkeit, die gesteckten Zielsetzungen zu einem optimalen Preis-Leistungs-Verhältnis zu erreichen.

Wer klar und unmissverständlich signalisiert, wie er ein Sponsoringprojekt realisieren will, signalisiert Professionalität und hilft allen Involvierten, eine klare Vorstellung der künftigen Zusammenarbeit zu erreichen.

Professionalität ist gerade für Sponsoringnehmer, die oft chronisch über unzureichende finanzielle Mittel verfügen und deren personelle Ressourcen in der Regel bescheiden sind, ein ausschlaggebender Erfolgsfaktor. Sponsoren arbeiten lieber mit Sponsoringprofis zusammen. Nichts macht die Arbeit angenehmer als zwei Partner, die die gleiche Sprache sprechen und ihr Metier beherrschen.

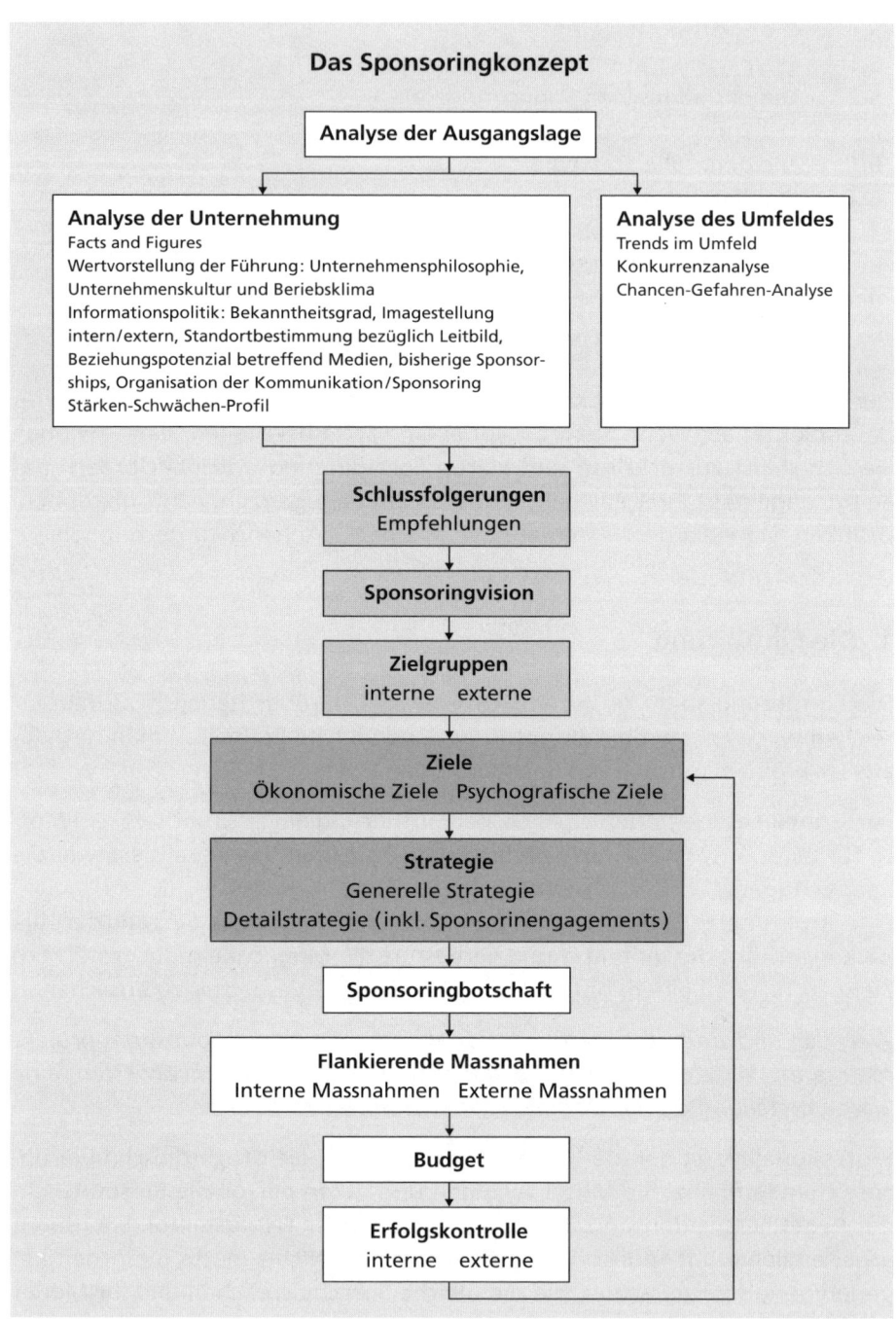

Das Sponsoringkonzept

Analyse der Ausgangslage

Analyse der Unternehmung
Facts and Figures
Wertvorstellung der Führung: Unternehmensphilosophie,
Unternehmenskultur und Beriebsklima
Informationspolitik: Bekanntheitsgrad, Imagestellung
intern/extern, Standortbestimmung bezüglich Leitbild,
Beziehungspotenzial betreffend Medien, bisherige Sponsor-
ships, Organisation der Kommunikation/Sponsoring
Stärken-Schwächen-Profil

Analyse des Umfeldes
Trends im Umfeld
Konkurrenzanalyse
Chancen-Gefahren-Analyse

Schlussfolgerungen
Empfehlungen

Sponsoringvision

Zielgruppen
interne   externe

Ziele
Ökonomische Ziele   Psychografische Ziele

Strategie
Generelle Strategie
Detailstrategie (inkl. Sponsorinengagements)

Sponsoringbotschaft

Flankierende Massnahmen
Interne Massnahmen   Externe Massnahmen

Budget

Erfolgskontrolle
interne   externe

2 Analyse der Ausgangslage

Die Analyse der Ausgangslage nimmt in den meisten Konzepten von Sponsoren fast den grössten Raum ein. Das ist berechtigt, denn nur wer sich klar ist über die Ausgangslage – und zwar in allen Facetten –, der kann wissen, mit welchen Mitteln er in welcher Zeit welche Ziele erreichen kann.

2.1 *Die Analyse der Unternehmung*

Einleitend sollten Sie die Analyse der Unternehmung vornehmen. Ein wichtiges Grundlagendokument dafür sind die Facts and Figures. Es handelt sich um eine kritische Beleuchtung von Informationen, die Sie gesammelt haben werden, wie:

- Gründungsdaten
- Umsatzgrössenordnung, in der Entwicklung der letzten drei bis fünf Jahre
- Umsatzverteilung in den verschiedenen Märkten, die bearbeitet werden
- Informationen über die Organisationsstruktur des Unternehmens, am besten in Form eines Organigramms
- Informationen über die finanziellen Strukturen des Unternehmens, besonders wichtig bei börsenkotierten Unternehmen
- Anzahl Mitarbeiter
- Cashflow
- Wichtigste Produkte des Unternehmens
- wo vorhanden: eine Übersicht über das Filialnetz des Unternehmens
- wo vorhanden: Auftritte und gegebenenfalls Auszeichnungen des Unternehmens auf Messen und Ausstellungen

Je nach Umfang werden oft noch die Highlights aus der Unternehmensgeschichte, vor allem jene von Persönlichkeiten, die innerhalb des Unternehmens dessen Tätigkeiten (und selbstverständlich das philanthropische Handeln) beeinflusst haben, zusammengefasst.

2.1.1 *Philosophie, Unternehmensklima und Kommunikation*
Um ein Sponsoringengament und seine Wirkung auf die Operativität zu beurteilen, ist es zudem wichtig, Aspekte zu berücksichtigen wie:

- Brand und Unternehmenspersönlichkeit
- Image und Bekanntheitsgrad
- Unternehmenskultur, hier nicht zuletzt auch Hinweise auf ein harmonisches oder disharmonisches Klima unter den Mitarbeitenden

Die Zeit, die investiert wird, um in der Tiefe und detailliert jede Einzelheit zu überprüfen, ist gut investiert. Es sollte kein Detail vernachlässigt werden, das Rückschlüsse auf relevante Informationen zur Identität eines Unternehmens ermöglicht.

Besondere Aufmerksamkeit ist auch jenen Einzelheiten zu schenken, die als sogenannte «soft factors» für die Wirkung eines Sponsorships von überraschender Bedeutung sein können, also z. B. die Zusammensetzung der Mitarbeiter, der Zusammenhalt innerhalb der Belegschaft, die Verankerung im Umfeld des Sponsors und seiner Stakeholders usw.

Es sind oft gerade diese «weichen Faktoren» die von ausschlaggebender Bedeutung für den Erfolg oder Misserfolg einer längerfristigen Zusammenarbeit sein können. Sie sind es meistens, die vertrauensbildend wirken und die Vorurteile aufseiten der Gruppierungen hinter den Sponsoringnehmern abzubauen vermögen.

2.1.2 Die Sponsoringorganisation

Das Sponsoring besteht, wie bereits festgehalten, nicht nur aus Zahlen und Fakten, sondern auch aus Menschen. Aus diesem Grund ist es wichtig, sich eine genaue Idee davon zu machen, wer in die Organisation des Projektes involviert sein wird, sowohl vom Gesichtspunkt seiner Erfahrung, seiner Professionalität und seiner Kompetenz her als auch von der menschlichen Seite und den nicht geschäftlichen Aspekten her.

Nützliche Informationen zu diesem Punkt liefern Antworten auf folgende Fragen:

- Wo ist die Sponsoringabteilung im Organigramm der Unternehmung positioniert?
- Wie gross ist das Sponsoringbudget im Mittel der letzten drei Jahre gewesen?
- Bei welchen wichtigen, längerfristigen Projekten hat sich das Haus als Hauptsponsor engagiert?
- Welche Zielsetzungen wurden bisher wie und mit welchen Schlüsselpersonen im Sponsoring verfolgt?
- Welche Arten von Sponsoring wurden bisher mit welchem Erfolg betrieben?
- In welchen thematischen Feldern wurden Projekte unterstützt?
- In welchen geografischen Märkten wurde bisher Sponsoring betrieben?

Potenzielle Sponsoren sind dabei vor allem an folgenden Detailinformationen über den Sponsoringnehmer interessiert:

- Seit wann arbeitet man mit Sponsoren zusammen?
- Wie haben sich die Sponsoringsummen in den letzten fünf Jahren entwickelt?
- Mit welchen Sponsoren arbeitet man zusammen?
- Welches waren die bisherigen Hauptsponsoren?
- Welches sind die Zielsetzungen im Sponsoring?

Es empfiehlt sich, die zumindest mittelfristigen Zielsetzungen des Sponsoringnehmers zu analysieren, damit die Sponsoringpolitik in einem Gesamtzusammenhang gesehen werden kann.

Auch der Sponsoringnehmer, wie gross auch seine Dimension ist, wird eine Präsentation mit «facts and figures» produzieren, um seine eigene Situation abzubilden.

Für beide ist ein kritischer Erfolgsfaktor, ob die involvierten Mitarbeiter in der Lage sind, das Projekt adäquat zu bewältigen, oder ob man externe Unterstützung braucht, und wenn ja, welche Unterstützung und für wie lange.

Die optimale Grösse und vor allem die Professionalität der eigenen Sponsoringabteilung ist eine wichtige Grundlage gerade langfristig erfolgreicher Sponsoringarbeit. Nur wer fachlich eine solide Ausbildung mitbringt und wer sich innerhalb seiner Organisation auf die Unterstützung der Sponsoringarbeit durch Kollegen in der Betriebsleitung bzw. in der Trägerorganisation abstützen kann, ist ein wirklich kompetenter Gesprächspartner für Unternehmen und ihre Marketing- und Sponsoringabteilungen.

2.1.3 *Die Stärken-und-Schwächen-Analyse für Sponsoren*
Als Schlussfolgerungen dieser Überlegungen formulieren Sie jetzt die Stärken und Schwächen – und zwar immer im Hinblick auf das fragliche Sponsorship. Listen Sie zuerst die Stärken Ihres Unternehmens auf. Konzentrieren Sie sich auf die drei, maximal fünf eigentlichen Stärke-Punkte und erläutern Sie diese, wenn nötig, ganz kurz. Fahren Sie dann fort, indem Sie selbstkritisch die Schwächen Ihres Unternehmens bezüglich Sponsorship aufzählen. Beschränken Sie sich auch hier auf die wichtigsten. Es geht hier vor allem darum, zu verstehen, welche Elemente innerhalb des Unternehmens kritische Erfolgsfaktoren sein könnten für die Realisierung des Sponsoringprojekts. In der externen Kommunikation des Unternehmens sollten Sie auch die emotionell-psychologischen Komponenten berücksichtigen.

Mögliche Stärken/Schwächen von Sponsoringnehmern

Sponsoringart	Stärken	Schwächen
Kultursponsoring	■ regionale oder nationale Ausstrahlung ■ eigene Publikationen ■ Reputation in Fachkreisen ■ Preise und Auszeichnungen	■ Fehlen geeigneter Infrastruktur ■ unzureichende technische Ausstattung ■ Fehlen von Übungsräumen ■ mangelndes Know-how in PR ■ Überalterung der Mitglieder
Sozio-/Ökosponsoring	■ hohe Umsetzungsquote bei komplexen Projekten ■ internationale Anerkennung und PR ■ steigende Mitgliederzahlen von Initiativen und Gruppen	■ fehlende technische Infrastruktur ■ wenig leistungsfähige Transportkapazitäten ■ zu geringe Mittel für Werbung ■ Abhängigkeit von politischen Entscheiden
Sportsponsoring	■ breite Abstützung der Jugendarbeit ■ Anerkennungen für sportliche Höchstleistungen an überregionalen und nationalen Wettkämpfen ■ gutes Trainerkollegium	■ fehlende Flutlichtanlage verhindert Training im Winter ■ Halleneinrichtungen veraltet ■ keine Erfahrungen mit Jugendtrainingslagern

2.2 Die Analyse des Umfeldes

Nachdem Sie die interne Situation analysiert haben, sollten Sie in einer zweiten Phase eruieren, wie die Stellung der Firma aussieht und welche Entwicklungen in der Umwelt einen Einfluss haben könnten auf die Sponsoringaktivitäten des Unternehmens.

2.2.1 Die Konkurrenz

Zwei Haupttypen von Konkurrenten sind es, die Sie analysieren sollten.
Der erste bezieht sich auf jene Firmen, die dieselben Produkte produzieren oder dieselben Dienstleistungen anbieten. Der zweite umfasst jene Unternehmen, die sich im gleichen Umfeld als Sponsoren betätigen. Bei beiden Kategorien von Unternehmen ist es wichtig, zu wissen:

- Positionierung auf dem Markt
- Wirkung auf den Markt
- Penetrationsgrad
- Typologie der Engagements,

und die differenzierenden Elemente herauszukristallisieren.

Die Frage der «Mitbewerber» und ihrer Position auf dem Markt ist auch für alle Sponsoringnehmer eine ausserordentlich wichtige, und zwar, weil auch Hilfswerke, Museen, soziale Einrichtungen, sportliche Veranstalter usw. heute immer in Konkurrenz zu anderen, ähnlich arbeitenden Institutionen stehen – auch wenn es darum geht, einen potenziellen Sponsor als Partner für sich zu gewinnen.

2.2.2 Die Trends im unternehmerischen Umfeld

Umwelttrends sind Bedingungen, die wir kaum oder nur mit sehr beschränkten Möglichkeiten beeinflussen können, die aber nachhaltige Auswirkungen auf unsere Sponsoringarbeit haben können.
Die Trends lassen sich in verschiedene Gruppen einteilen. Bewährt hat sich hier folgende Aufteilung:

Die politischen Trends

Politische Trends können beeinflusst sein von gesetzgeberischen Voraussetzungen. Im kulturellen Bereich sind politische Trends zum Beispiel dann wirksam, wenn Kultur – und das wird sie eigentlich fast immer – als besonders progressiv, in einem entsprechend konservativen Umfeld vielleicht als «tendenziell links» eingestuft wird, während die Regierungsbehörde, die über Unterstützungsbeiträge zu entscheiden hat, gerade Mitte-rechts angesiedelt ist.

Die wirtschaftlichen Trends
Wirtschaftliche Trends berücksichtigen die aktuelle Wirtschaftslage, die unserem Projekt günstige oder weniger günstige Voraussetzungen bieten. Sie schliessen aber auch Überlegungen zur wirtschaftlichen Situation ganzer Märkte und Branchen ein. Aspekte wie Arbeitslosigkeit oder Vollbeschäftigung, Ausgabenfreudigkeit in der Zielgruppe, Beeinflussungen durch Konkurrenten, durch Besonderheiten des Standortes oder des allgemeinen wirtschaftlichen Klimas gehören dazu. So könnte z. B. eine Investition in Sponsoringprojekten in einer Zeit der hohen Arbeitslosigkeit von einer kritischen Öffentlichkeit durchaus auch als ethisch fragwürdig wahrgenommen werden.

Die sozialen Trends
Soziale Trends korrespondieren natürlich in vielen Fällen mit den wirtschaftlichen Trends. Die soziodemografischen Informationen sowie Informationen psychologischer Art und Verhaltensart Ihrer Zielgruppen sind aber in jedem Fall in Ihrem Konzept zu erwähnen.
Es kann für die Realisierung Ihres Sponsoringvorhabens von entscheidender Bedeutung sein, ob sich Ihre Zielgruppe in einer Agglomerationsgemeinde mit einem hohen Anteil von Singles befindet oder zum Beispiel in einem ländlichen Umfeld mit intakten traditionellen Familienstrukturen.

Die juristischen Trends
Rechtliche Trends berücksichtigen die durch den Gesetzgeber geschaffenen juristischen Voraussetzungen zur Vergabe von Unterstützungsgeldern. Sie können aber auch die juristischen Rahmenbedingungen für Sponsoring überhaupt umfassen, wie zum Beispiel das Radio- und TV-Gesetz, die rechtlichen Beschränkungen von öffentlichen Übertragungen, die Einschränkungen bezüglich Alkohol und Tabak, die Bestimmungen über Plakatierung, kantonale oder länderspezifische Ausführungsbestimmungen, Reglemente und Einschränkungen oder die Zulässigkeit von Sponsoringhinweisen im Zusammenhang mit der Präsentation von entsprechenden Produkten am Bildschirm oder am Radio usw.
Natürlich lassen sich je nach Sponsoringthema zusätzliche Trends in die Überlegungen einbeziehen: Die technologischen Trends oder die ökologischen Trends seien als Beispiele erwähnt.

Die technologischen Trends

Da in jedem Sponsorship die Kommunikation der Aktivitäten eine herausragende Rolle spielt, sind die Veränderungen im technologischen Bereich besonders zu beachten. Die Entwicklungen in den Bereichen Internet (Web 2.0), social networking, Blogs, Intranet, mobile Telefonie (mobile Applikationen mit Informationen rund um die Sponsoringengagements unter Erwähnung der Sponsoren), Datenbanken, Electronic Publishing und E-books oder etwa Virtual Advertising können die Kommunikation eines Sponsoringengagements nachhaltig beeinflussen.

Einige Trends, die die Sponsoringgesuche beeinflussen können

Wirtschaftliche Trends

- Allgemeine Wirtschaftslage
- Betriebsschliessungen
- Entlassungen usw.
- Gekürzte Budgets in Unternehmungen

Politische Trends

- Politische Kräfteverhältnisse in Gemeinde, Provinz oder Staat
- Missverständnisse und unterschiedliche Auffassungen, vorab in der sozialen und wirtschaftlichen sowie kulturellen und sportlichen Politik eines Landes, die die öffentliche Debatte beeinflussen

Soziale Trends

- Soziodemografische Besonderheiten in Gemeinde, Provinz oder Staat
- Veränderungen der Kaufkraftklassen

Juristische Trends

- Beschränkungen gemäss rechtlichen Auflagen (Alkohol und Tabak!)
- Rundfunk- und Fernseh-Gesetzgebung
- Örtliche Ausführungsbestimmungen
- Reglemente
- Verordnungen

[Einige Trends, die die Sponsoringgesuche beeinflussen können]

Technologische Trends

- Internet/Intranet
- Web 2.0
- Datenbank
- Electronic Publishing
- Virtual Advertising
- Social Networking
- Blog

2.2.3 Die Chancen-und-Gefahren-Analyse

Im Unterschied zur Stärken-Schwächen-Analyse analysiert die Chancen-Gefahren-Untersuchung die im Umfeld wirksamen positiven und negativen Punkte im Hinblick auf die Erfüllung der bevorstehenden Aufgaben.

Beginnen Sie mit den wichtigsten Chancen, die sich für Ihr Unternehmen im Markt bieten.

Wenn Sie sich überlegen, wo die Chancen Ihres Unternehmens liegen, gemessen an den Chancen Ihrer Konkurrenten, Ihrer Mitbewerber, dann werden Sie sehr schnell auf die Unterschiede kommen, die sich im Hinblick auf Ihre Sponsoringvorhaben als echte Chancen herausstellen.

Der sorgfältigen Analyse der voraussichtlichen Medienrelevanz eines Sponsoringengagements kommt unter dem Gesichtspunkt des Preis-Leistungs-Verhältnisses in der Kommunikation je nach Typologie des Projektes und Zielsetzungen eine besondere Bedeutung zu.

Eine herausragende Bedeutung könnte je nach Zielsetzung auch die Möglichkeit der Akquirierung von Neukunden oder die Förderung des Absatzes der Produkte haben.

Wo Chancen liegen, lauern auch Gefahren. Erwähnen Sie die wichtigsten Klippen, die Ihr Sponsoringprojekt gefährden könnten.

So ist es zum Beispiel wichtig zu wissen, dass das Auftreten von wirtschaftlich potenten Sponsoren möglicherweise den Rückzug von bisherigen langjährigen privaten Förderern oder Einrichtungen der öffentlichen Hand zur Folge haben könnte.

Sponsoren scheuen auch davor zurück, zum Beispiel kulturelle oder soziale Vorhaben zu sponsern, falls die Existenz der gesponserten Veranstaltung davon schwergewichtig abhängt. Niemand soll bei einer Strategieänderung oder bei einer neuen Verteilung der Fördermittel sagen können, dass bedeutende Vorhaben wegen des Ausstiegs wichtiger Sponsoren nicht mehr realisiert werden können.

Gerade Sponsoringengagements zugunsten der Kultur oder der Umwelt unterstehen speziellen Regeln, z.B. was die Sensibilität der angesprochenen Stakeholders anbelangt.

Mögliche Chancen/Gefahren für Sponsoren

Sponsoringart	Chancen	Gefahren
Kultursponsoring	■ Möglichkeit der Profilierung bei potenziellen Kunden ■ gute Beziehungen zur Szene ■ Ausbaumöglichkeiten von Theatern oder Konzertsälen	■ zu kleine angesprochene Zielgruppe ■ Skandale rund um den Künstler ■ Risiko der Verkommerzialisierung kultureller Einrichtungen
Sozio-/Ökosponsoring	■ Verbesserung des Betriebsklimas durch Förderung zum Beispiel einer Behindertenwerkstatt ■ Die Thematik ist im Trend, was sich positiv auf das Image des Unternehmens auswirkt ■ Möglichkeit, den Bekanntheitsgrad in kürzester Zeit zu steigern ■ Möglichkeit, den Absatz der Produkte zu steigern	■ Overkill der Kommunikation während der Weihnachtszeit vermindert die Möglichkeiten des Unternehmens, Visibilität zu gewinnen ■ Eine zu aggressive Kommunikation des Sponsors wird von der öffentlichen Meinung schlecht aufgenommen ■ In einen Dopingskandal involviert sein ■ Brand-Overkill: Kannibalisierung des Logos durch die zu hohe Anzahl anderer Sponsoren

	[Mögliche Chancen/Gefahren für Sponsoren]	
Sponsoringart	*Chancen*	*Gefahren*
Sportsponsoring	■ Möglichkeit, den Kunden, den Kontakt mit Spitzensportlern zu erlauben	

Schlussfolgerung und Empfehlung
Am Ende der Analyse kommen dann zuerst die Schlussfolgerungen, die das Ergebnis des Nachdenkens, also das (meist schrittweise) Erkennen von Folgerungen aus den wichtigsten Erkenntnissen der Analyse darstellen. Sie bestehen aus Elementen, die das Projekt begünstigen, sowie aus kritischen Faktoren für die Umsetzung. Mit den Empfehlungen weisen Sie dann auf das für Sie und Ihr Team als richtig identifizierte Vorgehen für die Umsetzung und Realisierung des Projektes hin.

3 Die Sponsoringvision

Nachdem wir uns in unserem Sponsoringkonzept den Rahmenbedingungen, den Trends, den Einschränkungen usw. gewidmet haben, sollten wir jetzt, bevor wir zum strategischen Ansatz kommen, den Blick für kurze Zeit ganz nach vorne richten und kurz und prägnant unsere Sponsoringvision formulieren. Eine Sponsoringvision kann ein in die Zukunft weisendes Ziel sein. Sie können bei der Formulierung auch daran denken: «Wie könnte, wie sollte es sein, wenn das, was wir vorschlagen, Erfolg hat?» Die Sponsoringvision sollte, da sie eine Vision ist, auch visionär sein, also eine Vorstellung dessen vermitteln, woran Sie glauben und von dem Sie persönlich überzeugt sind.

Beispiel einer Sponsoringvision für einen Sponsor

In fünf Jahren wird unser Sponsoring des Festivals «Johann Sebastian Bach: Vergangenheit, Gegenwart und Zukunft» zum Referenzmodell bezüglich Innovation, Kreativität und Qualität in der Umsetzung für all jene, die im nationalen und internationalen Bereich als Sponsoren für Musikfestivals tätig sind.

4 Die Zielgruppen

4.1 *Zielgruppen des Sponsors*

sind jene Gruppen, die vom Sponsor als relevant definiert worden sind.
Sie können die Zielgruppen auch zusätzlich unterscheiden nach Gruppen, die sich aktiv im Sponsoringbereich betätigen, nach Besuchern, die passiv an gesponserten Veranstaltungen teilnehmen, und nach Medienkonsumenten, die uns als Fernsehzuschauer, Radiohörer oder Internetbenutzer wahrnehmen.

4.2 *Zielgruppen des Gesponserten*

sind jene Gruppen, die durch das Sponsoring im sozialen, sportlichen oder kulturellen Umfeld erreicht werden. Sie unterscheiden sich durch ihre Einstellung zu und ihr Verhalten innerhalb verschiedener Interessensgebiete sowie durch die Art der Veranstaltungen, die sie besuchen, und die speziellen Interessen, die sie pflegen.

5 Die Sponsoringziele

Was für die Formulierung der Strategie gilt, gilt erst recht für die Festlegung der Sponsoringziele: Setzen Sie klar umrissene, messbare Grössen! Am besten unterteilen Sie die Sponsoringziele wiederum. Im Vordergrund stehen

5.1 *Die psychografischen Sponsoringziele (Branding, Image, Bekanntheitsgradsteigerung usw.)*

Diese Ziele sollten Sie jetzt, natürlich wiederum entsprechend dem angestrebten Sponsoringprojekt (Kultur, Sport, Soziales), auf seine geografische Wirkung und auf die verschiedenen Zielgruppen bezogen formulieren. Diesbezüglich ist es nützlich, daran zu denken: Nicht immer ist die Medienwirksamkeit der Indikator für den Erfolg eines Projektes. Goodwill bei den Behörden zu erzielen oder einen wichtigen Kunden zu akquirieren, kann je nachdem, wie Sie Ihre Sponsoringzielsetzungen formuliert haben, genauso wichtig sein.

5.2 Die ökonomischen Sponsoringziele

Diese Ziele umfassen die Erhöhung des Absatzes, die Akquirierung neuer Kunden usw.

Die Zielsetzungen von Sponsoringnehmern unterscheiden sich, abgesehen vom Einwerben der Mittel, in erstaunlich vielen Punkten kaum von jenen der Sponsoren.

So sind gerade Image und Bekanntheitsgrad sowie der Goodwill der öffentlichen Hand und möglicher neuer Zielgruppen für die eigene Arbeit unverzichtbare Bestandteile strategischer Überlegungen für jeden Sponsoringnehmer.

Beispiele für Sponsoringziele aus der Sicht des Sponsors

Ökonomische Ziele:
- Erreichen von Mehrumsatz bzw. Steigerung des Gewinns um x % im Zeitraum y. = Product-linked (z.B. Ein Sportschuh-Hersteller sponsert Sportler)
- Bündelung der Massnahmen und mittelfristig Senkung der Sponsoringausgaben um x %
- Erreichen der Sponsoringziele bei gleichzeitiger Optimierung der Mittel

Psychografische Ziele intern:
- Zunehmende Involvierung der Geschäftsleitung und des Verwaltungsrates des Unternehmens
- Erhöhung der Professionalität der involvierten Mitarbeitenden
- Einbindung der Mitarbeiter in das Sponsoring
- Einbindung von Aktionären und anderen für das Unternehmen wichtigen Anspruchsgruppen
- Steigerung Erfahrung und Professionalität für Sponsoringmitarbeiter

---

[Beispiele für Sponsoringziele aus der Sicht des Sponsors]

Psychografische Ziele extern:

- Beitrag zu einer Optimierung der Positionierung des Unternehmens auf dem Markt
- Beitrag zur Optimierung der Reputation des Unternehmens
- Steigerung Bekanntheitsgrad von Unternehmen oder Produkten bzw. Dienstleistungen
- Profilierung und/oder Verbesserung des Images in den Märkten, am Standort, in den Medien, bei den jetzigen und den künftigen Mitarbeitern
- Kontaktpflege mit neuen Zielpublika
- Schaffung von Goodwill bei Behörden
- Intensivierung der Medienpräsenz
- Optimierung der Kommunikation mit den Mitarbeitenden

6 Die Sponsoringstrategie

Bei der Festlegung unserer Strategie gehen wir zunächst zweigleisig vor:

6.1 *Die generelle Strategie*

Sie definiert das wünschbare Verhalten und empfiehlt die Art des Mitteleinsatzes. Sie weist gegebenenfalls auf die wünschbare Fokussierung auf einzelne Schlüsselzielgruppen hin und bezeichnet die Schwerpunkte unserer bevorstehenden Aktivitäten.

6.2 *Die Detailstrategie*

Sie gibt bereits schwerpunktmässig an, auf welche Arten von Massnahmen, welche Hauptzielgruppen und welche Botschaften wir uns konzentrieren wollen. Sie kann auch bereits darüber Auskunft geben, ob wir mit einem weiteren, einem externen Berater zusammenzuarbeiten gedenken und wie der Einsatz der finanziellen Mittel vorgesehen ist.
Ihre Vorgehensweise muss aber nicht nur mit der anzusprechenden Zielgruppe kohärent sein, sondern direkt abgeleitet werden von Ihrer Unternehmensstrategie und den Merkmalen und spezifischen Charakteristika des Projektes gerecht werden. Wenn Sie hier jede Redundanz vermeiden und Ihre Strategie

exakt, kurz, präzise formulieren, dann erleichtern Sie nicht nur sich selbst, Ihren Mitarbeitenden und Ihren Sponsoringnehmern die Arbeit, sondern Sie schaffen die besten Voraussetzungen, um später den Erfolg konkret messen zu können.

Mögliche Strategieansätze

«Wir empfehlen generell eine offensive (agierende) Strategie mit einem breitangelegten Radius auf allen Stakeholdern der Unternehmung» oder «Wir empfehlen eine defensive (reagierende) Strategie bei einem mässigen Mitteleinsatz und einer Fokussierung auf die Topkunden».

7 Die Sponsoringbotschaft

Was Sie kommunizieren wollen, ist klar: Sie wollen mit Ihren Zielpublika effizient und zielgruppengerecht kommunizieren. Es ist aber auch beim Abfassen eines Kommunikationskonzeptes wichtig, dass Sie die richtige Tonalität finden. Die beste Botschaft nützt nichts, wenn sie auf der emotionalen Seite nicht richtig ankommt.

Ohne Verstehen ist kein Akzeptieren möglich. Die richtige Sprache, die richtige Tonlage weist den direkten Weg in die Herzen Ihrer Zuhörer. Denken Sie daran: Mundartliche Ausdrücke können die Würze in einem Text ausmachen, sie können aber auch diskriminieren. Was für einen Norddeutschen selbstverständlich ist, kann einem Oberbayer, einem Österreicher oder einem Schweizer schwer oder gar unverständlich sein, von den Problemen, die Englisch-, Italienisch- oder Französischsprechende damit haben, ganz zu schweigen. Wenn Sie an einem international ausgerichteten Konzept arbeiten, erinnern Sie sich an die kulturellen Unterschiede.

Es gibt keine Musterbeispiele für Sponsoringbotschaften, weil es Aberdutzende von möglichen Botschaften gibt. Versuchen Sie dennoch, das, was Ihr Konzept vermitteln soll, sozusagen die Philosophie Ihres Konzeptes, in einem oder zwei Sätzen zu komprimieren, als Credo, das auch den Mehrwert der Sponsoringarbeit zum Ausdruck bringt.

8 Die Sponsoringmassnahmen

Hier gilt der einfache Grundsatz, dass das Sponsoringengagement der Kern einer integrierten Kommunikationskampagne sein muss und sämtliche Massnahmen immer individuell auf die Bedürfnisse der relevanten Zielgruppen zugeschnitten sein sollten. Der Fil rouge des Konzeptes sollte immer erkennbar sein. Dabei müssen sämtliche Massnahmen absolut präzise auf die Massnahmen des Marketingmix abgestimmt werden. Worauf Sie besonders achten sollten, wenn Sie einen Massnahmenkatalog erstellen:

1. Sponsoring muss integriert sein in ein Gesamt-Kommunikationskonzept.
2. Die Konformität mit der CI des Unternehmens ist sicherzustellen.
3. Die Massnahmen müssen kompatibel sein mit der Strategie des Unternehmens oder der Organisation.
4. Alle Massnahmen sind klar strukturiert aufzubauen. Die verschiedenen Aktivitäten müssen aufeinander abgestimmt sein. Ein «roter Faden» muss erkennbar sein.
5. Die Massnahmen sind zu gliedern in 1. und 2. Priorität.
6. Jeder Massnahme ist klar ein Verantwortlicher zuzuordnen.
7. Die Kosten sind, besonders bei komplexen Vorhaben, in fixe Kosten und in indirekte Kosten zu unterteilen.
8. Jede Massnahme ist zu terminieren.
9. Besonderheiten der einzelnen Massnahmen sind zu erwähnen und zu begründen.
10. Alle begleitenden Massnahmen müssen mit den Sponsoringaktivitäten ebenfalls kohärent sein und als Verstärker wirken.
11. Der einfachen Realisierbarkeit der Massnahmen ist Beachtung zu schenken.
12. Jede Massnahme muss als solche kontrollierbar sein bzw. in ein Kontrollsystem eingebaut werden können.

Für den Aufbau eines vorzuschlagenden Massnahmenkataloges eignet sich manchmal die Rasterform, da sie zu einem logischen Vorgehen zwingt und erst noch die Möglichkeit gibt, Kriterien als Begründungen der einzelnen Massnahmen anzuführen. Der Raster ermöglicht darüber hinaus, das Wichtigste auf kleinstem Raum stichwortartig aufzulisten.
Auch Sponsoringnehmer können sich die Rasterform für ihre eigenen Überlegungen zunutze machen. Sie sollten insbesondere daran denken, dass für ein Unternehmen Sponsoring stets nur eine von mehreren möglichen kommunikativen Massnahmen darstellt. Deshalb ist der möglichen Verknüpfung

der vorgeschlagenen Sponsoringmassnahmen mit solchen in den Bereichen Public Relations, Verkaufsförderung oder Corporate Social Responsability besondere Beachtung zu schenken.

Massnahmengerüst für das Sponsoring eines Museums

Zielpublika	Kriterien	Massnahmen	Verantwortl.	Termine	Kosten	Gewichtung
Intern	Eignung als Motivations- instrument	Laufende Information (Motivation) aller Mitarbeiter über alle Sponsoringaktivitäten durch persönliche Gespräche, Intranet, Mitarbeiter-Newsletter usw.				
Sponsoring- struktur In-House	Steigerung der Professio- nalität im Kulturspon- soringbereich	Aktive Teilnahme an Sponsoringprojekten (Erfahrungssammlung), ständige Weiterbildung, Austausch mit Kollegen und Kolleginnen				
Extern						
Kunden	Gewinnung von Neu- kunden	Kundenpräsentationen und Empfänge anlässlich der Ausstellungen des Museums				

[Massnahmengerüst für das Sponsoring eines Museums]

Zielpublika	Kriterien	Massnahmen	Verantwortl.	Termine	Kosten	Gewichtung
	Stärkung der Bindung von bestehenden Kunden	Teilnahme an Previews Organisation von Spezialführungen für die Kunden durch die Direktion des Museums, Ansprache durch das Management. Spezialführungen für Kinder der Kunden				
Behörden	Beitrag zur Imageprofilierung	Zusammenbringen der Stakeholder mit Image-Ansprechpartnern aus dem Umfeld. Profilierung bei Behörden und Politik				
Mitarbeiter des Sponsors	Motivation für das Sponsoring	Rabatt bei Einkauf der Produkte des Sponsoringnehmers. Einladungen zu Anlässen, die sonst nicht zugänglich sind				
Weiteres Publikum	Goodwill bei der Bevölkerung	Vergünstigte Eintritte im Museum für Senioren und Jugendliche				

9   Das Sponsoringbudget

Der nächste Schritt bei der Erarbeitung Ihres Gesuches gilt der Budgetierung und dem Finanzierungsplan. Sie schaffen Vertrauen, wenn das Zahlenmaterial gut aufbereitet und einfach nachzuvollziehen ist. Eine einfache Gliederung unterscheidet nach Kosten für die folgenden Projektphasen:

- Geld an Sponsoringnehmer
- Planungskosten
- Durchführungskosten
- Kontrolle Kosten

Planen Sie realistisch und ehrlich. Nichts schadet Ihrer Glaubwürdigkeit mehr als ein Budget, das einer vertieften Prüfung nicht standhält. Die Kalkulationen müssen für den Leser nachvollziehbar sein, dabei sollte jederzeit auf die zugrunde liegende Basis zurückgegriffen werden können.

Last but not least: Es gibt zwei Gedankenschulen, was das Sponsoringbudget anbelangt, die eine sieht es als Teil des generellen Marketingbudgets, die andere sieht im Konzept ein spezielles Budget vor, so oder so, wichtig ist, dass Sie eine realistische Reserve von 10%/15% einfügen für Unvorhergesehenes.

Checkliste Sponsoringbudget
Sponsoringengagement

Ausgaben

1. Vertragssumme total _____
davon:
Finanzielle Leistungen
- Zahlungen an den Sponsoringnehmer _____

Geldwertliche Leistungen
- Know-how _____
- Reisespesen Musiker _____
- Material _____
- Dienstleistungen _____
- Personal-Stundenaufwand für Sponsoringnehmer _____

---

2. Realisierungskosten

Kommunikationsmassnahmen
- Werbung Print
- Werbung Media
- Werbung elektronische Medien
- Banden-Werbung usw.
- Verkaufsförderung
- Incentives
- PR
- Presse-/Medienarbeit
- Hospitality
- Merchandising
- Give-aways
- Events
- Drucksachen
- Kommunikation in den internen Medien
- Präventivmassnahmen Antipublizität

Infrastrukturkosten
Unternehmerische Gemeinkosten
- (Miete/Löhne/EDV/Abschreibung)

Projektbezogene Sonderkosten
- Spesen, Verpflegung, Übernachtung, Transporte Mitarbeiter
- Telekommunikation
- Dokumentation
- Ausbildung
- Versicherungen
- Transporte Gesponserte, Gäste, Presse
- Zusätzliches Personal, Hostessen, Fahrer, Telefonistinnen usw.
- Kosten Kunden-Akquisition

Provisionen und Honorare
- Gagen
- Sponsoringagentur: Akquisitionshonorare
- Werbeagentur: Beratungshonorare
- PR-Agentur: Beratungshonorare
- Juristische Beratung

3. Kosten Anschlussmassnahmen

Follow-up-Projekt, Event usw.
Evaluationskosten
Kosten für Dokumentation, Erfassen Unterlagen, Archivierung usw.
Änderungen Infrastruktur gemäss Erfahrungen aus realisiertem Projekt

4. Reserve

15 % des Gesamtbudgets

10 Die Sponsoring-Erfolgskontrolle

Hierüber erfahren Sie mehr im zehnten Kapitel des Buches. Damit Sie in Ihrem eigenen Konzept eine Anleitung für den Aufbau haben, sei hier kurz zusammengefasst:

Interne Kontrollmöglichkeiten:

- Mitarbeiterbefragungen
- Mitarbeitergespräche
- Messung der Beteiligung am Vorschlagswesen
- Beurteilung der Leserbriefe an die Hauszeitung
- Teilnahme an Wettbewerben und Veranstaltungen
- Nutzung hausinterner Clubs und Einrichtungen
- Personalfluktuation
- Erfolg bei Personalrekrutierung usw.

Externe Kontrollmöglichkeiten:

- Analyse der Clippings (qualitativ und quantitativ)
- Anzahl Besucher einer Veranstaltung
- Einschaltquoten bei Radio-/TV-Übertragungen
- Auswertung von Website, Blogs, Socialnetworking-Plattformen usw.
- Anzahl Teilnehmer aus dem Umfeld des Sponsors bei Spezialanlässen
- Imageanalysen
- Speziell auf Sponsoring ausgerichtete Studien (z. B. MA Sponsoring – Wemf AG für Werbemedienforschung Schweiz)
- Reaktionen aus Zielgruppen usw.
- Qualitative Gespräche mit Journalisten und Opinion Leaders

- Markterfolg der Produkte und Dienstleistungen
- Anzahl Reaktionen auf Sonderangebote an Zielgruppen des Sponsors
- Entwicklung von Umsatz, Gewinn, Return, Börsenkurs usw.

Keine Angst vor der Erfolgskontrolle brauchen jene Sponsoringnehmer zu haben, die alle konzeptionellen Schritte gemeinsam und in einem vertrauensvollen Verhältnis mit ihrem Sponsor erarbeitet haben. Die Bedeutung der gemeinsamen Erfolgskontrolle kann auch unter dem Aspekt einer möglichst langfristigen Zusammenarbeit zwischen Sponsor und Sponsoringnehmern nicht deutlich genug betont werden.

Wenn die eingehende Beschäftigung mit der Qualität und der Wirkung der Umsetzung eines Projektes dieses Bewusstsein aufseiten beider Partner verstärkt, wird die Qualität der Zusammenarbeit spürbar verbessert.

Erarbeitung eines Sponsoringkonzeptes
Eine Checkliste für Sponsoren

Einführung

- Auftraggeber des Konzeptes
- Ausführende der Konzeptarbeit
- Basis der Konzeptarbeit
- Gegebenenfalls Unterschiede zu früheren Konzepten
- Ziel des Konzeptes

Analyse der Ausgangslage

Die Analyse der Ausgangslage ist eine ausserordentlich zeitintensive Angelegenheit. Es lohnt sich, dafür zuverlässig zu recherchieren. Sie ist die Basis aller späteren Entscheidungen. Deshalb sollten auch differenzierte Erfahrungen und Überlegungen aus möglichst verschiedenen Gesichtspunkten Eingang in diesen Teil der Arbeit finden.

Informationen zu den Facts and Figures der Unternehmung

- Kurze Geschichte des Unternehmens
- Eigentumsverhältnisse
- Entwicklung und Wachstum
- Zielmärkte der Unternehmung
- Umsatz
- Absatz
- Anzahl Mitarbeiterinnen und Mitarbeiter, intern und extern

[Erarbeitung eines Sponsoringkonzeptes]

- Anzahl Werke
- Anzahl wichtiger Produkte
- Budget laufendes und folgendes Jahr
- Organigramme
- Prozessabläufe

Informationen zur CI/Unternehmensphilosophie

- Abriss der Corporate Identity
- Papier zur strategischen Ausrichtung des Unternehmens
- Dokumente zur Firmenphilosophie
- Statements der Unternehmensleitung
- Dokumente zur Corporate Culture

Kommunikationsstruktur und Politik

- Grundsatzdokumente zur Marketing- und Kommunikationspolitik
- Informationen zu Image (intern und extern) und Bekanntheitsgrad
- Informationen zur Organisationsstruktur des Unternehmens
- Informationen zur Führungsstruktur des Unternehmens
- Informationen über Betriebsklima
- Organigramm Führung und Kommunikation, inklusive Sponsoring
- Verzeichnis der verfügbaren Datenbanken intern und extern
- Was war in der Kommunikation bisher gut?
- Was hat sich bewährt?
- Was hat sich nicht bewährt?
- Was sollte verändert werden?

Sponsoringstruktur und Politik

- Sponsoringrichtlinien, sofern vorhanden
- Liste der laufenden Sponsoringprojekte
- Evaluation bisheriger Sponsoringprojekte

Stärken-und-Schwächen-Analyse

Ist-Zustand der Firma in den verschiedenen internen Bereichen
in Bezug auf das durchzuführende Projekt
- Stärken des möglichen Sponsoringengagements
- Schwächen des möglichen Sponsoringengagements

[Erarbeitung eines Sponsoringkonzeptes]

Die Analyse des Umfeldes

- Wirtschaftliche Trends
- Soziale Trends
- Politische Trends
- Juristische Trends
- Technologische Trends
- Weitere Trends, die Einfluss auf das künftige Sponsoring der Unternehmung haben könnten?

Konkurrenz

Wie und wo und mit welchem Erfolg bewegt sich die Konkurrenz im Sponsoring?
- Die stärksten Mitbewerber
- Ihre Produkte
- Ihre Positionierung
- Ihre Stärken
- Ihre Schwächen

Chancen-und-Gefahren-Analyse

- Positive und negative Punkte im Umfeld im Hinblick auf die Erfüllung der bevorstehenden Aufgaben
- Die Chancen bezüglich Realisierung des Sponsoringprojektes
- Die Gefahren bezüglich Realisierung des Sponsoringprojektes
- Die Gefahren bezüglich Nichtrealisierung des Projektes

Zusammenfassende Beurteilung

- Was spricht aus Sicht des Unternehmens und seiner Kommunikationsstrategie für das Sponsoringengagement?
- Welches ist der USP unseres Sponsoringengagements?
- Welches sind die potenziellen Problemfelder bei einer Realisierung des Sponsoringprojektes?
- Welches sind die Folgen einer Nichtrealisierung?

Die Sponsoringvision

- Wie wollen wir mittel- bis langfristig auf dem Sponsoringmarkt wahrgenommen werden?

[Erarbeitung eines Sponsoringkonzeptes]

Ziele des Sponsorships

- Psychografische Zielsetzungen (intern und extern)
- Ökonomische Zielsetzung
- Imageziele
- Erfolgsmessung nach Abschluss möglich, wenn Null-Studie vorhanden

Zielgruppen

- Relevante Sponsoringzielgruppen
  - intern
  - extern
  - erste, zweite, dritte Priorität
- Welches sind die internen und die externen Beeinflusser unseres Sponsorships?

Sponsoringstrategie

- Wahl der vorzuschlagenden Strategie
  - offensiv
  - defensiv
  - breit angelegt
  - fokussiert

Sponsoringbotschaft

- Welche Botschaft wollen wir mit welchen Mitteln welchen Zielgruppen vermitteln?

Organisation

- Projektgruppe
- Projektgruppenmitglieder
- Projektgruppenleitung
- Organisation und Koordination
- Zuständigkeit innerhalb der Projektgruppe

[Erarbeitung eines Sponsoringkonzeptes]

Massnahmen

■ Massnahmenkatalog vorhanden?
■ Kongruenz von Massnahmen, Zielen, Zielgruppen, Budgets und Strategien
   mit den Massnahmen des übrigen Kommunikationsmixes überprüft
   und sichergestellt?
■ Worst-Case-Szenario erstellt?

Terminplan

■ Realistische Terminplanung
■ Zeitreserven eingebaut
■ Terminplanung mit allen Beteiligten abgesprochen?

Budget

■ Sind die Vorbereitungskosten budgetiert worden?
■ Sind die Planungskosten (Achtung: interne und externe Posten!) budgetiert?
■ Sind die Realisierungskosten kalkuliert?
   – Projektkosten
   – Kommunikationsmassnahmen
   – Infrastrukturkosten
   – Projektbezogene Sonderkosten
   – Provisionen und Honorare
   – Spesen
■ Sind die Kosten für die Anschlussmassnahmen kalkuliert?
   – Follow-up-Projekt
   – Evaluationskosten
   – Kosten für Dokumentation, Archivierung usw.
■ Ist eine realistische Reserve kalkuliert worden?

Erfolgskontrolle

■ Überprüfung der Akzeptanz des Projektes bei den relevanten Zielgruppen?
■ Auswirkung auf Bekanntheitsgrad und Image?
■ Überprüfung der Medienresonanz?
■ Auswirkung auf Absatz/Umsatz?
■ Auswirkungen auf unsere Human-Resources-Bemühungen?

Checkliste zur Realisierung eines Sponsoringanlasses

■ Sind die Leistungen des Sponsors in Detail definiert (Geld, Sachleistungen, Know-how)?

■ Sind die Gegenleistungen des Sponsoringnehmers definiert (Erwähnung des Sponsors in allen Kommunikationsmassnahmen, Visualisierung des Logos, Merchandising usw.)?

■ Ist ein klarer, gut strukturierter, umfassender Sponsoringvertrag erarbeitet worden?

■ Hat ein auf Sponsoring spezialisierter Jurist den Vertrag überprüft?

■ Sind allfällige Rechts- und Copyright-Probleme unter Kontrolle?

■ Ist ein Sponsoring-Konzept (inklusive Massnahmenkatalog) zusammen mit dem Sponsor erarbeitet worden?

■ Ist das Veranstaltungsprogramm dem Sponsor unterbreitet worden? Sind alle Vorkehrungen organisatorischer Art getroffen worden? Ist ein Projektleiter ernannt worden? Sind alle betroffenen Mitarbeiter gebrieft worden?

■ Sind alle Termine mit dem Sponsor gecheckt worden?

■ Ist der Veranstaltungsraum punkto Akustik, Raumgrösse, Beleuchtung, Platz- und Raumverhältnisse, Erreichbarkeit, Visualisierung des Sponsors usw. überprüft worden?

■ Sind die Adresskarteien gecheckt worden?

■ Sind die einzuladenden Gäste definiert worden?

■ Sind die Einladungskarten verschickt worden?

■ Ist die Beschilderung an allen wichtigen Orten organisiert worden?

■ Haben wir die Transportmittel/Abholdienste usw. im Griff?

■ Sind alle Eckpunkte für die Medienarbeit definiert worden (Liste der Referenten, Logistik, Zeitpunkt)?

■ Sind die einzuladenden Journalisten definiert worden?

■ Sind Pressetexte und Medienkit erstellt und kritisch gelesen worden?

■ Sind Fototermine und Interviewtermine arrangiert worden?

■ Sind alle technischen Details mit Radio-/TV-Journalisten abgeklärt worden?

■ Sind die flankierenden Kommunikationsmassnahmen mit dem Sponsor geplant, organisiert, gestaltet, budgetiert?

■ Ist ein allfälliger Plakataushang geplant und mit städtischen Stellen, Kulturstellen usw. abgesprochen?

■ Ist der Link zwischen Internetseiten des Sponsoringnehmers und solchen des Sponsors geplant?

■ Sind Interaktivitätsmöglichkeiten organisiert worden?

■ Ist ein strukturiertes und umfassendes Budget (mit Erwähnung aller Finanzierungsquellen und Reserve) kalkuliert worden?

[Realisierung eines Sponsoringanlasses]

■ Ist das Preis-Leistungs-Verhältnis für den Sponsor optimal?
■ Sind die Kriterien der Erfolgskontrolle mit dem Sponsor zusammen definiert worden?

Checkliste TV-Sponsoring

Vorkehrungen

Evaluation der für mein Sponsoringprojekt relevanten Fernsehanstalten:
1. Habe ich Ziele und Zielgruppen für ein TV-Sponsoring klar formuliert?
2. Sind meine Erwartungen an ein TV-Sponsoring realistisch, und habe ich diese mit einem Spezialisten überprüft?
(Zum Beispiel Reichweite, Einfluss auf Ertragsziele usw.)
3. Habe ich eine Idee, welche Fernsehanstalten/welche Sendungen für ein TV-Sponsoring infrage kämen, oder habe ich eine Agentur, die ich dafür beauftragen kann?
4. Welche Leistungen werden mir angeboten?
(Zum Beispiel Billboard in Vorfeld und im Abspann der Sendung, Inserts, Wettbewerb und Product Placement innerhalb der Sendung)?
5. Ist das TV-Sponsoring Bestandteil einer integrierten Kommunikationskampagne? Kann ich mittels weiterer Kommunikationsmassnahmen meine Zielgruppen auf die TV-Sponsoringtätigkeit aufmerksam machen?
6. Kann ich ein TV-Sponsoring mit anderen Kommunikationsinstrumenten weiterverwerten?
(Zum Beispiel Handy, iPod, Social Media wie z.B. Facebook, Twitter, Youtube usw.)
7. Habe ich mich über die rechtlichen Rahmenbedingungen meiner TV-Sponsoringtätigkeit erkundigt? Weiss der Techniker/Berater, der für mich das Material vorbereitet, welche Inhalte zugelassen sind und welche nicht?
8. Haben die Sponsoringverantwortlichen der TV-Anstalt, das Story-Board überprüft? Sind sie damit einverstanden?
9. Falls eine Direktübertragung vorgesehen ist, habe ich mich mit der Fernsehanstalt rechtlich abgesichert, dass ich meine Logos zeigen kann?
10. Weiss ich, wo die Fernsehkameras platziert sein werden, kann ich dafür sorgen, dass mein Logo im Schwenkbereich der Kameras sein wird?

Technische Anforderungen

1. Kenne ich die für mich relevanten technischen Anforderungen der Fernsehanstalt?
2. Habe ich meinen Kurzfilm im richtigen Format für die Darstellung in der Fernsehanstalt?
   (Zum Beispiel Betacam)
3. Wenn nein, weiss ich, wer ein solches zeitgerecht vorbereiten kann?
4. Kann ich allenfalls bereits bestehende Kurzfilme für den Sponsoringauftritt einsetzen?
5. Falls eine Direktübertragung vorgesehen ist, weiss ich, ob mein Logo zum Beispiel auf Werbebanden klar zu sehen sein wird?
6. Sind die Farben in der richtigen Auflösung, die Texte in der richtigen Schriftgrösse?

Umsetzung

1. Habe ich überprüft, ob die vereinbarten Leistungen eingehalten werden?
2. Entsprechen die technischen Voraussetzungen der Fernsehanstalt dem von mir erwarteten Qualitätsstandard?
3. Entspricht die Zeitdauer der Ausstrahlung jener, die im Vertrag festgehalten wurde?
4. Entspricht die Darstellung und Platzierung des Sponsoringtools den Bedürfnissen meiner Zielgruppe?
5. Habe ich Möglichkeiten, Synergien mit anderen Sponsoren on screen zu organisieren?

Erfolgskontrolle

1. Welche Daten zur Erfolgskontrolle liefert mir die Fernsehanstalt? (Quantitative Zahlen, qualitative Informationen über die erreichte Zuhörerschaft)
2. Welche weiteren Formen der Erfolgskontrolle kann ich zusätzlich organisieren:
   - Monitoring-on-screen- Kalkulation des Spot-Äquivalenten?
   - Umfragen bei der Zuhörerschaft?
   - Kontrolle der Absatz-/Umsatz-Zahlen?
   - Messung des Bekanntheitsgrades?
   - Kontrolle der Wirkung über das Image meines Unternehmens?
   - im Falle eines Wettbewerbs: Anzahl der Teilnehmer usw.?

3. Welche Erkenntnis kann ich aus dem Projekt ziehen:
   - bezüglich Gestaltung meines Auftritts?
   - bezüglich Gestaltung meiner TV-Präsenz?
   - bezüglich Wahl der Sendung?
   - bezüglich Wahl der flankierenden Massnahmen?

Checkliste Web-Sponsoring

Vorkehrungen

Evaluation der für mich passenden Seiten:
1. Habe ich Ziele und Zielgruppen für ein Web-Sponsoring klar formuliert?
2. Sind meine Erwartungen an ein Web-Sponsoring realistisch, und habe ich diese mit einem Spezialisten überprüft?
   (Zum Beispiel Reichweite, Einfluss auf Ertragsziele)
3. Habe ich eine Idee, welche Internetseiten für ein Web-Sponsoring in Frage kämen oder habe ich eine Agentur, die ich dafür beauftragen kann?
4. Suche ich Seiten, auf denen ich mich in ein Werbeumfeld begebe, oder suche ich gezielt Seiten, auf denen «nur» Sponsoring möglich ist?
5. Welche Leistungen werden mir angeboten?
   (Zum Beispiel Logo-Button mit Link zu eigener Website, Kurzfilm bei Video-on-demand-Angeboten, Möglichkeiten für Interaktivitäten)
6. Ist sichergestellt, dass meine eigene Ziel-Webseite regelmässig aktualisiert wird und die aus dem Web-Sponsoring resultierenden Kontakte mit Anfragen oder gegebenenfalls Bestellungen (Dokumentationen, Produkten) fristgerecht bearbeitet werden?
7. Bildet das Online-Sponsoring einen integrierten Bestandteil innerhalb meiner gesamten Kommunikationsmassnahmen bzw. habe ich dafür gesorgt, dass es Teil eines integrierten Kommunikationsmix wird?
8. Kann ich ein Web-Sponsoring auf anderen Kommunikationsinstrumenten weiterverwerten?
   (Zum Beispiel Handy, iPod)
9. Kann ich das Sponsoring in den Social Media weiterverwerten: Fanseiten auf Facebook aufbauen, Informationen weiterleiten, Diskussionsforen initiieren usw.

[Checkliste Web-Sponsoring]

Exklusive Informationen den bekannten Zielgruppen über Twitter zukommen lassen. Bilder und Filme über Youtube verbreiten, z. B. Interviews mit Athleten, Mitschnitte aus Konzerten, Referaten usw.

Technische Anforderungen

1. Kenne ich die für mich relevanten technischen Anforderungen der Webseite? (Zum Beispiel Bandbreite)
2. Habe ich mein Logo im richtigen Format für die Darstellung auf der Webseite (zum Beispiel eps, jpg)?
3. Wenn nein, wo kann ich das beschaffen? (Zum Beispiel Grafiker, Agentur)
4. Kann ich allenfalls bereits bestehende Web-Werbeformate für den Sponsoring-auftritt einsetzen? (Zum Beispiel Banner, Button usw.)

Umsetzung

1. Habe ich überprüft, ob die vereinbarten Leistungen eingehalten werden?
2. Entsprechen die technischen Voraussetzungen der Webseite dem Qualitätsstandard der Sponsoringtools? (Zum Beispiel Real Player und Media Player vorhanden, genug Bandbreite, schnelle Ladezeit)
3. Entspricht die Darstellung und Platzierung des Sponsoringtools den Bedürfnissen meiner Zielgruppe?

Erfolgskontrolle

1. Wie organisiere ich eine geeignete Erfolgskontrolle? (Anzahl Besuche pro Seite, Anzahl Seitenabrufe, Verweildauer usw.)
2. Wie sichere ich mich gegen Missbräuche ab?
3. Was für einen Einfluss hat das Web-Sponsoring auf meine eigenen Ziele? (Zum Beispiel Bekanntheitsgrad, Absatz, Umsatz)?

Checkliste Printmediensponsoring

Evaluation der für mein Sponsoringprojekt relevanten Zeitungen/Zeitschriften

1. Habe ich die Ziele meiner Zusammenarbeit mit der Zeitung/Zeitschrift präzise formuliert?
2. Habe ich die Zielgruppen und den Markt, den ich erreichen will, festgelegt?
3. Sind für mich die Publikumspresse oder Fachzeitschriften besser?
4. Wo ist der Streuverlust grösser?
5. Sind meine Erwartungen an ein Printmediensponsoring realistisch, und habe ich diese mit einem Spezialisten überprüft?
   (Zum Beispiel Reichweite, Einfluss auf Ertragsziele)
6. Habe ich berücksichtigt, dass das Printmediensponsoring seine optimale Wirkung nur im Rahmen einer integrierten Kommunikationskampagne entfalten kann?
7. Weiss ich, welche Massnahmen in der Zusammenarbeit mit einer Zeitschrift infrage kämen, um meine Ziele schnell zu erreichen, oder habe ich eine Agentur, die das überprüfen kann?
8. Welche Leistungen werden mir generell angeboten?
   (Zum Beispiel Gratisinserat oder Anzeigenraum zum reduzierten Preis für meine Veranstaltung, Erwähnung auf Plakaten, Wettbewerb, gemeinsames Mailing)
9. Ist sichergestellt, dass meine Organisation auf die vom Sponsoring ausgelösten Erwartungen der Leser reagieren kann?
10. Kann ich ein Printmediensponsoring auf anderen Kommunikationsinstrumenten weiter implementieren?
    (Zum Beispiel Kleinplakate, Inserate in meiner Hauszeitschrift, Verwertung auf den Produkten, Internet, Web 2.0)
11. Findet zurzeit eine andere Veranstaltung/ein anderes Engagement statt, das in der Zeitung thematisiert wird und meines konkurrenzieren könnte? Habe ich das im Gespräch mit den Medienfachleuten überprüft?
12. Sind ein/mehrere Inserate von anderen Unternehmen/von Konkurrenten vorgesehen, die meine Bemühungen kannibalisieren könnten?
13. Habe ich einen Vertrag ausgearbeitet, der sicherstellt, dass die vereinbarten Leistungen detailliert festgelegt sind, die Verantwortung des Printmediums und meine eigene gegenüber den Lesern getrennt definiert sind, ist festlegt, was passiert, wenn die Zeitung ihre Verpflichtungen nicht gemäss den vereinbarten Modalitäten einhält?

(Für Veranstalter: Bin ich als Veranstalter mehrwertsteuerpflichtig?
Sind die erbrachten/zu erbringenden Leistungen mehrwertsteuerpflichtig?)

[Checkliste Printmediensponsoring]

Technische Anforderungen

1. Kenne ich die für mich relevanten technischen Anforderungen der Zeitung?
   (Zum Beispiel Satzspiegel, Anzeigenformate, Farbseiten, Anzeigenschlusstermine, Erscheinungstermine, Spezifikationen für die elektronische Übermittlung von Daten und Bildern?)
2. Habe ich mein Inserat bereits im richtigen Format für den Druck in der Zeitschrift anfertigen lassen?
   (Zum Beispiel als Pdf- oder Tif-Datei)
3. Kann ich allenfalls bereits bestehendes Material für den Sponsoringauftritt einsetzen?
4. Habe ich die Produktions- und Erscheinungstermine innerhalb unserer Organisation kommuniziert?
5. Falls ich eine Beilage der Zeitung beifügen will, habe ich dafür gesorgt, dass:
   – das gefalzte Format den technischen Anforderungen für das Einstecken genügt?
   – die benötigte Auflage termingerecht am richtigen Ort angeliefert wird?
6. Falls ich einen Wettbewerb organisiere, weiss die Zeitung, wie sie auf Telefonanrufe der Leser reagieren sollte?
7. Habe ich bei mir alle organisatorischen Vorkehrungen organisiert?
   (Zum Beispiel Hotline, Gadgets usw.)

Umsetzung

1. Entspricht die Umsetzung meines Sponsorings in der mir zur Verfügung gestellten Vorlage der von mir erwarteten Qualität?
   (Zum Beispiel bezüglich grafischer Gestaltung, bezüglich Farbtreue, bezüglich Tonalität)
2. Entspricht die Darstellung und Platzierung des Inserats den Bedürfnissen meiner Zielgruppe?
3. Kann ich das Inserat via E-Mail am Tag der Veröffentlichung gezielten Stakeholdern zugänglich machen?
4. Habe ich am selben Tag in der Unternehmung etwas organisiert (zum Beispiel eine Kopie des Inserats in der Schalterhalle), das auf mein Inserat verweisen könnte?

[Checkliste Printmediensponsoring]

Erfolgskontrolle

1. Welche Informationen zur Erfolgskontrolle werde ich kurzfristig von der Zeitung/ Zeitschrift bzw. der hauseigenen Marketingabteilung bekommen? (Zum Beispiel Coupon-Rücklauf, Anrufe an Callcenter, Zugriffe auf Websites usw.)
2. Welchen Einfluss hat das Printmediensponsoring mittel- und langfristig auf die Erreichung meiner eigenen Ziele (zum Beispiel Bekanntheitsgrad, Absatz, Umsatz) gehabt?

Was ich im siebten Kapitel gelernt habe

) Das Sponsoringkonzept ist das Herzstück meiner Sponsoringarbeit für Sponsoren und Sponsoringnehmer.
) Mit einem guten Konzept habe ich gute Chancen, dass mein Anliegen als Gesponserter richtig wahrgenommen wird.
) Das Sponsoringkonzept ist der Fahrplan meines weiteren Vorgehens.
) Das Sponsoringkonzept zwingt mich zu systematischem Denken und Vorgehen.
) Das Sponsoringkonzept ist die Visitenkarte meines Unternehmens.
) Die realistische Einschätzung der für das Sponsoringvorhaben relevanten Trends ist wichtig.
) Die exakte Festlegung differenzierter und messbarer Ziele für verschiedene Anspruchsgruppen erleichtert mir und dem Sponsoringnehmer später die Arbeit.
) Es gibt keine Standardlösungen!
) Die gemeinsam mit dem Sponsoringnehmer zu erarbeitende Massnahmenliste ist die beste Liste.
) Immer mehr Sponsoren verlangen die aktive Mitarbeit der Gesponserten bei der Erfolgskontrolle.
) Web-Sponsoring und Social Media können ein Sponsoringkonzept sinnvoll ergänzen.

Rechtliche Fragen
im Sponsoring

Die Rechtsgrundlagen der Sponsoringtätigkeit

Die Ausübung der eigentlichen Sponsoringtätigkeit ist im Rahmen der Handels- und Gewerbefreiheit sowie der Meinungsäusserungsfreiheit, der Pressefreiheit und der Versammlungs- und Vereinsfreiheit für jedermann möglich. Grundsätzlich steht es auch jedermann frei, Sponsoringvereinbarungen abzuschliessen. Diese unterliegen keinerlei Vorschriften bezüglich Inhalt und Form, abgesehen von der Tatsache, dass die Vereinbarung Rücksicht zu nehmen hat auf die herrschende Rechtsordnung, insbesondere auf das Persönlichkeitsrecht, auf das Wettbewerbs- und Kartellrecht sowie auf die guten Sitten. Der Vertragsinhalt darf nicht unmöglich sein.
Die das Sponsoring betreffenden vertragsrechtlichen Grundlagen sind im schweizerischen Obligationenrecht (OR), im deutschen «Bürgerlichen Gesetzbuch» (BGB) und im österreichischen «Allgemeinen Bürgerlichen Gesetzbuch» (ABGB) enthalten. Der Sponsoringvertrag selbst ist im OR nicht speziell als Vertragstyp geregelt, man spricht deshalb von einem Innominat-Kontrakt.
Dieses Kapitel kann und will nicht juristische Probleme im Zusammenhang mit Sponsoring lösen, wohl aber Ihr Sensorium für die kritischen Punkte schärfen.

Was ist ein Sponsoringvertrag?

Ein Sponsoringvertrag sollte mehr sein als die rechtliche Absicherung einer Abmachung. Er erfüllt dann seinen Zweck, wenn er nicht nur als juristische Grundlage einer gegenseitigen Vereinbarung dient, sondern als Rahmen für die praktische Umsetzung Ihrer Sponsoringideen.

Die Bestandteile eines Sponsoringvertrages

Die einzelnen Bestandteile eines Sponsoringvertrages gliedern sich in folgende Gruppen:

1. Name und genaue Adresse des Sponsors
2. Eventuell Name des bevollmächtigten Vertreters
3. Name und genaue Adresse des Gesponserten
4. Eventuell Name des bevollmächtigten Vertreters
5. Titel des Sponsoringvertrages

6. Projektbeschreibung
7. Umfang der Leistungen des Sponsors
8. Umfang der Leistungen des Gesponserten
9. Zusätzliche Rechte und Pflichten des Gesponserten
10. Zusätzliche Rechte und Pflichten des Sponsors
11. Auflistung der speziellen kommunikativen Massnahmen

12. Beginn und Dauer des Vertrages
13. Ungültigkeit des Vertrages bei Ungültigkeit einzelner Teile
14. Gerichtsstand und Erfüllungsort
15. Ort und Datum des Vertrages
16. Unterschrift des Sponsors oder seines Vertreters
17. Unterschrift des Gesponserten oder seines Vertreters

Warum ein Sponsoringvertrag?

Ein Sponsoringvertrag gibt dem Gesponserten die Möglichkeit, seine Tätigkeit auch in finanzieller Hinsicht zu planen. Er gibt Sicherheit, regelt die Zusammenarbeit zwischen den Partnern und ist ein Zeichen von Professionalität.
Für den Sponsor sind Sponsoringabmachungen zum Teil mit beträchtlichen finanziellen Aufwendungen verknüpft. Finanzielle oder Sachleistungen be-

lasten das Budget des Sponsors über kürzere oder längere Zeit. Sponsoring-abmachungen binden in einem Unternehmen aber auch Arbeitskräfte und Infrastrukturen. Schliesslich verbindet sich ein Unternehmen im Rahmen einer Sponsoringabmachung mit aussenstehenden Partnern, Einzelpersonen, Organisationen oder Institutionen in einer Weise, die etwas vom Wichtigsten tangiert, was ein Unternehmen haben kann: den guten Ruf von Mitarbeitern, Produkten und Dienstleistungen. Was dies bedeutet, haben Unternehmen, die sich mit Sportlern verbunden haben, die plötzlich unter Dopingverdacht gerieten, oder Firmen, die mit Showgrössen zusammengearbeitet haben, die plötzlich als Drogenkonsumenten oder auch nur als unzuverlässige, ihr Publikum enttäuschende Künstler im Rampenlicht standen, schmerzlich erfahren müssen.

Wo es um Abmachungen von grosser finanzieller Tragweite geht, ist ein Vertrag selbstverständlich. Wo es um Abmachungen geht, die neben den materiellen auch die immateriellen Werte eines Unternehmens berühren, ist der Abschluss eines Vertrages umso wichtiger.

Die Vertragsarten im Sponsoring

Die hauptsächlich verwendeten Verträge seien nachfolgend kurz skizziert:

1. *Der Vertrag über Projektsponsoring* regelt projektbezogene Events, also Veranstaltungen, Ereignisse, Medienaktionen, Wettbewerbe, aber auch Produktionen in den Bereichen Buch, Zeitschriften, Publikationen, Radio, Video, Fernsehen. Projektsponsoring-Verträge sind im Sport-, Kultur-, Medien- und Soziosponsoring gleichermassen anzutreffen.

2. *Der Vertrag über Institutionelles Sponsoring* kommt im Kultur- und Wissenschaftssponsoring, aber auch im Sportsponsoring vor. Er regelt das Sponsoring von Einrichtungen wie zum Beispiel Museen, Galerien, Ausstellungen, Bibliotheken, Theatern, Opern- und Musicalhäusern, Orchestern, Kinos, Vereinen, Verbänden, Sportclubs, Sporteinrichtungen, aber auch von Einrichtungen der öffentlichen Hand wie Bildungs- und Weiterbildungsinstitutionen, Universitäten, Hochschulen bzw. Lehrstühlen, Seminaren, Instituten, Forschungsprogrammen usw.

3. *Der Vertrag über Personensponsoring* regelt die Abmachungen zum Beispiel mit Protagonisten des Sports, seien es Einzelpersonen oder ganze Mannschaften. Vorab im Spitzensport wie zum Beispiel im Skisport oder im Tennis, zunehmend aber auch in der Leichtathletik, im Segelsport, im

Kunstflug oder im Motorsport anzutreffen, geht es hier um finanzielle Zuwendungen und um die Zurverfügungstellung von Ausrüstungen, Material und Fahrzeugen. Vereinzelt sind solche Verträge auch im Kultursponsoring anzutreffen.

Wichtige Punkte für den Gesponserten

1 Die Verhandlungen mit dem Sponsor sollten immer durch die gleiche Person geführt werden.
2 Zeigen Sie Ihren Vertragsentwurf einem erfahrenen Juristen. Er kann Ihnen sagen, ob Sie keinen wichtigen Punkt vergessen haben.
3 Klären Sie ab, wer vonseiten des Sponsors überhaupt berechtigt ist, rechtsverbindliche Verträge zu schliessen.
4 Gehen Sie die Sponsoringproblematik auf drei verschiedenen Ebenen an:

Auf der Ebene des Veranstalters:
4.1 Klären Sie ab, ob die angebotenen Leistungen rechtlich zulässig sind. Problematische Punkte könnten hier in der Kommunikation Ihres Sponsoringangebotes zum Beispiel die Bestimmungen bezüglich Werbung für Alkohol und Tabak sein.
4.2 Stellen Sie sicher, ob die Medienpräsenz geregelt und rechtlich abgestützt ist. Fragen können sich hier bezüglich Übertragungsrechte für Radio- und Fernsehen sowie der Bildrechte für die Printmedien ergeben.
4.3 Vergewissern Sie sich, ob Sie einen allgemeinen Sponsoringvertrag oder einen Vertrag für Titelsponsoring anstreben.
4.4 Stellen Sie fest, ob die Branchenexklusivität gewährleistet ist.
4.5 Checken Sie, ob Haftungs- und Versicherungsfragen geklärt sind.

Auf der Ebene des Organisators, das heisst eines Verbandes, Vereins, einer Körperschaft usw.:
4.6 Stellen Sie sicher, dass Sie zum Beispiel als Verein die Autonomie über das vorgesehene Sponsoring behalten.
4.7 Falls die Medien involviert sind: Überprüfen Sie, ob Sie die Übertragungsrechte vergeben können.
4.8 Überprüfen Sie die Bonität des potenziellen Sponsors.
4.9 Fragen Sie in Ihrer Organisation, ob Rücksichten auf bestehende, früher abgeschlossene Sponsoringabmachungen zu nehmen sind.

4.10 Stellen Sie sicher, dass die vertraglichen Vereinbarungen mit den Kommunikationsrichtlinien der Organisation kohärent sind.

4.11 Vergewissern Sie sich, ob Sie alle Möglichkeiten des Merchandisings ausgeschöpft haben:
Im Kultursponsoring zum Beispiel Produktion und Verkauf von CDs, Ausstellungskatalogen, Büchern, Postern, Karten, Foulards, Taschen, Museums-Replica usw.
Im Soziosponsoring zum Beispiel Produkte aus der unmittelbaren Umgebung, symbolische Produkte aus der Region, Replica, Tafeln, Gutscheinhefte usw.
Im Mediensponsoring zum Beispiel Videos, Bücher, Karten, Spiele usw.
Denken Sie an die rechtlichen Folgen beim Herunterladen und Verbreiten von Bildern und Texten aus dem Internet und Web-2.

Auf der Ebene von Einzelpersonen:

4.12 Klären Sie ab, ob der verbindliche Umfang des Kommunikationsaufwandes für die betroffene Person festgelegt werden kann, zum Beispiel Präsenzpflichten, Spesen- und Prämienregelungen usw.

4.13 Denken Sie an die Co-Sponsoren-Problematik:
Müssen Auftritte terminlich koordiniert werden?
Ist bei Künstlern der Schutz der Privatsphäre gewährleistet?
Gibt es eine Regelung, die vor unnötigem Aufwand schützt?
Wie sieht es mit der Wohlverhaltensklausel aus?
Inwieweit sind die entsprechenden Vorschriften zumutbar?

Wichtige Punkte für den Sponsor

Für den Sponsor am wichtigsten ist, zu prüfen, ob der Gesponserte über die Rechte, die er ihm verkauft, überhaupt verfügen darf.

Auf der Ebene des Veranstalters:

1 Klären Sie ab, ob Sie den Status als Alleinsponsor haben.

2 Obwohl ein Sponsoringvertrag auch mündlich gültig ist (was immer für beide Teile gilt), empfiehlt sich die Schriftform. Dies insbesondere im Hinblick darauf, dass wir es zum Beispiel im Sponsoring mit Non-Profit-Organisationen oder im Kultursponsoring häufig mit wechselnden Verhandlungspartnern zu tun haben.

3 Vertragliche Vereinbarungen sind auch aufseiten des Gesponserten von einer dazu autorisierten Person zu unterzeichnen.
4 Die Form des Sponsorings (Geld, Sach- oder Dienstleistungen).
5 Die Sicherstellung der gewünschten Gegenleistungen:
Branchenexklusivität
Kommunikationsmassnahmen
Organisatorische Massnahmen
Konkurrenzumfeld
Gemeinsame Erfolgskontrolle
Konventionalstrafe
Werberechte
Vereinbarter Vertrag und Zahlungsmodalitäten

Auf der Ebene der Protagonisten:
1 Stellen Sie die Exklusivität sicher.
2 Treffen Sie Absprachen über die gemeinsamen Kommunikationsebenen.
3 Bauen Sie eine «Wohlverhaltensklausel» ein; denken Sie aber daran, dass die geforderten Verhaltensregeln nicht zu einem sogenannten «Knebelungsvertrag» führen dürfen.
4 Treffen Sie spezielle Abmachungen bezüglich Zusatzleistungen, wie zum Beispiel den Umgang mit Foto- und Bildmaterial.

Die Zusammenarbeit mit Sponsoringagenturen

Sowohl für Sponsoren wie für Gesponserte gilt:

- Alle garantierten Leistungen sind in einem schriftlichen Katalog festzuhalten
- Unterscheiden Sie zwischen den organisatorischen Leistungen und den Kommunikationsleistungen
- Regeln Sie die Zusammenarbeit zwischen Sponsoren und Gesponserten
- Stellen Sie Grundsätze für die Regelung von Honoraren, Spesen und Provisionen auf
- Halten Sie alle projektbezogenen Spezialvereinbarungen fest

Der Schutz von Sponsoringkonzepten

Der Schutz eines Konzeptes ist auch heute noch umstritten. In der Regel kann mit Erfolg nur dann geklagt werden, wenn raffinierte, böswillige Absichten zu Verwechslungen in der Wirkung kommunikativer Massnahmen bzw. zu nachweisbaren Schäden in der Kommunikationsarbeit der Konkurrenz führen. Die Praxis zeigt, dass Diebstahl von Ideen und Konzepten aber nach wie vor ungeahndet bleibt. Was für künstlerische Texte selbstverständlich ist, ist für werbliche Texte und für Slogans ebenfalls nach wie vor umstritten: Ihr Schutz als eigenständige geistige Leistung ist selbst dann fraglich, wenn Texten und Sprüchen eine gewisse Originalität nicht abgesprochen werden kann.

Die Schnittstellen zu juristischen Spezialfragen

Es gibt im Rahmen Ihrer Arbeit an einem Sponsoringvertrag eine Reihe von Schnittstellen zu Spezialfragen, die Sie mit Ihrem Anwalt besprechen sollten. Zum Beispiel:

Zum Persönlichkeitsrecht:
Achten Sie darauf, dass Ihre Abmachungen keine Persönlichkeitsrechte missachten, zum Beispiel das Recht am eigenen Bild, an der eigenen Stimme usw. Das wird zum Beispiel auch dann relevant, wenn Sie mit Testimonials, in Bild- und Textform, arbeiten.

Zum Urheberrecht:
Ihre Verträge müssen mit den urheberrechtlichen Bestimmungen konform sein. Denken Sie namentlich auch an die Schutzfristen (70 Jahre), wenn Sie zum Beispiel Texte in Ihrer Kommunikationsarbeit verwenden, die den urheberrechtlichen Schutz geniessen. Der Einsatz von nicht autorisierten Videobändern in Ihrer Kommunikationsarbeit kann Ihnen ausserdem erhebliche Probleme bescheren.

Zum Eigentumsrecht:
Ihre Abmachungen dürfen keine Eigentumsrechte missachten, namentlich nicht das Recht am geistigen Eigentum.

Zum Markenrecht:
Denken Sie daran, dass Marken, Namen, Logos usw. geschützt sind. Der Einsatz von nicht autorisierten Marken in Ihrer Kommunikationsarbeit könnte Sie teuer zu stehen kommen.

Zum Patentrecht:
Es gibt möglicherweise, zum Beispiel beim Einsatz von Merchandising im Rahmen der Kommunikationsarbeit, auch Schnittstellen zu patentrechtlichen Fragen, die Sie abklären sollten.

Zum Wettbewerbsrecht:
Dies betrifft im Rahmen von Sponsoringvereinbarungen produzierte Werbe,- Verkaufsförderungs- und Kommunikationsmittel wie zum Beispiel Banden- beschriftungen, Plakate, Prospekte, Pressetexte, Dokumentationen, die in wettbewerbsrechtlicher Hinsicht unbedenklich sein müssen. Hier sind insbesondere auch die Spezialbestimmungen betreffend Werbung auf öffentlichem Grund oder Werbung für Alkohol und Tabak zu beachten.
Achten Sie insbesondere darauf, dass Sie die Bestimmungen betreffend den unlauteren Wettbewerb, wie zum Beispiel die Vermeidung herabsetzender Äusserungen gegenüber Mitbewerbern, nicht verletzen. Es versteht sich von selbst, dass Angaben wie zum Beispiel Leistungsvergleiche stimmen müssen, dass Sie nicht bewusst unvollständige Produktinformationen weitergeben dürfen usw.

Zum Medienrecht:
Die Art des Auftritts von Sponsoren in den elektronischen Medien muss den Bestimmungen des Medienrechts entsprechen. Im Bereich TV sind die Europäische Konvention über das grenzüberschreitende Fernsehen und davon abgeleitet die entsprechenden Richtlinien der Europäischen Union zu beachten.
Fragen des Product Placements sind mit den jeweiligen Sendeanstalten zu besprechen.
Die Übertragungsrechte sind ein Spezialgebiet, für deren Beurteilung Sie mit Vorteil einen Medienanwalt beiziehen.

Zum Steuerrecht:
Hier ist zu denken an die Abgrenzung zwischen Spenden und Vergabungen, an die steuerliche Absetzbarkeit Ihrer Massnahmen, an die Verwertung von Rechten und die sich daraus ergebenden Vermögensverwaltungsfragen, etwa im Sport- oder im Kultursponsoring.

Wo liegt das Konfliktpotenzial?

Die Ursachen der möglichen Konflikte sind vielfältig. Meistens stehen aber im Vordergrund:

■ Eine unprofessionelle Sponsoringkonzeption: Mangelndes Know-how, unsachgemässe Planungsarbeit und unrealistische Erwartungen auf beiden Seiten.

■ Fehlende schriftliche Abmachungen: Oft werden Sponsoringzusagen von höheren Vorgesetzten im persönlichen Gespräch mit Freunden leichtfertig und ohne Rücksicht auf eine Gesamtkonzeption gegeben.

■ Ungenaue Vertragsformulierungen: Wer keine juristischen Detailkenntnisse hat und den Rat des Anwalts sparen will, kann böse Überraschungen erleben.

■ Fehlende Übereinkommen zwischen verschiedenen Sponsoren: Die mangelnde Koordination zwischen mehreren Sponsoren kann die Wirkung des Sponsorships am Ende für alle Beteiligten beträchtlich schmälern.

■ Knebelungsverträge: Sponsoren, die von den Gesponserten die totale Unterordnung unter ihre Interessen fordern, müssen zur Kenntnis nehmen, dass Knebelungsverträge unsittlich sind und damit Nichtigkeit des Vertrages zur Folge haben können.

■ Gesponserte, die Sponsoren suchen und mit Logos und Namen von Unternehmen arbeiten, die in Wahrheit noch gar nicht zugesagt haben, ein Sponsorship einzugehen, verstossen unter anderem gegen das Persönlichkeits- und das Markenrecht.

■ Eine klassische Konfliktsituation kann dann entstehen, wenn der Vertrag nicht mehr stimmt, das heisst, wenn das Gleichgewicht der Interessen – zum Beispiel in langjährigen Verträgen – gestört ist.

■ Das kann dann eintreten, wenn der Gesponserte zu bekannt geworden ist und sich von seinem Sponsor übervorteilt fühlt – oder aber wenn er erfolglos wird und sich deshalb die Verstimmung seines Sponsors einhandelt.

■ Konfliktstoff ergibt sich inbesondere auch in Fällen, in denen der Gesponserte zum Beispiel in negative Schlagzeilen gerät oder seinen Verpflichtungen nicht mehr nachkommt.

■ Wenn der Sponsor sein Interesse am Gesponserten verliert.

■ Wenn der Gesponserte seinerseits das Interesse am Sponsor verliert.

■ Die vorzeitige Beendigung des Sponsoringvertrages aus den vorgängig genannten oder aus anderen Gründen kann, auch bei relativ klarer Sachlage, zu einem juristischen Streitfall werden.

Was Sie als Gesponserter und als Sponsor tun können

Für beide gilt, dass eine Konventionalstrafe im Vertrag ein taugliches Mittel ist, um die Erfüllung der beiderseitigen Pflichten abzusichern. Die rechtzeitige Abmahnung nicht eingehaltener Zusicherungen gehört ebenso zum juristisch einwandfreien Vorgehen wie das Etablieren eines «paper track», um später Beweismaterial in Händen zu haben.

Sponsoren werden bei Rechtsstreitigkeiten mit einem Handicap rechnen müssen: Ein Schaden aus Nichterfüllung des Sponsoringvertrages wird für die Sponsoren meistens sehr schwierig nachzuweisen sein, während ein Gesponserter leicht nachweisen kann, ob er Geld-, Sach- oder Dienstleistungen tatsächlich vertragsgemäss bekommen hat. Ein altbekannter Ratschlag sei hier wiederholt: Setzen Sie bei Nichterfüllung des Vertrages Fristen, innerhalb deren Ihr Kontrahent den vertragsgemässen Zustand herstellen kann. Wenn Sie mit diesem Vorgehen keine Einigung herbeiführen können, dann sollten Sie am besten einen Fachanwalt (Adressen siehe Anhang) beiziehen.

Sponsoring-Vertragsverhandlungen
Checkliste Rechteabklärung für Sponsoren

Generelle Abklärungen

Es gilt immer die Überlegung: Was wäre für unsere Unternehmung unerlässlich, was wäre schön, was könnte gut aktiviert werden?

Eine Bemerkung vorab zum Begriff der Exklusivrechte:
Rechte werden heute vor allem im Sport in Produktekategorien vergeben. Sie sollten sich deshalb fragen, über welche Rechte Sie in welchen Kategorien verfügen sollten, um zielführende Promotionen durchführen zu können.
Beachten Sie: Manchmal sind Produktekategorie und Marketing nicht dasselbe!
In der Ausgestaltung solcher Verhandlungen sind deshalb Erfahrung, Fantasie und Klugheit in besonderem Masse gefragt.

Einige Fragen, die Sie sich als Sponsor stellen sollten:

Grundrechte

- Ist Branchenexklusivität gewährleistet?
- Habe ich als Sponsor Anspruch auf Rechte für exklusive Kommunikationsmassnahmen (Veranstaltungen, Anlässe usw.)?
- Welche weiteren Aktivitäten will ich exklusiv durchführen?
  (Diese Rechte sollten Sie vorher vertraglich absichern.)

Bildrechte

- Kann ich Fotos (möglichst inklusive Persönlichkeitsrechte und Rechte des Fotografen) erwerben?
- Kann ich mir das Recht auf eigene Shootings (Fotos/Film) für Werbung erwerben?
- Kann ich die Rechte für einen Film/noch nicht bearbeitete/geschnittene bewegte Bilder für internen und externen Gebrauch (möglichst inklusive Rechte anderer Parteien, zum Beispiel Fernsehanstalten, auch von früheren Veranstaltungen, Archivbilder usw.) erwerben?

Geistiges Eigentum und Markenschutz

Überlegen Sie: Wie wichtig ist mir das Thema, und wie weit möchte ich gehen?
- Welche Rechte habe ich als Sponsor und welche hat der Veranstalter/Verkäufer an der Marke?
- Wer darf was mit welcher Marke tun?
- Wie steht es mit dem Schutz vor Ambush-Marketing durch den Veranstalter?

163

■ Wer koordiniert die Anti-Ambush-Massnahmen?
■ Ist rund um den Veranstaltungsort eine ambushfreie Zone garantiert?

Eventrechte

Marke
Sie sollten sich fragen, wo der Veranstalter verpflichtet ist, Ihr Logo aufzuführen
zum Beispiel
■ Logo-Präsenz an der Veranstaltung (Stadion, Halle usw.)?
■ Logo-Präsenz in den Kommunikationsmassnahmen des Veranstalters?
■ Logo-Präsenz auf Tickets?
■ Logo-Präsenz auf Uniformen?
■ Logo-Präsenz im Merchandising?

Achtung: Sponsoringhierarchie berücksichtigen!

Schutz vor Ambush:
■ ambushfreier Veranstaltungsort
■ mitbewerberfreie Zone rund um die gesponserten Flächen
(zum Beispiel rund um das Stadion)

Hospitality
Sie sollten sich fragen, für wen Sie Hospitality einsetzen wollen:
Privatkunden, Geschäftskunden, Key-Kunden, Medien?
Das hat Einfluss auf Angebot, Lokalitäten, Dekorationen, Budget usw.
Folgende Punkte sind genau zu überprüfen:
■ Veranstaltungsort
■ Infrastruktur
■ Dekoration (mit oder ohne Logo-Erwähnung)
■ Animation/Moderation/Rahmenprogramm
*(Heute wohl der Punkt, wo man sich am besten differenzieren kann.
Alles andere können viele gleich gut.)*
■ Geschenke
■ Logistik inklusive Wegweiser und Parkplätze.

Typologie und Anzahl der Tickets/Pässe
■ Kontingent in allen Kategorien, inklusive VIP-Zutritt
■ Akkreditierungen
■ Begleitpässe für Hostessen

[Checkliste Rechteabklärung für Sponsoren]

Kommunikationsrechte

Stellen Sie sicher, dass Sie folgende Rechte abgeklärt haben:

■ Verwendung von Marken und Emblemen
(Veranstaltungslogos, Maskottchen, Musik, Trophäen usw.)
■ Verwendung von Prädikaten (Official Product, Proud Sponsor usw.)
■ TV-Rechte (Recht auf TV-Sponsoring, Erstverhandlungsrecht für Werbung) –
möglichst viel Exklusivität
■ Radiorechte (Erstverhandlungsrechte)
■ Internetrechte (exklusive Chats usw.)
■ Rechte für Neue Medien (Mobile Phones, iPod usw.)

Merchandising

Habe ich die Möglichkeit, Merchandisingartikel zu verkaufen?
■ Ist eine Logo-Präsenz auf Merchandisingartikeln möglich?
■ Habe ich die Möglichkeit, exklusive Artikel zu produzieren?
■ Besteht die Chance, mit eigener Produktionsfirma zusammenzuarbeiten?
■ Ist die Reproduktion von Exklusivobjekten, Kunstwerken usw. möglich?

Verschiedenes

■ Sind Auftritte/Referate von Rechteinhabern/der gesponserten Person an Kundenveranstaltungen oder Veranstaltungen für Mitarbeiter möglich?
■ Sind Autogrammstunden möglich?
■ Wie flexibel sind diese planbar?
■ Ist der Einbezug meiner Mitarbeiter in die Veranstaltung, zum Beispiel als freiwillige Helfer möglich?
■ Müssen/Können Geschäfte der Veranstalter in meiner Produktekategorie über mich laufen?
■ Inwieweit könnte mir der Veranstalter helfen, an neue Zielgruppen heranzukommen?
■ Welchen Zugang habe ich zu Persönlichkeitsrechten (Fotos, Auftritte usw.) meiner Sponsoringnehmer?

Sponsoring-Vertragsverhandlungen
Checkliste Rechteabklärung für Sponsoringnehmer

Generelle Abklärungen

Als Sponsoringnehmer (Gesponserter) verfügen Sie vielleicht im Bereich Sport über Verwertungsrechte, die Sie gerne einem Sponsor verkaufen möchten.

Viele Veranstalter sind sich nicht oder nur mangelhaft bewusst, ob und gegebenenfalls welche Rechte sie überhaupt zu vergeben haben. Es empfiehlt sich, vor allem für Sponsoringnehmer, die erstmals mit diesen Fragen konfrontiert werden, sich die Ratschläge eines Fachanwaltes oder eines Sponsoringberaters einzuholen, damit Sie nicht Rechte verkaufen, die Sie möglicherweise gar nicht besitzen.

Einige Fragen, die Sie sich als Sponsoringnehmer stellen sollten:

- Können wir Branchenexklusivität anbieten und gewährleisten?
- Haben wir die Rechte für exklusive Kommunikationsmassnahmen? (Veranstaltungen, Anlässe usw.)?
- Welche Kommunikationsmassnahmen würden uns helfen, unseren eigenen kommunikativen Zielen ein Stück näher zu kommen?
- Können unsere Sponsoren zum Beispiel Kinder aus unserem Umfeld exklusiv als Balljungen einsetzen?

Bildrechte

- Können wir Fotorechte (möglichst inklusive Persönlichkeitsrechte und Rechte des Fotografen) verkaufen?
- Können wir den Sponsoren das Recht auf eigene Shootings (Fotos/Film) für Werbung verkaufen?
- Können wir die Rechte für einen Film/noch nicht bearbeitete/geschnittene bewegte Bilder für internen und externen Gebrauch (möglichst inklusive Rechte anderer Parteien, zum Beispiel Fernsehanstalten, auch von früheren Veranstaltungen, Archivbilder usw.) verkaufen?

Geistiges Eigentum und Markenschutz

- Welche Rechte können wir als Sponsoringnehmer verkaufen, und welche haben wir eventuell gar nicht selbst?
- Wer darf was mit welcher Marke tun?
- Wie steht es mit dem Schutz vor Ambush-Marketing?
- Gibt es eine ambushfreie Zone?

[Checkliste Rechteabklärung für Sponsoringnehmer]

Eventrechte

Marke

Hier geht es darum festzulegen, wie und wo Sie zum Beispiel als Veranstalter verpflichtet sind, Logos aufzuführen.

■ Wie sieht Ihr Vermarktungskonzept aus und was für eine Sponsorhierarchie ist vogesehen?

■ Wo ist Logo-Präsenz an der Veranstaltung möglich?
(Stadion, Halle usw.)

■ Wie viel Logo-Präsenz erlauben Sie einem Sponsor in Ihren Kommunikationsmassnahmen?

■ Wie viel Logo-Präsenz auf Ihren Tickets?

■ Wie viel Logo-Präsenz an anderen Orten Ihrer Einrichtungen?

■ Welche Logo-Präsenz auf Merchandisingartikeln?

Schutz vor Ambush

Wie schütze ich meinen Sponsor vor Ambushern?

■ Können wir einen ambushfreien Veranstaltungsort anbieten?

■ Können wir eine mitbewerberfreie Zone rund um den Anlass offerieren?

Hospitality

■ Welche Art der Kundenbetreuung möchten/können wir den Sponsoren ermöglichen?

■ Haben unsere Sponsoren Kundenevents programmiert?

■ Für welche Zielgruppe?

■ Können wir ein exklusives Ambiente gewährleisten?

■ Entspricht der Ort der Veranstaltung den Vorstellungen der Zielgruppe?

■ Ist eine professionelle Infrastruktur und Dekoration gewährleistet?

■ Ist eine Animation/Moderation vorgesehen?

■ Sind Rahmenprogramme vorgesehen und durchführbar?

■ Können wir den VIP-Kunden der Sponsoren eine geschützte Ambiance offerieren?

■ Können wir eine Logistiksituation anbieten, die professionellen Kriterien (inklusive Parkplätze, Wegweiser usw.) genügt?

Tickets

■ Wie gross ist die Anzahl Tickets, die wir dem Sponsor zur Verfügung stellen wollen?

■ Sind die VIP-Karten in einer Anzahl, die den Wünschen unserer Sponsoren entspricht?

[Checkliste Rechteabklärung für Sponsoringnehmer]

■ Kann das negative Auswirkungen auf die Events/die Zufriedenheit der Besucher haben?

■ Sind Akkreditierungen und Begleitpässe vorgesehen?

Kommunikationsrechte

■ Gebrauch von Marken und Emblemen: Was können/dürfen wir offerieren?

■ Welche Sponsorenkategorien und damit welche Prädikate können wir unseren Sponsoren anbieten?

■ Sind wir Inhaber der TV-Rechte unseres Anlasses?

■ Sind wir Inhaber der Radiorechte unseres Gebiets?

■ Welche Radio-Erstverhandlungsrechte haben wir für welche Gebiete?

■ Haben wir Internetrechte (exklusive Chats usw.)?

■ Haben wir weitere Rechte im Bereich der Neuen Medien, die wir unseren Sponsoren anbieten können?

Merchandising

■ Über welche Merchandisingrechte verfügen wir?

■ Welche möchten wir ggf. erwerben und weiterverkaufen?

■ Ist eine Logo-Präsenz des Sponsors auf Merchandisingartikeln möglich und von uns erwünscht?

■ Kann das auf die Veranstaltung negative/positive Auswirkungen haben?

■ Wollen wir unseren Sponsoren die Möglichkeit geben, exklusive Produkte zu produzieren?

■ Kann der Sponsor seine Merchandisingprodukte verkaufen?

■ Wollen wir unseren Sponsoren die Möglichkeit geben, mit eigener Produktionsfirma zusammenzuarbeiten?

■ Sind Reproduktionen von Exklusivobjekten, Kunstwerken usw. möglich?

Verschiedenes

■ Sind auch Auftritte/Referate von unseren Vertretern möglich?

■ Sind Auftritte unserer Sponsoren an Kundenveranstaltungen oder Veranstaltungen für Mitarbeiter möglich?

■ Welches ist die vorgesehene Dauer der Auftritte?

■ Welches ist die Reihenfolge der Sprechenden?

■ Sind Autogrammstunden geplant?

[Checkliste Rechteabklärung für Sponsoringnehmer]

■ Ist der Einbezug unserer Mitarbeiter in die Veranstaltung, zum Beispiel als freiwillige Helfer, möglich?
■ Müssen Geschäfte der Sponsoren auf der Veranstaltung über uns abgewickelt werden?
■ Hilft unser Hauptsponsor uns, neue Zielgruppen zu gewinnen?
■ Wie steht es um Persönlichkeitsrechte (Fotos, Auftritte usw.) unserer Protagonisten (Künstler/Sportler usw.)?
■ Sind wir im Besitz dieser Rechte, oder muss der Sponsor direkt mit den Betroffenen verhandeln?

Checkliste Abwehr Ambush-Marketing an Event

Unter Ambush-Marketing versteht man das «unerlaubte Trittbrettfahren», bei dem ein Aussenseiter von einem Anlass profitiert, ohne selbst Sponsor zu sein. Um sich vor Ambushern zu schützen, empfiehlt es sich, folgende Schritte zu unternehmen:

Juristische Abklärungen

■ Copyright-Fragen überprüfen
■ Trademark-Registration überprüfen
■ Überprüfung rechtlicher Situation auf dem Gelände und dem näheren Umfeld
■ Kontaktaufnahme mit Fachjuristen vor Ort

Technische Abklärungen

■ Zuständigkeiten und Ansprechpartner vor Ort
■ Zuständigkeiten und Ansprechpartner im Umfeld
■ Zuständigkeiten und Ansprechpartner für den Luftraum über dem Veranstaltungsort
■ Erstellen von Listen mit Ämtern, Namen, Telefonnummern

Vorbereitungen

■ Bildung eines Anti-Ambush-Teams
■ Links des Teams in das OK des Events sicherstellen
■ Link des Teams zu den Medienpartnern sicherstellen
■ Instruktion Team

[Checkliste Abwehr Ambush-Marketing am Event]

- Ausrüstung mit Fotokameras
- Erstellen einer operativen Checkliste
- Bilden des Kontrollteams
- Information des Kontrollteams vor Ort

Anlass

- Besichtigung vor Ort im Hinblick auf mögliche Schwachpunkte Ambush
- Plakatstellen vor Ort
- Parkplätze vor Ort
- Fahnenstangen vor Ort
- Möglichkeiten für Einsatz Transparente vor Ort oder in Sichtdistanz
- Gespräch mit Liegenschaftenbesitzer
- Gespräch mit Hauswart
- Hausverbote für Verteiler von Materialien und Mustern

Kommunikation

- Kommunikativer Auftritt mit Angriffsflächen für Ambush?
- Geheimhaltung der Vorbereitungen
- Einbindung bzw. Verpflichtung Agenturen und Freischaffende
- Bei Hallenveranstaltungen: Einbindung Speaker, Durchsagen usw.
- Sonderbeilagen in den Printmedien: Absprache mit Anzeigenverkauf

Durchführung Event

- Kontrolle der neuralgischen Punkte 3/2/1 Stunden vor Beginn
- Fotografische Dokumentation des Tatbestandes
- Entfernung Ambush-Material
- Gegebenenfalls Klage gegen Unternehmen wegen Hausfriedensbruch

Kontrolle des Events

- Kriterien der Kontrolle festlegen
- Vor der Veranstaltung Lokaltermin mit Kontrollverantwortlichem machen
- Debriefing mit Kontrollorganen und mit Organisationskomitee
- Schlussbericht erstellen

Sponsoring, Spenden und Steuern in der Schweiz

Spenden sind freiwillige einseitige Zuwendungen ohne Gegenleistung des Empfängers. Es fehlt in diesem Fall am Umsatz, weshalb die Spende nicht MWST-pflichtig ist. Beim Sponsoring hingegen erbringt der Sponsor eine Leistung in Erwartung einer Gegenleistung in Form einer Werbe- oder Bekanntmachungsleistung. Aufgrund dieser Austauschbeziehung (Umsatz) ist Sponsoring MWST-pflichtig. Erhält ein Gesuchsteller von einer gemeinnützigen Organisation Beiträge, ist dann nicht von einer steuerbaren Sponsoringleistung auszugehen, wenn er lediglich den Namen der Organisation in einer Publikation ein- oder mehrmals nennt, und zwar selbst dann nicht, wenn der Name der Organisation den Namen eines Unternehmens enthält und der Empfänger diesen Namen in neutraler Form nennt oder (zusätzlich) das Logo oder die Originalbezeichnung der Firma verwendet (Art. 33a Abs. 2 MWSTG).

Will demnach der Empfänger einer Zuwendung einer gemeinnützigen Organisation Mehrwertsteuerfolgen vermeiden, hat er genau darauf zu achten, wie er die Leistungen der Organisation in kommunikativer Hinsicht verdankt. Dabei kann er sich grundsätzlich einer Publikation seiner freien Wahl bedienen. Allerdings gelten Verlautbarungen auf eigenen Produkten (zum Beispiel Tenuereklamen, Hinweise auf Fahrzeugen usw.) nicht als Publikation im Sinne des Mehrwertsteuergesetzes und lösen MWST-Folgen aus (vgl. dazu die Praxismitteilung «Sponsorengelder und Spenden» der Eidgenössischen Steuerverwaltung vom 3. März 2006). Selbst wenn der Empfänger ansonsten nicht MWST-pflichtig ist, kann seine subjektive Steuerpflicht alleine durch die Entgegennahme von Sponsorengeldern ausgelöst werden.
Diese Steuerpflicht entsteht bei steuerbaren Umsätzen (Sponsorengelder und andere steuerbare Umsätze) von mehr als Fr. 75 000 pro Jahr (bzw. Fr. 150 000 pro Jahr, wenn der Empfänger seinerseits eine gemeinnützige Institution ist). Die genannten Grundsätze gelten auch bei einer Unterstützung in Form einer geldwerten Leistung, zum Beispiel bei der Zuwendung von Naturalien (Art. 33a Abs. 3 MWSTG).

Bei den direkten Steuern (Einkommens- bzw. Ertragssteuer) können Spenden an steuerbefreite juristische Personen mit gemeinnützigem Zweck sowohl nach dem Steuerrecht des Bundes als auch dem der Kantone vom steuerbaren Einkommen bzw. Gewinn des Spendenden abgezogen werden. Bei der direkten Bundessteuer gilt eine Höchstlimite des Spendenabzugs von 20 Prozent der steuerbaren Einkünfte bzw. des Reingewinns. Für natürliche Personen besteht zudem eine Mindestlimite der Spende von CHF 100 pro

Steuerjahr. Die Höchstlimite von 20 Prozent gilt seit dem 1. Januar 2006. Zuvor war der Spendenabzug auf 10 Prozent der steuerbaren Einkünfte bzw. des Reingewinns des Spendenden begrenzt. Auch die Kantone gewähren den Spendenabzug, doch können sie in ihrem Steuerrecht selbstständig die Limiten festsetzen. Die Mehrheit der Kantone ist der früheren Regelung bei der direkten Bundessteuer gefolgt und gewährt einen Spendenabzug von maximal 10 Prozent der steuerbaren Einkünfte bzw. des Reingewinns. Nur ganz wenige Kantone gehen weiter (Aargau, Schaffhausen und Zürich: 20 Prozent; Baselland: 100 Prozent). Einige wenige Kantone gewähren demgegenüber sogar weniger als 10 Prozent.

Die Beschränkung des Spendenabzugs auf Zuwendungen von Geld gehört inzwischen der Vergangenheit an. Seit dem 1. Januar 2006 sind auch Zuwendungen von anderen Vermögenswerten als Geld (zum Beispiel Liegenschaften, Kunstwerke) abzugsfähig. Weiterhin nicht abzugsfähig ist hingegen die Zuwendung von Arbeitsleistungen.

Sponsoring, Spenden und Steuern in Deutschland

Eine Spende ist eine Zuwendung, die der Förderung steuerbegünstigter Zwecke dient. Hierzu zählen auch Zuwendungen an gemeinnützige und damit steuerbegünstigte Kultureinrichtungen. Spenden werden von der steuerbegünstigten Einrichtung steuerfrei vereinnahmt. Steuerbegünstigte Kultureinrichtungen, die Spenden erhalten, stellen Spendenbescheinigungen aus, die den strengen formalen Anforderungen der Finanzverwaltung entsprechen müssen. Die Spender können dann im Rahmen der gesetzlichen Höchstsätze einen Spendenabzug vornehmen. Da es sich bei der Spende um eine Zuwendung ohne Gegenleistung handelt, ist diese steuerfrei zu vereinnahmen.

Sponsoring ist üblicherweise die Gewährung von Geld und geldwerten Vorteilen durch Unternehmen zur Förderung von Organisationen in sportlichen, sozialen, ökologischen oder ähnlich bedeutsamen gesellschaftspolitischen Bereichen, mit der regelmässig auch eigene unternehmensbezogene Ziele verfolgt werden. Die ertragsteuerliche Behandlung einer Sponsoringleistung aufseiten der steuerbegünstigten Einrichtung ist in Grundzügen im Sponsoringerlass des Bundesministeriums für Finanzen/BMF vom 18. Februar 1998 geklärt und abhängig von der Art der Gegenleistung, die die steuerbegünstigte Einrichtung erbringt. Entweder begründet sie eine Einnahme im Bereich der Vermögensverwaltung (Sponsoring im Sinne des Steuerrechts – ertragssteuerfrei zu vereinnahmen) oder einen wirtschaftlichen Geschäftsbetrieb (Mitwirkung des Empfängers an der Werbung für den Sponsor, das heisst ertragssteuerpflichtige Einnahme). In Einzelfällen treten jedoch immer wieder Schwierigkeiten auf: Dies gilt insbesondere für die Formulierungen des Sponsoringerlasses, wonach eine Steuerpflicht auf die Einnahmen dann nicht entsteht, wenn «ohne besondere Hervorhebung» auf den Namen, das Emblem bzw. Logo des Sponsors verwiesen wird und «ohne Mitwirkung an den Werbemassnahmen des Unternehmens auf den Sponsor verwiesen wird». Es besteht eine generelle Freigrenze der Besteuerung von Einnahmen im wirtschaftlichen Geschäftsbetrieb von bis zu 30 678 Euro.

Der Sponsoringerlass regelt ausschliesslich die Ertragssteuerpflicht. Der Bereich der Umsatzsteuer ist davon unabhängig zu betrachten und stellt für viele gemeinnützige Kulturinstitutionen im Sponsoringbereich ein weiteres Steuerrisiko dar: Verpflichtet sich ein Unternehmer (Kulturinstitution) im umsatzsteuerlichen Sinne gegenüber einem anderen Unternehmen, eine vertragliche Leistung zu erbringen, kann bei der Kultureinrichtung eine Umsatzsteuerpflicht begründet werden.

Ausführliche Informationen zur steuerlichen Behandlung von Spenden und Sponsoring in Deutschland, auch zur Umsatzsteuer, finden Sie in der Veröffentlichung des Kulturkreises der deutschen Wirtschaft im BDI e.V. *Steuerliche Behandlung von Spenden, Sponsoring und Werbung. Ein Leitfaden für Kunst und Kultur.* KMM Verlag.

Was ich im achten Kapitel gelernt habe

〉 Die rechtlichen Grundlagen des Sponsorings sind enthalten im BGB (Deutschland), im ABGB (Österreich) bzw. im OR (Schweiz).
〉 Wir unterscheiden zwischen Abmachungen für drei verschiedene Sponsoringkategorien, nämlich
  ■ Projektsponsoring
  ■ Institutionelles Sponsoring und
  ■ Personensponsoring
〉 Sponsoren und Gesponserte sollten bei rechtlichen Überlegungen im Sponsoring immer auf drei Ebenen vorgehen:
  ■ auf der Ebene des Veranstalters
  ■ auf der Ebene des Organisators
  ■ auf der Ebene von Einzelpersonen
〉 Sponsoringkonzepte sind nicht schützbar.
〉 Schnittstellen zu juristischen Spezialfragen bestehen:
  ■ zum Persönlichkeitsrecht
  ■ zum Urheberrecht
  ■ zum Eigentumsrecht
  ■ zum Markenrecht
  ■ zum Patentrecht
  ■ zum Wettbewerbsrecht
  ■ zum Medienrecht
  ■ zum Steuerrecht
〉 Das Konfliktpotenzial liegt unter anderem in fehlenden schriftlichen Abmachungen, mangelhaften Sponsoringkonzeptionen, Knebelungsverträgen oder im veränderten Gewicht der Interessen.

Bausteine für Sponsoring-Musterverträge

Massgeschneiderte Problemlösungen

Bevor Sie mit der Lektüre der Musterverträge beginnen, ist es wichtig, sich in Erinnerung zu rufen, dass sich jeder Sponsoringfall von einem anderen unterscheidet. Jede Sponsoringsituation unterscheidet sich von anderen. Gerade weil Sponsoring kein «Standardgeschäft» ist, gerade weil Sie sich in jedem einzelnen Falle um eine individuelle, für Sie oder Ihren Kunden richtige und deshalb massgeschneiderte Problemlösung bemühen sollten, machen Musterverträge, bei denen Sie nur noch die relevanten Daten und Fakten einzutragen brauchen, keinen grossen Sinn.

Wir bringen deshalb auf den nachfolgenden Seiten vor allem Vorschläge in Form von Textbausteinen, die Sie auf Ihre eigenen Bedürfnisse hin adaptieren können. Ausgewählte Verträge stellen wir als Musterbeispiele im vollen Wortlaut vor, damit die Studenten der Kommunikationswissenschaften unter den Lesern konkrete Beispiele zum Beispiel von Sport- oder Mediensponsoring-Verträgen kennenlernen können.

Das Recht in Deutschland, Österreich und der Schweiz baut auf den gleichen Prinzipien des römischen Rechts auf. Es ist deshalb wenig sinnvoll, alle Vorschläge jeweilen in drei Länderfassungen aufzuführen. Die hier gezeigten Beispiele sollen den Lesern in Deutschland, Österreich und der Schweiz aber ermöglichen, einfache Verträge selbst aufzusetzen. In wichtigen, in komplizierten und in Fällen mit hohem Konfliktpotenzial werden Sie ohnehin nicht darum herum kommen, Ihren Entwurf einer Fachperson oder einem Fachjuristen zur Begutachtung vorzulegen.

Beispiel für einen Sportsponsoring-Vertrag

Vertrag zwischen dem Organisationskomitee für den Sportanlass XYZ (nachstehend OK) genannt, vertreten durch ...
und der Firma XXX (nachstehend Hauptsponsor genannt), vertreten durch ...

1 Einleitung

1.1 Dieser Vertrag regelt die Zusammenarbeit zwischen dem OK und dem Hauptsponsor. Zweck des Vertrages ist, den oben genannten Sportanlass marketing-, PR- und werbemässig optimal zu nutzen.

2 Art und Dauer des Vertrages

2.1 Der Hauptsponsor ist Patronatsfirma des Anlasses. Der Anlass trägt seinen Namen. Er kann die Bezeichnung «Patronat»/«Titelsponsor» exklusiv nutzen.

2.2 Der Vertrag dauert bis und mit ... Der Hauptsponsor kann für die Verlängerung des Vertrags um weitere drei Jahre zu gleichen Bedingungen optieren. Die Option ist bis spätestens ... schriftlich auszuüben, ansonsten sie verfällt.

2.3 Das OK sichert dem Hauptsponsor Branchenexklusivität zu. Die Rechte anderer Sponsoren werden mit dem Hauptsponsor abgesprochen.
Der Hauptsponsor geniesst absolute Exklusivität bei der Werbung für seine branchenspezifischen Dienstleistungen.

3 Leistungen des Hauptsponsors

3.1 Der Hauptsponsor entschädigt das OK für die unter den Punkten 2 und 4 zugestandenen Rechte mit einem Sponsorbeitrag von Fr. ... (zzgl. Mwst.) Eingeschlossen sind Tribünenaufbauten. Die Zahlung erfolgt nach Rechnungstellung durch das OK, jedoch spätestens zwei Monate vor dem Anlass.

3.2 Der Hauptsponsor stellt dem OK – falls erwünscht – A4-Papiervordrucke (mit dem Logo des Sponsors) für Start- und Ranglisten zur Verfügung.

3.3 Der Hauptsponsor übernimmt die Gestaltung der Einladungskarten für die geladenen Gäste. Das OK erteilt das Gut-zum-Druck nach Absprache mit dem Sponsor.

3.4 Der Hauptsponsor stellt dem OK Plakatvordrucke kostenlos zur Verfügung.

[Beispiel für einen Sportsponsoring-Vertrag]

3.5 Der Hauptsponsor platziert für diesen Anlass nach Möglichkeit einen Beitrag in seinem Kundenmagazin.

3.6 Der Hauptsponsor stellt dem OK für diesen Anlass ein Schaufenster, in angemessenem Rahmen, für die Vorankündigung des Anlasses in seiner Zweigniederlassung am Austragungsort zur Verfügung.

3.7 Der Hauptsponsor stellt Hostessen für die Betreuung der Ehrengäste sowie für weitere Aufgaben (zum Beispiel Siegerehrungen, Kontrolle bei Tribünenaufgängen usw.) nach Absprache mit dem OK zur Verfügung.

3.8 Der Hauptsponsor stellt die Infrastruktur für eine oder mehrere Pressekonferenzen zur Verfügung.

3.9 Der Hauptsponsor liefert dem OK Pressemappen und Schreibzeug für den Presseraum.

3.10 Der Hauptsponsor bietet Unterstützung im Bereich «Medienbetreuung» sowohl im Vorfeld als auch am Anlass selber. Mögliche Massnahmen: Presseaussände, Pressekonferenzen, Mail-Listen, Textmaterial, Redaktionelle Mitarbeit, Resultatedienst, Fotoservice.

3.11 Der Hauptsponsor leistet dem OK aktive Mithilfe.

4   Leistungen des OK

4.1 Werbebanden, primär im TV-Bereich.
- Startzone: 2 × 20 Meter
- Zielzone: 2 × 20 Meter
- Wechselzone: 20 Meter
- Wendepunkt: 10 Meter

Werbegalgen im TV-Bereich:
- Startzone: 8
- Zielzone: 8

Zielturm: Zielband und Brustzielband für Siegerin und Sieger
Der Hauptsponsor hat Priorität bezüglich Anzahl und Platzierung sämtlicher Banden und Galgen.
Die Platzierung wird an Ort zwischen dem OK und allen beteiligten Sponsoren abgesprochen.

4.2 Die Siegerehrung/Preisübergabe des Anlasses erfolgt durch einen Vertreter des Hauptsponsors. Der Name der Hauptprüfung trägt den Namen des Hauptsponsors.

[Beispiel für einen Sportsponsoring-Vertrag]

4.3 Der Hauptsponsor hat, im Rahmen der Datenschutzbestimmungen, das Recht, das Datenmaterial sämtlicher Teilnehmer zu nutzen.

4.4 Bei allen Werbeaktivitäten (Lokalradio, Lautsprecherdurchsagen, Pressekonferenzen usw.) wird der Hauptsponsor als Patronatsfirma erwähnt. Die entsprechenden Speaker-Texte werden durch den Hauptsponsor an das OK geliefert.

4.5 Der Hauptsponsor ist mit seinem Logo auf allen Drucksachen und Werbemitteln im Zusammenhang mit der Veranstaltung des OK präsent.

- auf den Startnummern oben
- auf dem Logo der Veranstaltung oben
- im Programmheft auf der Umschlagseite
- auf dem Briefpapier
- auf den Plakaten
- auf den Eintrittskarten (Vorderseite)
- auf den Start- und Ranglisten
- auf dem Parcoursplan
- auf der Pressemappe (Umschlag)
- in allen vom OK geschalteten Anzeigen
- in allen Publikationsorganen und Werbemitteln des OK

Die Gestaltung ist mit dem Hauptsponsor abzusprechen, der für sämtliche Drucksachen das «Gut zum Druck» erteilt.

4.6 Die Präsenz des Hauptsponsors im offiziellen Programmheft:
- sein Logo erscheint auf der ersten Seite
- eine Anzeige 1/1 Seite erscheint auf der 4. Umschlagseite
- eine Seite PR-Text mit Logo im Innenteil des Programmheftes
- sein Logo erscheint auf folgenden Seiten: Zeitplan/Streckenplan/Start-, Wechsel-, Zielgelände
- gegebenenfalls zusätzliche Füller auf verschiedenen Seiten

Die Gestaltung ist mit dem Hauptsponsor abzusprechen.
Sein Logo erscheint immer zusammen mit dem Pay-off «Hauptsponsor»
Der Hauptsponsor erteilt das «Gut-zum-Druck.»

4.7 Der Hauptsponsor hat das Recht, PR-Texte in allfälligen Zeitungsbeilagen zu platzieren.

4.8 Der Hauptsponsor hat das Recht, an den Pressekonferenzen des OK teilzunehmen, eine kurze Stellungnahme abzugeben sowie einen PR-Text der Pressemappe beizulegen.

[Beispiel für einen Sportsponsoring-Vertrag]

4.9 Der Hauptsponsor erhält gratis 100 reservierte Sitzplätze auf der Ehrentribüne. Eintrittskarten für weitere Sitzplätze kann der Hauptsponsor gegen separate Rechnung beziehen.

4.10 Der Hauptsponsor kann nach Absprache mit dem OK ein VIP-Zelt für seinen eigenen oder zum gemeinsamen Gebrauch mit dem OK oder anderen Sponsoren (zum Beispiel innerhalb der Sportanlagen) platzieren. Die Kosten werden unter den Benützern geteilt.

4.11 Der Hauptsponsor kann auf seinen Wunsch, gegen separate Verrechnung, einen Apéro und/oder nach Absprache mit dem OK ein Essen sowie ein spezielles Gästeprogramm organisieren. Das OK unterstützt den Hauptsponsor bei der Organisation.

4.12 Der Hauptsponsor hat das Recht, das Logo der Sportveranstaltung im Rahmen seiner branchenspezifischen PR- und Werbemassnahmen zu nutzen.

4.13 Der Hauptsponsor hat das Recht, weitere PR- und Promotionsaktivitäten in Absprache mit dem OK durchzuführen.

5 Ungültigkeit, Recht und Gerichtsstand

5.1 Sind einzelne Teile dieses Vertrages ungültig, so ist der Vertrag als Ganzes davon nicht berührt.

5.2 Im Falle der Nichteinhaltung des Vertrages in einzelnen Punkten, hat der Hauptsponsor das Recht, den Sponsorbeitrag angemessen zu kürzen.

5.3 Im Falle einer Verschiebung oder Absage der Veranstaltung wird der Sponsorbeitrag entsprechend den erbrachten Leistungen und Gegenleistungen in gegenseitiger Absprache gekürzt.

5.4 Die Vertragspartner bemühen sich, eventuelle Streitigkeiten gütlich zu regeln. Kann keine Einigung erzielt werden, sind die staatlichen Gerichte zuständig. Gerichtsstand ist ...

5.5 Dieser Vertrag wird in zwei Exemplaren – eines für den Hauptsponsor, eines für das OK – ausgestellt und gegenseitig unterzeichnet.

Für das OK   Für den Hauptsponsor
Ort, Datum   Ort, Datum

Bausteine für einen Ökosponsoring-Vertrag

Vereinbarung

Zwischen der gemeinnützigen Vereinigung ... (nachfolgend Projektträger genannt) und der Firma ... (nachfolgend Sponsor genannt), wird folgende Vereinbarung geschlossen:

1 Das Projekt

1.1 Der Projektträger ist zuständig für die Planung, Konzeption und Realisierung des Ökoprojektes ...

1.2 Die Details des Projektes sind niedergelegt im Konzeptpapier im Anhang zu dieser Vereinbarung.

1.3 Die Projektkosten belaufen sich gemäss detailliertem Budget auf total Fr. ...

1.4 Die Laufzeit des Projektes ist auf fünf Jahre veranschlagt. Die Kosten schlüsseln sich wie folgt auf:

Jahr 1: Fr. ...   Jahr 2: Fr. ...   Jahr 3: Fr. ...   Jahr 4: Fr. ...   Jahr 5: Fr. ...

2 Die Leistungen des Sponsors

2.1 Der Sponsor verpflichtet sich, das Projekt gesamthaft mit einer Zahlung von Fr. ... zu unterstützen. Die Unterstützung wird in jährlichen Beiträgen von Fr. ..., jeweilen zahlbar per ..., geleistet.

2.2 Der Sponsor verpflichtet sich, in seiner Kommunikationsarbeit regelmässig auf den Fortgang des gesponserten Projektes hinzuweisen. Hierunter verstehen die Vertragsparteien:

■ PR-Beiträge in der Haus- und Kundenzeitschrift des Sponsors

■ Hinweise an die Mitarbeiter des Sponsors

■ Hinweise in Informationen an den Aussendienst des Sponsors

2.3 Der Projektträger erteilt jeweilen das «Gut-zum-Druck» für alle Text- und Bildbeiträge, die im Rahmen der Kommunikationsarbeit des Sponsors verwendet werden.

2.4 Der Sponsor verpflichtet sich, während der Laufzeit des Vertrages keine Produktions- oder Kommunikationsmassnahmen zu treffen, die den Ideen und dem Ansehen des Projektträgers Schaden zufügen.

[Bausteine für einen Ökosponsoring-Vertrag]

3   Die Leistungen des Projektträgers

3.1   Der Projektträger stellt dem Sponsor für die Beiträge eine Spendenquittung aus.

3.2   Der Projektträger verpflichtet sich, den Spendenbeitrag ausschliesslich zweckgebunden zu verwenden.

3.3   Der Projektträger informiert den Sponsor zweimal jährlich über den Fortgang des Projektes.

3.4   Der Projektträger lädt einen Vertreter des Sponsors ein zur Teilnahme an der jährlichen Generalversammlung des Projektträgers sowie zur Teilnahme an der anschliessenden Medienorientierung.

3.4   Der Projektträger weist in seiner Kommunikationsarbeit in angemessener Weise auf die Unterstützung seiner Arbeit durch den Sponsor hin. Hierunter verstehen die Vertragsparteien:

■ Hinweise in den Presseverlautbarungen des Projektträgers

■ Hinweise in den Rundschreiben an die Mitglieder des Fördervereins

■ Hinweise in der Projektdokumentation

3.5   Das «Gut-zum-Druck» für die entsprechenden Texte und Bilder erteilt der Projektträger in Absprache mit dem Pressebeauftragten des Sponsors.

3.6   Der Projektträger sichert dem Sponsor zwei Freiplätze an seinen jährlich einmal stattfindenden Fachtagungen zu.

Der Sponsor   Der Projektträger
Ort, Datum   Ort, Datum

Bausteine für einen Kultursponsoring-Vertrag

Die Firma XYZ, vertreten durch …, (nachfolgend Sponsor genannt) und
das Museum …, vertreten durch …, (nachfolgend Museum genannt), schliessen folgenden Sponsoringvertrag:

1   Das Projekt

1.1   Der Sponsor übernimmt das Patronat über die Ausstellung …, die vom Museum konzipiert und realisiert wird. Die Einzelheiten des Ausstellungskonzeptes sind festgehalten im beiliegenden Projektpapier, das integrierter Bestandteil dieses Vertrages ist.

1.2   Das Museum verpflichtet sich, die Ausstellung bis zum … zu realisieren.
Die Eröffnung der Ausstellung ist vorgesehen per …
Die Ausstellung wird in … vom … bis am … gezeigt.

1.3   Anschliessend geht die Ausstellung wie folgt auf Tournee:
Vom … bis … im Museum … in …; vom … bis … im Museum … in …

2   Die Leistungen des Sponsors

2.1   Der Sponsor unterstützt das Ausstellungsprojekt als Hauptsponsor mit einem Betrag von Euro …, zahlbar in drei Tranchen von je Euro … wie folgt:
Bei Vertragsunterzeichnung Euro …
Bei Abschluss der Projektarbeiten Euro …
Bei Ausstellungseröffnung Euro …

2.2   Der Sponsor verpflichtet sich, das Museum ausserdem in folgender Weise zu unterstützen:

2.3   Durch Übernahme der grafischen Gestaltungsarbeiten an Plakat, Prospekt, Katalog und Einladungskarten.

2.4   Durch Stellung einer Kommunikationsfachkraft, die das Museum bei der Umsetzung der Presse- und Promotionsmassnahmen unterstützt, und zwar für den Zeitraum von … bis …

2.5. Durch Stellung der Büroinfrastruktur am Hauptsitz des Sponsors im Zeitraum von … bis …

2.6   Durch Stellung von Schaufensterflächen in angemessenem Rahmen in den Filialen des Sponsors an jenen Orten, an denen die Ausstellung gezeigt wird.

3   Die Leistungen des Museums

3.1   Das Museum gewährt dem Sponsor Branchenexklusivität.

3.2   Das Museum verpflichtet sich, den Sponsor in allen Pressemitteilungen zu erwähnen.

[Bausteine für einen Kultursponsoring-Vertrag]

3.3 Das Museum räumt einem Sprecher des Sponsors die Möglichkeit ein, an der Eröffnungspressekonferenz ein kurzes Statement abzugeben.

3.4 Das Museum räumt dem Sponsor das Recht ein, der Pressemappe zur Ausstellungseröffnung einen PR-Text von maximal zwei Seiten Länge beizulegen.

3.5 Das Museum räumt dem Sponsor das Recht ein, für Mitarbeiter oder Kunden eine besondere Vernissage durchzuführen. Über den Zeitpunkt und die Einzelheiten der Durchführung verständigen sich die Partner bis spätestens drei Monate vor Ausstellungseröffnung.

3.6 Das Museum verpflichtet sich, in seinen Kommunikationsmassnahmen Name und Logo des Sponsors wie folgt einzusetzen:

in ... Punkt Schrift auf dem Plakat B4 des Museums

in ... Punkt Schrift auf dem Umschlag und dem Haupttitelblatt des Kataloges

in ... Punkt Schrift auf dem Prospekt der Ausstellung

in ... Punkt Schrift auf der Einladung zur Vernissage

in ... Punkt Schrift auf den Fassaden-Transparenten des Museums

in ... Punkt Schrift in den Veranstaltungsanzeigen des Museums

in ... Punkt Schrift auf der Präsentation des Museums in Internet

3.7 Das Museum verpflichtet sich, dafür besorgt zu sein, dass in allen Kooperationsverträgen mit den Museen, die die Ausstellung im Rahmen der landesweiten Tournee zeigen, die in Paragraf 3 vereinbarten Rechte des Sponsors gewahrt werden.

4 Besondere Bestimmungen

4.1 Sponsor und Museum vereinbaren, die Kriterien der Erfolgskontrolle gemeinsam zu erarbeiten und die Evaluation spätestens drei Monate nach Ablauf der letzten Ausstellung gemeinsam durchzuführen.

4.2 Dieser Sponsoringvertrag tritt am ... in Kraft. Er erlischt drei Monate nach Ablauf der letzten Ausstellung, spätestens aber zum ...

4.3 Werden durch Änderungen in der Ausstellungskonzeption einzelne Teile dieses Vertrages hinfällig, so ist der Vertrag als Ganzes davon nicht betroffen.

4.4 Gerichtstand ist .... Es gilt österreichisches Recht.

4.5 Der Vertrag wird in zwei Ausfertigungen erstellt, eine für den Sponsor und eine für das Museum.

..., den ...   ..., den ...

Der Sponsor   Das Museum

Beispiel für einen Mediensponsoring-Vertrag

Sponsoringvereinbarung

Zwischen dem TV-Veranstalter (nachstehend Medium genannt)
und der Firma ..., (nachstehend Sponsor genannt).

1 Ingress

Im gegenseitigen Einvernehmen, dass

- im Rahmen der gesetzlichen Bestimmungen und der jeweils gültigen Konzession des Mediums ein qualitativ hochwertiges, in das Erscheinungsbild des Mediums passendes Sponsoring angestrebt wird
- mit der vorliegenden Vereinbarung in keiner Weise in die redaktionelle Freiheit des Mediums eingegriffen werden soll und die Sponsoren ausser den vertraglich ausdrücklich vereinbarten, keinerlei wie auch immer geartete Rechte an den Produktionen des Mediums erwerben
- durch das Sponsoringengagement beim Medium und durch allfällig vereinbarte weitere Massnahmen ausserhalb des Mediums das Ansehen der Sponsoren und ihrer Marken in der Öffentlichkeit erhöht werden soll, haben die Partner, gestützt auf das Gesetz ... und der entsprechenden Verordnung vom ... folgende Abmachungen getroffen:

2 Vertragsgegenstand

2.1 Der Sponsor tritt bei den eigenprogrammierten Sendungen ... (Sendetitel) produziert durch das Medium, vom ... bis ... (Sponsoringdauer) als Sponsor auf.

2.2 Während der Sponsoringdauer werden ... Sendungen ausgestrahlt.

2.3 Die Identifikationszeichen des Sponsors: (Sponsorlogo).

2.4 Die redaktionelle Verantwortung liegt ausschliesslich beim Medium.

3 Die Leistungen des Mediums für den Sponsor

3.1 Die Leistungen des Mediums gelten für Erstsendungen, allfällige eigenprogrammierte Wiederholungen und zeitverschobene integrale Ausstrahlungen auf anderen Ketten des Mediums während der oben genannten Sponsoringdauer, ohne dass eine Wiederholung garantiert wird.

[Beispiel für einen Mediensponsoring-Vertrag]

3.2 Voranzeigen / Billboards / Reminders / Inserts

Innerhalb der rechtlichen und konzessionsrechtlichen Bestimmungen wird der Sponsor wie folgt genannt:

mindestens eine Voranzeige zwischen 17:45 und 23:15 h beim Medium pro Erstsendung mit einer fixen Logo-Abbildung (1/16 der Bildschirmhöhe) im Schluss-Standbild von 4 Sekunden

1 mal 8 Sekunden Billboard (bewegt) unmittelbar vor Sendebeginn

1 mal 8 Sekunden Billboard (bewegt) unmittelbar nach Sendeschluss

1 mal 8 Sekunden Reminder (bewegt) vor und nach einer Sendeunterbrechung (zum Beispiel bei der Pause, Unterbrecherwerbung)

mindestens 6 × 4 Sekunden Insert nonverbal mit manueller Eingabe bei den Live-Sportsendungen

3.3 *Gemeinsame Presse- und Öffentlichkeitsarbeit*

Die Pressearbeit zum Sponsoring der Sendung wird zwischen dem Medium und dem Sponsor abgesprochen, wobei die Federführung beim Medium liegt. Der Sponsor ist grundsätzlich berechtigt, in der Begleitwerbung auf sein Sponsoringengagement hinzuweisen. Alle Werbeaktivitäten des Sponsors, die einen Bezug zur Sendung, zum Moderator der Sendung oder sonst mit dem Medium in Verbindung gebracht werden, sind vorgängig mit dem Medium partnerschaftlich zu besprechen.

3.4 *Weitere Leistungen*

Der Sponsor erhält folgende weitere Leistungen:

In der Sendung erscheint exklusiv nur der Sponsor für Leistungen gemäss 3.2. Der Sponsor hat das Vorrecht, den letzten bzw. den ersten Spot im vorangehenden bzw. nachfolgenden Werbeblock zu belegen bzw. sinngemäss für Spots in Pausen. Die Präferenzplatzierung wird gewährleistet, sofern die Buchung innerhalb von zwei Wochen nach Veröffentlichung des offiziellen Angebots erfolgt. Zur definitiven Buchung ist eine separate Vereinbarung notwendig.

Bei allfälligen Zusammenfassungen von Liveübertragungen, die als eigene Sendungen programmiert sind (zum Beispiel Mittagszusammenfassungen oder zusätzliche Sendungen in der Vertragsdauer) werden vorher und nachher die Billboards zusätzlich und unentgeltlich ausgestrahlt.

Bei jeder Livesendung erhält der Sponsor jeweilen mindestens zehn Sitzplätze für Kunden und Mitarbeiter.

Der Sponsor hat während der Sponsoringdauer das Recht auf mindestens eine VIP-Führung für maximal 20 Personen mit Einblick hinter die Kulissen des Mediums.

[Beispiel für einen Mediensponsoring-Vertrag]

Der Sponsor erhält das Recht zur Herausgabe von Merchandising- bzw. Sende-begleitartikeln zur gesponserten Sendung, wobei das Medium mittels separa-tem Lizenzvertrag an den Verkaufserlösen beteiligt wird und der Informations-hinweis live in oder bei der Sendung erfolgt.
Der Moderator der Sendung wird berechtigt, in der Begleitwerbung des Spon-sors zu erscheinen. Das Medium wird über die geplanten Tätigkeiten im Voraus informiert. Dazu ist eine separate Vereinbarung zwischen dem Moderator und dem Sponsor notwendig.

4   Urheberrecht

4.1   Sämtliche Rechte an den Programmen und allfälligem Begleitmaterial verblei-ben beim Medium.

4.2   Die Einräumung weiterer Nutzungsrechte an den Programmen sowie die Ab-tretung von Nutzungsrechten an Dritte bedürfen einer besonderen Vereinba-rung zwischen den Parteien.

4.3   Der Sponsor stellt das Medium von sämtlichen Forderungen, die sich aus sei-nem Sponsoringengagement ergeben könnten, frei (einschliesslich Rechtsver-teidigung). Dies betrifft insbesondere die Verwendung von Signeten, Logos, Fotografien usw. des Sponsors.

5   Verwertung

5.1   Die allfälligen Verwertungserlöse verbleiben vollumfänglich beim Medium.

6   Zahlungskonditionen

6.1   Der Beitrag des Sponsors von Euro ... (in Worten Euro ...) für die Leistungen 3.1 bis 3.4 wird mit Rechnungstellung durch das Medium an den Sponsor wie folgt fällig:
Euro ... zuzügl. MWSt. per ... auf Rechnungstellung von Medium
Euro ... zuzügl. MWSt. per ... auf Rechnungstellung von Medium

7   Kreation, Produktion und Ablieferung der Billboards

7.1   Der Sponsor räumt dem Medium folgende Ausstrahlungsrechte ein: unbe-schränkte Anzahl für Billboard und Reminder während der Sponsoringdauer.

7.2   Das Medium ist berechtigt, das Werk über sämtliche ihm zur Verfügung ste-henden Senderketten (einschliesslich Satellitenfernsehen) auszustrahlen. Der

[Beispiel für einen Mediensponsoring-Vertrag]

Sponsor erklärt, über alle Rechte im Zusammenhang mit diesem Nutzungs-zweck zu verfügen, und stellt das Medium von sämtlichen Forderungen (aus-genommen derjenigen der urheberrechtlichen Verwertungsgesellschaften) in Zusammenhang mit diesen Ausstrahlungsrechten (einschliesslich Rechtsvertei-digung) frei.

7.3 Das Billboard wird auf Kosten des Sponsors produziert. Die Abnahme des defi-nitiven Storyboards und Billboards erfolgt durch das Medium innert 14 Tagen; die Abnahme erfolgt in inhaltlicher, gestalterischer und rechtlicher Hinsicht. Ohne Verweigerung der Abnahme innert 14 Tagen gilt das Billboard als ange-nommen. Die Billboard-Elemente dürfen nicht für einen TV-Spot verwendet werden.

8 Haftung

8.1 Fallen Programme ganz oder teilweise, aus welchen Gründen auch immer, (zum Beispiel auch aus Verschulden des Mediums) aus, so werden dem Sponsor bereits zur Verfügung gestellte Leistungen/Entgelte ganz oder teilweise zurückgegeben bzw. unverzinst zurückerstattet. Aus der Tatsache der Nicht-Sendung können darüber hinaus keinerlei Schadenersatz- oder sonstige An-sprüche geltend gemacht werden.

8.2 Eine Verschiebung des Programms aus Programmierungsgründen wird dem Sponsor mitgeteilt. Bei technischem Ausfall eines Teils der Sender wird dem Sponsor das Entgelt für das ausgefallene Sponsoringangebot anteilmässig und unverzinst zurückerstattet, wenn die ausgefallenen Ausstrahlungen mehr als 10 % der amtlich gemeldeten Teilnehmer nicht erreichen konnten. Darüber hinausgehende Ansprüche bestehen nicht.

9 Vertraulichkeit

9.1 Allfällige Pressemitteilungen über diese Vereinbarung erfolgen nur in gemein-samer Absprache zwischen dem Medium und dem Sponsor. Die Federführung liegt bei dem Medium.

10 Erfolgskontrolle

10.1 Der Sponsor erhält im Anschluss an die Übertragungen die Durchschnittswerte der Zuschauerdaten der Sendung (Telecontrol-Daten).

[Beispiel für einen Mediensponsoring-Vertrag]

11 Option

11.1 Dem Sponsor wird eine Option auf die Verlängerung dieser Vereinbarung um ein Jahr eingeräumt. Die Option verfällt am ... Bei Verlängerung dieser Vereinbarung um ein Jahr wird der Betrag der zwischenzeitlichen Teuerung angepasst.

12 Vorbehalt

12.1 Falls nach den im heutigen Zeitpunkt noch nicht abschliessend bekannten Verpflichtungen aus dem TV-Übertragungsvertrag zwischen dem Medium und dem veranstaltenden Rechteinhaber (Verband, OK, Agentur usw.) Auflagen erwachsen, welche die Erfüllung des vorliegenden Vertrages verunmöglichen, so werden dem Sponsor bereits zur Verfügung gestellte Leistungen/Entgelte im Rahmen der gesetzlichen Bestimmungen ganz oder teilweise zurückerstattet. Aus diesem Vorgang können darüber hinaus keinerlei Schadenersatz- oder sonstige Ansprüche geltend gemacht werden.

13 Änderungen bzw. Nebenabreden

13.1 Änderungen an dieser Vereinbarung bzw. Nebenabreden bedürfen der Schriftform und müssen aufseiten des Sponsors und des Mediums von derjenigen Instanz unterzeichnet sein, die schon im vorliegenden Vertrag unterzeichnet hat.

14 Anwendbares Recht

14.1 Der Vertrag untersteht ausschliesslich deutschem Recht.

15 Gerichtsstand

15.1 Erfüllungsort und ausschliesslicher Gerichtsstand ist ...
Durch diesen Vertrag wird weder eine Gesellschaft irgendeiner Rechtsform noch ein gesellschaftsähnliches Rechtsverhältnis zwischen den Vertragsparteien begründet.

Ort, Datum   Ort, Datum
Das Medium   Der Sponsor

Die Zusammenarbeit mit PR- und Sponsoring-agenturen

Warum auch interne PR-Abteilungen mit Agenturen zusammenarbeiten

Da der Trend zum Sponsoring im Rahmen des Kommunikationsmix immer wichtiger wird, steigt auch die Zahl der auf Sponsoring spezialisierten Agenturen weiterhin an. Parallel zum Wachstum des Marktes sind in den letzten Jahren aber auch die Komplexität der mit Sponsoringmassnahmen verbundenen Projekte sowie die Kundenbedürfnisse deutlich gestiegen. Auch grosse Firmen und international operierende Unternehmensgruppen entscheiden sich deshalb immer öfter für eine Zusammenarbeit mit spezialisierten Sponsoringagenturen.

Die Gründe für die Zusammenarbeit mit einer externen Agentur

1. Das Fehlen von internem Sponsoring-Know-how
2. Fehlendes oder ungenügendes eigenes Beziehungspotenzial
3. Entlastung der internen PR-Abteilung
4. Ausschalten der internen «Betriebsblindheit»

5. Die Notwendigkeit, in internationalen Firmen auch mit internationalen Sponsoringkonzepten zu arbeiten
6. Die Komplexität der Aufgaben, die den Einsatz von mehreren Spezialisten zur gleichen Zeit und an mehreren Orten erfordert, zum Beispiel wenn die Vermarktung von Event- und Übertragungsrechten in einem Sponsoringpaket integriert sind

Entscheidend für die Wahl der Zusammenarbeit mit einer spezialisierten Agentur ist sehr häufig die Tatsache, dass man zwar seit Jahren Sponsoring betreibt, ohne jedoch geprüft zu haben, ob Sponsoring überhaupt die richtige Kommunikationsmassnahme darstellt, ob die gewählte Sponsoringtätigkeit zielgruppengerecht ist oder ob die flankierenden Massnahmen auf das Gesamtkonzept abgestimmt und im Rahmen der Budgets vertretbar sind. Von der Zusammenarbeit mit einer Agentur erhoffen sich also die meisten Unternehmen nicht zuletzt auch eine gründliche Überprüfung und Rationalisierung ihrer eigenen Sponsoringtätigkeit.
Aufseiten des Gesponserten ist der Auslöser vorerst meistens die akute Finanznot und die Erkenntnis, dass eines oder mehrere Projekte wegen fehlendem Know-how und mangelndem Beziehungsnetz nicht zu realisieren sind.

Was Sie wissen sollten, wenn Sie mit einer Agentur zusammenarbeiten

Mit einer Agentur zusammenzuarbeiten, bedeutet, nicht nur Aufgaben, sondern auch Erfahrungen und Know-how nach aussen zu verlagern. Das heisst, Erfahrungen, die im Laufe eines oft über mehrere Monate oder gar Jahre laufenden Projektes zu gewinnen sind, sollten nach Möglichkeit nicht vollumfänglich aus dem eigenen Unternehmen abfliessen. Es liegt im Interesse einer langfristigen partnerschaftlichen Zusammenarbeit, dass das den Sponsoring-Beratungsauftrag vergebende Unternehmen die Chance hat, an diesem Projekt auch selbst zu wachsen. Die hauptsächlichsten Nachteile einer Zusammenarbeit bleiben aber:

■ Es ist oft schwierig, in der zur Verfügung stehenden Zeit überhaupt Know-how zu organisieren
■ Informationstransfer bedeutet immer auch Informationsverlust
■ Information und Know-how werden nach aussen verlagert, statt dem eigenen Betrieb erhalten zu bleiben

- Die Zusammenarbeit mit «Externen» stösst in-house sehr oft auf Unverständnis und Ablehnung
- Kosten, Budgetprobleme

Eine Agenturentypologie

Die Agenturen unterscheiden sich im Wesentlichen nach den Leistungen, die sie offerieren. Wir kennen die drei folgenden Hauptgruppen von Agenturen:

Agenturen, die Beraterdienste anbieten
für Sponsoren und für Gesponserte. Ihre Hauptaufgabe besteht in der Unterstützung und Problemlösung. Im Falle des Gesponserten liegt der Nutzen primär darin,

- dass in kurzer Zeit die strukturellen Voraussetzungen geschaffen werden für ein beiderseitig befriedigendes, lang andauerndes paritätisches Verhältnis mit dem Sponsor

Im Falle des Sponsors ist der Nutzen klar:

- Den richtigen Entscheid zu treffen, sich im richtigen Zeitpunkt für den richtigen Gesponserten zu entscheiden, heisst zuerst einmal,
  - Geld zu sparen
  - Investitionen zu optimieren
  - und den erwünschten Return in kürzestmöglicher Zeit und mit längst möglicher Wirkung sicherzustellen

Agenturen, die als Händler von Rechten auftreten
Sie erwerben Nutzungsrechte, zum Beispiel Übertragungsrechte oder Lizenzen und/oder bringen Sponsoren und Gesponserte zusammen. Für den Gesponserten bedeutet dies zumeist vor allem

- schnell und effizient Geld zu finden
- sowie die Sicherheit, gerade im Hinblick auf wiederkehrende Einkünfte, professionelle und transparente Abrechnungen zu erhalten

Die Vorteile der Zusammenarbeit auf Sponsorenseite liegen in der Chance stets neuer Kontakte zu wichtigen Imageträgern und zu Veranstaltern von Events, die das Beziehungsnetz des Sponsors kontinuierlich erweitern.

Full-service-Agenturen

Sie beraten Sponsoren und Gesponserte von der ersten Konzeption über die Einrichtung von Sponsorships und der Medienbetreuung bis zur Erfolgskontrolle nach abgeschlossener Aktion. Der Nutzen für den Gesponserten liegt in der

- umfassenden, praktischen Problemlösung, die ihm Sponsoringmöglichkeiten eröffnet, die er selbst sonst nicht kennen würde. Bei einem lang andauernden Auftragsverhältnis und international ausgerichteten Aufgaben bedeutet die Zusammenarbeit auch
- die Entlastung von steuerlichen, juristischen und organisatorischen Fragen, die einen Auftraggeber ohne Spezialwissen und ohne entsprechende personelle Ressourcen schnell einmal überfordern

Dem Sponsor garantiert die Zusammenarbeit mit einer Durchführungsagentur die handwerklich einwandfreie, professionelle Umsetzung seiner Sponsoringstrategie, ohne dass der eigene Mitarbeiterstab ständig den veränderten Bedürfnissen angepasst zu werden braucht.

Der erste und der zweite Typ von Agenturen überlappen sich sehr oft. In der Schweiz, in Deutschland und in Österreich sind es in der Regel die gleichen Agenturen, die sowohl die Beratung wie die Durchführung anbieten.

So finden Sie die richtige Agentur

Am Anfang jeder Agentursuche steht das «Monitoring», die kontinuierliche und systematische Beobachtung Ihres relevanten Marktes und die laufende Auswertung der Ergebnisse. Monitoring im Hinblick auf die Zusammenarbeit mit einer Agentur bedeutet, dass Sie über einen länger anhaltenden Zeitraum Material sammeln zu den Themen Sponsoring, Kommunikation und PR. Sie können das tun, indem Sie laufend interessante Artikel sammeln, bearbeiten und im Hinblick auf Ihre Bedürfnisse auswerten und dann ablegen. Sie können Ihr «Archiv» manuell mithilfe einer einfachen Ordnerablage aufbauen. Beim heutigen Stand der PC-Technik und der heutigen Preisentwicklung für Peripheriegeräte lohnt sich bei grösserem Informationsanfall aber schon bald die Anschaffung eines Scanners, der die elektronische Ablage, den schnellen Zugriff und die problemlose Verarbeitung grösserer Datenmengen erlaubt. Wie immer Sie Ihr Monitoring technisch bewältigen, wichtig ist, dass es Ihnen hilft, die folgenden Fragen zu beantworten:

- Welches sind die Agenturen, die überhaupt infrage kommen?
- Wie viele von ihnen gibt es?
- Wo sind sie geografisch? In der Nähe? Weit entfernt?
- Wie gross sind die einzelnen Agenturen?
- Wie viele Mitarbeiter beschäftigen die fraglichen Agenturen?
- Welches Profil haben die einzelnen Mitarbeiter?
- Welches Profil haben die Kunden dieser Agenturen?
- Worin unterscheiden sich die einzelnen Agenturen?
- Welche Agenturen sind regional, welche national und welche international verankert?

Schon vor der Kontaktaufnahme mit einer Agentur ist es vorteilhaft zu wissen, was uns als Gesponserten erwarten wird. Es lohnt sich deshalb auf jeden Fall, mit den fraglichen Verbänden Kontakt aufzunehmen:

- regionale oder nationale PR-Gesellschaft
- regionaler oder nationaler Branchenverband

Eine nützliche Informationsquelle stellen auch die Fachzeitschriften dar. Das Angebot an Fachzeitschriften ist heute zwar fast unübersehbar geworden. Die Berufsverbände und die grösseren Fachbuchhandlungen sowie Fach- und Universitätsbibliotheken können aber weiterhelfen. Oft finden Sie sogar in Bahnhofs- und Flughafenkiosken eine erstaunlich breite Auswahl von betriebswirtschaftlich und managementorientierten Fachzeitschriften mit wertvollen Hinweisen auf die Arbeit guter Spezialagenturen.
Ein Telefonat mit dem Chefredaktor oder mit Mitarbeitern, die meistens über hervorragende Branchen-Kontakte verfügen, führt oft zu Ratschlägen oder Empfehlungen, die professionell, sehr praxisnah, auf eigene Erfahrungen abgestützt und deshalb so in keinem Buch zu finden sind.
Ein anderer Weg führt über informelle Gespräche mit Kunden von Agenturen. Das erfordert allerdings bereits eine gewisse Marktübersicht. Wenn Sie aber im Rahmen Ihres Monitorings von vergleichbaren Beispielen aus verwandten Branchen gehört oder gelesen haben, sind die Kommunikationsverantwortlichen der involvierten Firmen, Vereine, Verbände oder Organisationen in der Regel gerne bereit, Auskünfte über die Zusammenarbeit mit den von ihnen betrauten Agenturen zu geben.
Es lohnt sich, hier nichts dem Zufall zu überlassen und sich selbst rechtzeitig vor dem ersten Kontakt mit einer Agentur ein möglichst umfassendes Bild dessen zu machen, was wir von unserem künftigen Gesprächspartner erwarten dürfen.

Was eine Sponsoringagentur für Sie tun kann

Bevor Sie sich Überlegungen zur Wahl Ihrer künftigen Agentur machen, sollten Sie eine klare Vorstellung davon haben, was die Agentur für Sie leisten kann. Nachfolgend sind die wichtigsten Dienstleistungen aufgelistet, die Agenturen Sponsoringnehmern und Sponsoren anbieten.

Für den Sponsoringnehmer:

- Erstellung von Sponsoringrichtlinien und Sponsoringkonzepten
- Sponsoringberatung für Vereine, Clubs, Gruppierungen, Verbände und Organisationen im Hinblick auf Verhandlungen mit potenziellen Sponsoren
- Marktbeobachtung bezüglich Sponsoringaktivitäten ähnlich situierter Auftraggeber innerhalb der gleichen oder verwandter Tätigkeitsfelder
- Sponsoringberatung von Einzelpersonen wie Sportlern oder Künstlern
- Steuer- und Finanzberatung für Sponsoringnehmer
- Medienberatung und Medientraining für Einzelpersonen und für Sponsoringverantwortliche von Organisationen, Gruppen, Vereinen und Verbänden
- Sponsoring-Generalunternehmung für Sportveranstaltungen, Events, Benefizanlässe, Ausstellungen, Konzerte usw.

Für den Sponsor:

- Erstellung von Sponsoringrichtlinien und Sponsoringkonzepten für Firmen, für einzelne Produkte und Produktgruppen, staatliche Stellen und andere Auftraggeber
- Marktbeobachtung bezüglich Sponsoringaktivitäten der Konkurrenz
- Markteinschätzungen auf verschiedenen internationalen Märkten bezüglich örtlicher Spezialitäten, Präferenzen, Mentalitäts- und kulturellen Unterschieden
- Suchen von potenziellen Sponsoringnehmern, die den Anforderungen gemäss Sponsoringplanung entsprechen
- Scannen der entsprechenden Umfelder im Hinblick auf neue Sport- und Kulturtalente
- Planen, Koordinieren, Durchführen und Evaluieren von einzelnen Sponsoringmassnahmen
- Beraten der Geschäftsleitung und der Kommunikationsverantwortlichen in allen Sponsoringfragen
- Verwalten der Sponsoringbudgets

- Koordination der Sponsoringmassnahmen mit anderen Kommunikations-massnahmen der beauftragten Unternehmen
- Medienarbeit im Bereich des Sponsorings
- Kontrolle der Sponsoringtätigkeiten
- Erstellen von Vorschlägen für künftige Sponsorships

Sowohl für den Gesponserten wie für den Sponsor:

- Planung, Realisierung und Vermarktung von Projekten, Veranstaltungen und Events
- Planung und Realisierung flankierender Kommunikationsmassnahmen
- Erfolgskontrolle für Sponsoringnehmer und für Sponsoren
- Ausarbeitung von Erfahrungsberichten und Änderungsvorschlägen für Gesponserte und für Sponsoren im Hinblick auf spätere Sponsoringaktivi-täten

So treffen Sie die richtige Agenturwahl

Bei der Suche und der Wahl einer geeigneten Agentur sollten Sie sich nicht nur von Ihren eigenen Gefühlen leiten lassen. Der erste, zumeist subjektive Eindruck ist zwar ausserordentlich wichtig. Ein strukturiertes Vorgehen gibt Ihnen aber zusätzlich die Sicherheit, keine wichtigen Kriterien zu vergessen. Hier folgt eine Checkliste, anhand derer Sie Ihren ersten Gesprächstermin vorbereiten können:

- Ist die Agentur für Sie schnell erreichbar, das heisst geografisch in Ihrer Nähe?
- Verfügt die Agentur überhaupt über das entsprechende Kommunikations-Know-how?
- Wie gross ist die Erfahrung der Agentur auf dem Spezialgebiet Sponso-ring?
- Welchen Ruf hat die Agentur in der Sponsoringszene?
- Hat sich die Agentur auf einen bestimmten Sponsoringbereich speziali-siert?
- Welches sind die Stärken, welches die Schwächen der Agentur?
- Offeriert die Agentur ein Full-service-Angebot?
- Hat die Agentur eine regionale, nationale oder internationale Ausrich-tung?
- Wie gross ist das regionale, nationale oder internationale Beziehungsnetz der Agentur?

- Wie gross ist das Beziehungspotenzial bei den Medien in jenen Gebieten, die für Ihre Zwecke wichtig sind?
- Können Sie über längere Zeit hinweg immer mit demselben Ansprechpartner zusammenarbeiten?
- Wie ist die Agentur zurzeit ausgelastet?
- Werden Sie ein wichtiger Kunde sein? Oder ein unwichtiger? Einer von wie vielen?
- Wie verträgt sich ein künftiges Mandat mit den bestehenden Mandaten der Agentur?
- Könnten Sie sich mit der Philosophie der Agentur identifizieren?
- Könnte die Agentur sich mit Ihrer Geschäftsphilosophie identifizieren?
- Verfügt die Agentur über eine Organisationsstruktur, die jederzeit eine zuverlässige Projektkontrolle garantiert?
  die laufende Projekte ständig kritisch beurteilen kann?
  die eine ständige Übersicht über die Kosten zulässt?
- Entsprechen die offerierten Kosten sowie das Abrechnungsmodell Ihren Budgets und Ihren Vorstellungen?
- Sind die EDV-Mittel der Agentur ggf. mit Ihren eigenen kompatibel?

Wenn Sie jetzt zwei oder drei Agenturen kennengelert haben, dann ist die nächste Frage:

Welche ist für Ihre speziellen Bedürfnisse die richtige?

Es gibt grundsätzlich drei mögliche Auswahlverfahren:

Wenn Sie aufgrund einer Empfehlung oder aufgrund Ihres persönlichen Eindruckes entscheiden
Die Entscheidung aufgrund einer Empfehlung, gestützt durch Ihren persönlichen Eindruck anlässlich des ersten Gespräches, braucht nicht notwendigerweise schlecht, weil subjektiv, zu sein. Sie müssten sich aber klar darüber sein, dass die Person, die Ihnen eine Empfehlung abgegeben hat, möglicherweise von einer anderen Ausgangslage, einer anderen Problemstellung und anderen zeitlichen und gegebenenfalls auch finanziellen Vorgaben ausgegangen ist. Sie wissen ausserdem meistens nicht, ob der Mandatsträger inzwischen möglicherweise gewechselt hat.

Wenn Sie erst nach einer Agenturpräsentation entscheiden
Wichtige zusätzliche Informationen liefert Ihnen aber das zweite Vorgehen: Bei einer Agenturpräsentation lernen Sie nicht nur die leitenden Mitarbeiter, sondern auch die für Ihr Projekt künftig Verantwortlichen direkt kennen. Vor allem erfahren Sie etwas über die Art und Weise, in der an Ihrem Projekt gearbeitet würde, und Sie bekommen mit, an welchen anderen Projekten für welche anderen Kunden die Agentur arbeitet. Der grosse Vorteil besteht nicht zuletzt darin, dass Sie mehreren Mitarbeitern der Agentur ganz gezielte Fragen im Hinblick auf Ihr eigenes Projekt stellen können. Die Agenturpräsentation bringt Ihnen zwar noch keine konkreten Lösungsvorschläge, sie zeigt aber, wenn die Agentur wirklich an Ihrem Mandat interessiert ist, erste Ansätze. Sie ist damit ein guter Gradmesser bezüglich Fähigkeit, sich mit Ihrem Problem zu identifizieren. Die Agenturpräsentation kostet Sie nichts.

Wenn Sie aufgrund einer Konkurrenzpräsentation entscheiden
Die dritte Möglichkeit ist die Konkurrenzpräsentation. Sie erfordert Ihrerseits ein detailliertes Briefing aller dazu eingeladenen Agenturen. Präsentationen, die konkrete, das heisst verwertbare Vorschläge für Ihre Problemlösung präsentieren sollen, sind entsprechend aufwendig und kosten in der Schweiz mehrere Tausend Franken. Der Betrag und der Leistungsumfang werden vor der definitiven Vereinbarung zwischen Ihnen und der eingeladenen Agentur schriftlich fixiert.
Soll die Konkurrenzpräsentation zu umfangreichen, detaillierten, auch strategischen Überlegungen einschliesslich Empfehlungen bzw. zu ausgearbeiteten Konzepten führen, bewegen sich die Kosten je nach Problemstellung in der Grössenordnung des Doppelten bis Dreifachen der oben genannten Summe.
Welches der drei Vorgehen Sie schliesslich wählen, liegt nicht zuletzt an der Wichtigkeit des Projektes, am Umfang der gewünschten Leistungen und natürlich an den zur Verfügung stehenden Budgetmitteln. In vielen Fällen hat sich ein pragmatisches Vorgehen bewährt: Wer mit einer ersten, vielleicht kleineren Sponsoringaufgabe zufrieden war, wird – sofern die Agentur das Potenzial hat, an grösseren Aufgaben zu wachsen, auch mittel- oder langfristig mit der einmal gewählten Agentur wieder zusammenarbeiten.
Wer jahrelang mit einer Agentur zusammengearbeitet hat, wird andererseits gut daran tun, das Instrument der Konkurrenzpräsentation von Zeit zu Zeit ganz gezielt zur notwendigen Überprüfung von Marktnähe, Kreativität und Kosten einzusetzen.

Wie Sie die Zusammenarbeit mit Ihrer Agentur optimieren können

Ob Sie Gesponserter oder Sponsor sind – die einzelnen Schritte der Zusammenarbeit bleiben sich gleich:

- Ausarbeiten des Auftrages
- Formulierung einer Offerte
- Erteilen des definitiven Auftrages
- Erstellen einer Problemanalyse
- Ausarbeiten eines Sponsoringkonzeptes
- Präsentation des Konzeptes
- Durchführung der beschlossenen Massnahmen
- Evaluation
- Abrechnung des Sponsorships

Der Schlüssel zur erfolgreichen, effizienten, kostensparenden und termingerechten Zusammenarbeit liegt im Briefing. Das richtige, umfassende Briefing ermöglicht der von Ihnen gewählten Agentur die gemeinsam festgelegten Sponsoringziele in der vorgegebenen Zeit, mit den vorgegebenen Massnahmen und zu den budgetierten Kosten zu erreichen. Das Briefing enthält sämtliche Informationen, die für die Erfüllung des Auftrages notwendig sind. Je klarer und dennoch detaillierter es ausfällt, desto zielgerichteter kann die Arbeit organisiert werden.

Das Briefing ist die Grundlage der Arbeit an Ihrem Projekt. Es ist kein Zufall, dass der Ausdruck ursprünglich aus der Fliegerei stammt und noch heute die Informationsbeschaffung der Besatzung vor dem Start zum Flug beinhaltet: Wer sein Ziel auf dem kürzesten Weg, sicher, komfortabel, ökonomisch und unter Einberechnung gegebenenfalls unterwegs auftretender Veränderungen ansteuern muss, der kommt ohne Briefing nicht aus.

Was Ihr Briefing alles enthalten sollte

Sie werden Ihre Agentur in der Regel mündlich briefen. Dennoch tun Sie gut daran, in jedem Falle auch schriftliche Dokumente abzugeben. Ein schriftliches Briefing hat den Vorteil, dass das Dokument innerhalb der Agentur zirkulieren kann. Bei international angelegten Projekten mit mehreren beteiligten Mitarbeitern und verschiedenen involvierten Leistungsträgern ist das schriftliche Briefing ohnehin ein «must», weil sonst die klare, unmissverständliche Übermittlung des Auftrages gar nicht garantiert ist.

Checkliste für Ihr Briefing

1 Informationen über Ihr Unternehmen

Die MUSS-Informationen:
- Leitbild
- Marketingplan
- Informationen zur Geschäftspolitik, zu den strategischen Erfolgspositionen und zur Unternehmensphilosophie
- Konkurrenz-Informationen

Die zusätzlichen Informationen:
- Geschäftsbericht
- Publikationsbilanz
- Facts and Figures aus den letzten fünf Jahren
- Organigramm
- Pressespiegel
- Produktübersicht
- Firmenbroschüre
- Hauszeitung, mindestens laufender Jahrgang
- Informationen über die Händlerstruktur
- Händlerinformationen
- Werbeplan
- falls börsenkotiertes Unternehmen:
  Informationen über Kursentwicklung in den letzten drei Jahren

Falls Sie einen Verein, einen Verband, eine Organisation vertreten:
- Satzungen
- Jahresbericht und Rechnung
- Budget des laufenden und des kommenden Jahres

[Checkliste für Ihr Briefing]

- Informationen zur Geschichte und zur Zielsetzung
- Mitgliederbewegung aus den letzten fünf Jahren
- Vereins-, Verbands- oder Organisationsstruktur
- Verfügbare Informationsmittel
- Pressespiegel
- Informationen über ähnliche und befreundete Organisationen in Ihrem Umfeld

2 Informationen über das Sponsoringprojekt

- Projektbeschrieb
- Zielsetzungen
- Zielgruppenbeschrieb
- Daten und Zahlen zur Zielgruppe
- Projektbudget
- Zeitplan
- Liste der am Projekt Beteiligten
- Liste der im Umfeld des Projekts wichtigen Anspruchsgruppen
- Freunde und Kritiker im Umfeld
- Informationen über ähnliche frühere eigene und fremde Vorhaben
- Informationen aus Ihrem Monitoring

Was ich im neunten Kapitel gelernt habe

Woran ich denken muss, wenn ich eine PR- bzw. Sponsoringagentur wähle:

❯ Dass es drei verschiedene Arten von Agenturen gibt.

❯ Dass ich mir mit einem Monitoring die relevanten Informationen rechtzeitig vor dem ersten Gespräch besorgen muss.

❯ Dass ich mich mit einer detaillierten Checkliste auf das Agenturgespräch vorbereite.

❯ Dass ich eine Agenturpräsentation verlange oder sogar eine Konkurrenzpräsentation ausschreibe.

❯ Dass Sponsoring ohne gründliches Agentur-Briefing zum gleichen führen kann, wie ein Flug ohne Briefing der Besatzungen: im besten Fall zu einem kostspieligen Umweg, im schlechtesten Fall zu einem Absturz.

Die Erfolgskontrolle

Warum Erfolgskontrolle im Sponsoring?

Wenn Unternehmen Sponsoring einsetzen, dann wollen sie in der Regel mehrere Ziele erreichen. Die Aufgabe der Sponsoring-Erfolgskontrolle besteht darin, festzustellen, ob und in welchem Grad die formulierten Ziele erreicht worden sind.

Auf der Seite des Gesponserten bietet die Erfolgskontrolle eine hervorragende Gelegenheit, mit dem Sponsor auch nach Abschluss des Sponsorships im Gespräch zu bleiben und zu belegen, dass er sein Geld gut investiert hat. Darüber hinaus ermöglicht die Kontrolle beiden Partnern, auf qualifizierte Art von den Erfahrungen zu lernen, die eigene Arbeit ständig zu verbessern und gleichzeitig eine Datensammlung aufzubauen, die dem Sponsor und dem Gesponserten im Hinblick auf die künftige Arbeit nützliche Dienste leisten wird.

Erfolgskontrollen haben in einer Zeit, die gelernt hat, mit ihren Ressourcen sparsamer umzugehen, im gesamten Wirtschaftsleben an Bedeutung gewonnen. Wer Erfolg haben will im Sponsoring – ob Gesponserter oder Sponsor –, muss der Erfolgskontrolle von Anfang an besondere Aufmerksamkeit schenken. Erfolgskontrolle bedeutet mehr als Massnahmen: Es ist eine Denkhaltung, die als Leitstern über der Zusammenarbeit von Sponsornehmer und Sponsorgeber leuchten soll.

Die wichtigsten Ziele der Sponsoring-Erfolgskontrolle

Die Ziele jeder systematischen Sponsoring-Erfolgskontrolle sind:

- Die Bewertung der eigenen Sponsoringtätigkeit
- Die Schaffung von Grundlagen für die Verbesserung von Planung und Realisierung künftiger Sponsoringaktivitäten
- Die Optimierung der Rentabilität des Sponsorings
- Die Messung der Wirkungsintensität des Sponsorings
- Die Bewertung der Art der erzielten Wirkung des Sponsorings [B.Walliser]

Wir sollten der kontinuierlichen Kommunikation zwischen Sponsor und Gesponsertem eine besondere Bedeutung beimessen, denn gerade im Bereich der Non-Profit-Organisationen bestehen diesbezüglich noch immer grosse Missverständnisse. Allzuoft gehen vor allem Sponsoringnehmer aus dem gemeinnützigen und kulturellen Umfeld mit grossen Hoffnungen und Erwartungen von falschen Voraussetzungen aus. Das Setzen von genauen und messbaren Zielen durch die Sponsoringnehmer selbst ist hier ein probates Mittel, um im Umgang mit potenziellen Sponsoren realistische Erwartungen zu haben.

Die Sponsoren ihrerseits tun gut daran, den Sponsoringnehmern mit klar definierten Zielen zu kommunizieren, was sie gemäss ihren übergeordneten Kommunikationszielen erreichen wollen. Nur so wird auch für Sponsoringnehmer klar ersichtlich, was ein Sponsorship zur Lösung der beiderseitigen Probleme beitragen kann.

Die Hürden der Erfolgskontrolle

Wer Erfolgskontrolle betreibt, sollte sich allerdings auch der Schwierigkeiten und Hindernisse bewusst sein, die unter anderem zu berücksichtigen oder zu überwinden sind:

- Die grosse Anzahl unterschiedlicher Erscheinungsformen des Sponsorings erschwert die Anwendung einheitlicher Bewertungskriterien.
- Die Wirkungsinterdependenzen zwischen verschiedenen Kommunikationsinstrumenten macht die Zuordnung von Ursache und Wirkung nicht leichter.
- Der Zufallscharakter vieler Sponsoringengagements erfordert die nachträgliche Aufstellung verlässlicher Messkriterien.

■ Oftmals verweigern die Entscheider von Sponsoring Erfolgskontrollen, da die eigentliche Entscheidung nicht rational, sondern emotional getroffen wurde.

Die Ausstrahlungseffekte des Sponsorings werden von den Experten als «spill-over effect» bezeichnet. Neben den erhofften Ergebnissen können unabsichtlich auch Einflüsse auf andere, schwer kontrollierbare Variablen entstehen:

■ Ein verzögerter Eintritt der angestrebten Wirkungen, in der Fachsprache «decay effect» genannt

■ Eine langfristige Nachwirkung, das heisst ein sogenannter «carry-over effect»

Speziell wenn Sie Events durchführen, sollten Sie nicht vergessen, dass Bekanntheitssteigerung, Imagegewinn oder Verhaltensänderungen niemals an einem Abend nach erfolgreich durchgeführter Veranstaltung zu messen sind. Da die Bedeutung von Events im Rahmen des Sponsorings markant zunimmt, kann nicht deutlich genug darauf hingewiesen werden, dass jede Sponsoringmassnahme auf mittel- bis langfristige Wirkung hin konzipiert wird und die Kontrollmechanismen darauf Rücksicht zu nehmen haben.
[nach B. Walliser]

Audit-, Prozess- und Ergebniskontrolle

■ Das *Sponsoring-Audit* überwacht die Umsetzung der Sponsoringmassnahmen – und zwar immer unter Berücksichtigung der gesetzten Kommunikationsziele.

■ Die *Prozesskontrolle* überwacht den Ablauf der einzelnen Massnahmen eines Sponsoringengagements.

■ Die *Ergebniskontrolle* misst den Grad der Zielerreichung und die Wirtschaftlichkeit des Engagements. [nach M. Bruhn: EBS Heft 14/1993]

Es ist ein offenes Geheimnis, dass die meisten Firmen sich noch heute mit Ergebniskontrollen allein zufriedengeben und dass das Auszählen von Presseclippings oft die einzige Messung überhaupt darstellt.

Die am meisten angewandten Messverfahren

Die Auswahl möglicher Messverfahren ist gross. Mit den nachfolgend aufgezählten Verfahren lassen sich aber die meisten Kontrollprobleme lösen.

Wir unterscheiden zwischen internen und externen Messverfahren.

Bei den internen Verfahren werden angewandt:

- Befragung der Mitarbeiter
- Qualitative Gespräche mit den Mitarbeitern
- Beurteilung der Leserbriefe in der Betriebszeitung
- Inanspruchnahme der Angebote zum Beispiel von Firmen-Sportgruppen,
- Weiterbildungsangeboten usw.
- Nutzung von speziellen Sponsoringangeboten für die Mitarbeiter
- Rekrutierungserfolg bei Stellenbesetzungen
- Messung der Beteiligung zum Beispiel am innerbetrieblichen Vorschlagswesen
- Beobachtung der Personalfluktuationsrate
- Analyse des Markterfolges (Absatz, Umsatz, Gewinn, Entwicklung Börsenkurs usw.) – diese Analyse und deren Inhalte bzw. Struktur wird immer sehr unternehmensindividuell ausfallen, sowohl hinsichtlich des Detaillierungsgrads als auch bezüglich der einzelnen Bewertungskriterien, der zeitlichen Abfolge bzw. der Kontinuität usw. Dies liegt im individuellen Geschäftsmodell und in den sehr speziellen Märkten, Strategien und Zielen des jeweiligen Sponsors begründet.

Bei den externen Verfahren stehen im Vordergrund:

- Meinungsumfragen
- Imageanalysen
- Analysen der Reaktionen aus den Zielgruppen
- Die quantitative und qualitative Analyse der Clippings
- Gespräche mit Journalisten und Opinion Leaders

Was Sie vor einer Sponsoring-Erfolgskontrolle tun sollten

Beschaffen Sie alle relevanten Informationen über die zu kontrollierenden Elemente. Grundsätzlich hat sich die «goldene Regel» bewährt: Berufliche Neugierde, jede Art von «Informationssucht» und Kontaktfreude sind Voraussetzungen für die erfolgreiche Beschaffung von Know-how.

Hier nicht in Zeitnot zu kommen, sondern langfristig, vorausschauend und systematisch an alle Möglichkeiten der Erfolgskontrolle zu denken, ist ein wichtiger Teil des Erfolges. Zuletzt sollte abgeklärt werden, welche Teile der Erfolgskontrolle wir selbst erarbeiten können und für welche wir gegebenenfalls externe Hilfe beanspruchen müssen. Schliesslich ist jemand, in der Regel der Projektleiter, als Verantwortlicher für die Sponsoring-Erfolgskontrolle zu bezeichnen. Ein wichtiger Grundgedanke ist dabei, dass eine aussagekräftige Erfolgskontrolle immer nur in enger Kooperation mit dem Gesponserten realisiert werden kann.

In dem Augenblick, in dem Sie sich für eine bestimmte Form des Sponsorings entscheiden – und somit auch die detaillierten Sponsoringziele formuliert haben –, sollte die Frage nach der Messung dieser Zielgrössen erfolgen. Erfolgskontrolle im Sponsoring ist ein Prozess, der nicht am Ende oder im Laufe der Realisierung eines Sponsorships einsetzt, sondern bereits zu Beginn jeder Sponsoringzusammenarbeit. Wichtig ist dabei nicht, wer die Erfolgskontrolle durchführt. Das können Sie selbst sein, Ihre Mitarbeiter oder ein von Ihnen beauftragtes Institut. Wichtig ist, dass die Zielerreichung gemessen wird – und zwar systematisch und immer im Hinblick auf die zu untersuchende Aktivität.

Kriterien einer Erfolgskontrolle für Sponsoringnehmer

Was Sie messen sollten:	*Wie Sie messen können:*
1. Mittel-/langfristige Sicherstellung der Finanzierung Ihrer Vorhaben	Finanzplan, Budget
2. Mittel-/langfristige Einbindung des Sponsors in Ihre Aktivitäten	Aktivierungsmassnahmen des Sponsors
3. Höhe der Beiträge	Vertragliche Vereinbarungen
4. Art und Umfang der Sachleistungen	Vertragliche Vereinbarungen
5. Grad der Einbindung der Kunden und Mitarbeiter Ihres Sponsors in Ihre Aktivitäten	Evaluation Kommunikationsmassnahmen des Sponsors/ Kontakte mit Sponsoren
6. Grad der Erweiterung der Reichweite Ihrer Kommunikation	Vertragliche Vereinbarungen und Feedback
7. Ausmass, in dem neue, für Ihr Vorhaben wichtige Kontakte gewonnen werden konnten	Evaluation Neu- und Erstkontakte
8. Grad des Erwerbs von Know-how und Steigerung der Professionalität im Sponsoring	Interne Gespräche

Die oben genannten Kontrollkriterien können bei grösseren und finanziell gewichtigeren Aktionen natürlich problemlos ausgeweitet werden. Je grösser das Engagement, desto differenzierter die Kontrolle. Sie sollten sich als Sponsoringnehmer grundsätzlich nur diejenigen Kontrollmassnahmen zumuten, die Sie problemlos mit eigenen Mitteln realisieren können. Wenn die Kontrollen Ihre eigenen Möglichkeiten übersteigen, sollten Sie – sofern die Mittel es erlauben – mit einer spezialisierten Agentur zusammenarbeiten oder die Kontrolle mit Mitteln Ihres Sponsors durchführen.

Kriterien einer Erfolgskontrolle für Sponsoren

Was Sie messen sollten:

Wie Sie messen können:

1. Wahrnehmung und Bekanntheit bei der Zielgruppe

   Clippings auswerten, gewichten
   Bei Events Anzahl Besucher
   Bei Mediensponsoring Einschaltquoten

2. Imagegewinn und Goodwill in der gewünschten Zielgruppe

   Qualitative Befragung

3. Aufmerksamkeit für das Unternehmen, für seine Produkte, Marken und Dienstleistungen

   Befragungen, gestützt und ungestützt

4. Verständnis der Sponsoringbotschaft

   Einzelgespräche mit Opinion Leaders

5. Veränderung der Einstellung gegenüber dem Sponsor

   Strukturierte Gespräche mit ausgewählten Vertretern der Zielgruppe

6. Erhöhung der Akzeptanz für Produkte und Dienstleistungen

   Kontrolle von Verkauf und Distributionsgrad vor allem beim Product-linked-Sponsoring

7. Erhöhung der Motivation der Mitarbeiter

   Teilnahme der Mitarbeiter an Aktionen des Sponsors. Reaktionen auf Berichte in der Hauszeitung

Für Sponsoren sind folgende Kriterien besonders wichtig:

Markendimensionen
Bezüglich der Markenkernwerte, die mit einem Sponsorship kommunikativ unterstützt werden sollen, sind folgende Wirkungsdimensionen und Mechanismen relevant:

- *Markenkernwerte:*
  Eignung des Sponsorships für deren Kommunikation
  - Wurden die bestehenden Kernwerte der Marke durch das Sponsorship gestärkt?
  - Konnten die Kernwerte erfolgreich kommuniziert werden?
    - in unseren Märkten?
    - bei unseren Zielgruppen?
    - im gewünschten Zeitraum?
  - Konnten dank Sponsoring neue Werte kommuniziert werden?

- *Markenimage: Kontrolle Marken-/Unternehmensimage*
  Bezüglich Vermittlung von Markenkern, Image bzw. Positionierung können folgende Wirkungsdimensionen bzw. Mechanismen relevant sein:
  - Wird die Positionierung der Marke und des Unternehmens hinsichtlich seiner Imagedimensionen gestärkt?
  - Konnte die Verbesserung im gewünschten Zeitrahmen erreicht werden? War gegebenenfalls eine Neupositionierung möglich?
  - War die Imagesteigerung in diesem Ausmass nur mit Sponsoring zu erreichen, oder hätten andere kommunikative Massnahmen zu niedrigeren Preisen zu gleichen oder besseren Resultaten geführt?

Für die Evaluation und gegebenenfalls das Monitoring dieser Wirkungsdimensionen ist ein entsprechendes Konzept erforderlich, das sich auf qualitative Marktforschungsprojekte stützt. Dabei wird bei einer sehr kleinen Stichprobe sehr detailliert analysiert.

Dimension Bekanntheitsgrad
Der Bekanntheitgrad ist in der Praxis ein weit verbreitetes Kriterium, um die Wirkung von Sponsorships zu messen. Dabei stützt man sich ebenfalls auf Marktforschungsprojekte zum Beispiel mithilfe von Telefoninterviews, bei denen punktuelle oder auch konstant entsprechende Zielgruppen befragt werden.

Kunden-, Projekt- oder Neugeschäfts-Akquisition

Die Gewinnung von neuen Kunden, Projekten oder der Abschluss von Neugeschäften als Erfolgskriterium für ein Sponsoring spielen eine immer grössere Rolle auf Unternehmensseite. Dabei wird versucht, die Auswirkungen des Sponsorings auf das eigentliche Kerngeschäft zu erfassen. Dafür notwendig ist jedoch ein sehr unternehmensindividueller Ansatz, der berücksichtigt, dass die Unternehmens- und Marketingziele zum Beispiel eines Finanzdienstleisters und eines Automobilherstellers grundverschieden sind.

Auswirkung von Sponsoring auf New Business

Kontrollfragen	*Kontrolltechnik*
Hat das Sponsorship erwiesenermassen Neukunden oder neue Geschäfte gebracht?	■ Kontrolle Umsatz-Budget ■ Kontrolle Verkaufsrapporte ■ Gespräche mit Aussendienst
Hat das Sponsorship neue Kundengruppen gebracht, die wir mit anderen Kommunikationsinstrumenten nicht oder nicht so preisgünstig hätten bekommen können?	■ Kontrolle Marketing- und Sponsoringkosten ■ Einzelgespräche mit AD und Controlling
Konnten dank dem Sponsorship unsere Marketing- und/oder Verkaufsziele erreicht werden?	■ Marketing-Controlling

Dimension Medienwert

Sehr verbreitet ist vor allem die Bewertung der durch ein Sponsorship erzielten Medienwerte. Dabei wird vor allem die Präsenz der Sponsorenlogos und -botschaften im Fernsehen, im Print- und im Online-Bereich erfasst, gelistet und bewertet. Es kommen zurzeit noch unterschiedliche Bewertungsformeln zum Beispiel für die Logopräsenz im Fernsehen zum Einsatz. Diese weisen in Anlehnung an den TKP oder an 30-Sekunden-Spotpreise einen bestimmten Wert für die erzielte Medienpräsenz für Logos oder andere Kommunikationsbotschaften oder -formen aus.

Grundsätzlich stellt sich also die Frage, welches der richtige Controlling-Mix für ein Sponsorship ist. Dabei muss ein Sponsor aus den oben genannten Messindikatoren plus eventuell einigen anderen, unternehmensspezifischen (Kontrollinstrumenten) die für ihn richtigen evaluieren und den richtigen Mix erarbeiten.

Media-Control

Kontrollfragen	*Kontrolltechnik*
Anzahl Clippings Print/Online Anzahl Sponsorenerwähnungen Print/Online	■ Vergleich Anzeigenraum
Anzahl Sendeminuten Sichtbarkeit Logo/Erwähnung Unternehmung	■ Vergleich 30-Sekunden-Spot- preis oder TKP

Achtung: Die Schwachstelle dieser Kontrollmethode besteht darin, dass die Medien und nicht die anvisierten Rezipienten der Kommunikationsbotschaften analysiert werden! Daraus lässt sich nur bedingt auf die Wirkung bei der gewünschten Zielgruppe schliessen.

Für Sponsoren gilt sinngemäss, dass der Standard der gemeinsam durchzuführenden Kontrolle dem Objekt und den finanziellen Aufwendungen angemessen sein muss. Es hat sich bewährt, vor der Evaluation mittels kostspieliger Umfragen alle Möglichkeiten der qualitativen Gespräche mit ausgewählten Vertretern der Zielgruppe zu führen. Es ist für Sponsornehmer wie für den Sponsor selbst von grosser Wichtigkeit, dass in allen gemeinsam angestellten Kontrollüberlegungen die Rentabilität der Kommunikationsmassnahme Sponsoring im Vordergrund steht. Die Bedeutung der Kosten-Nutzen-Relation kann, zumal in einem Umfeld mit schwierigen wirtschaftlichen Rahmenbedingungen, nicht klar genug betont werden.

Wie Sie sich Know-how aneignen können

Eine der besten und zugleich einfachsten Möglichkeiten, sich hier Know-how anzueignen, besteht darin, das persönliche Gespräch zu suchen mit Kollegen in anderen Firmen und Branchen, die vor dem gleichen Problem stehen – und zwar im In- wie im Ausland. Das gibt den dringend benötigten Praxisbezug und die Sicherheit in der Wahl der geeigneten Kontrollinstrumente. Das theoretische Wissen kann aus einem inzwischen schon beachtlich breiten und zunehmend praxisorientierten Literaturangebot abgerufen werden.

Der Besuch von Symposien und Kolloquien zu Themen des Sponsorings eröffnet weitere Möglichkeiten der direkten Kontaktnahme mit Experten und Spezialisten.

Vergessen Sie bei Ihren Überlegungen nicht, dass jeder Sponsor die Wirkung eines Kommunikationsinstrumentes und die dafür notwendigen Investitionen sorgfältig gegeneinander abwägen wird. Sponsoring ist dabei immer nur eine von mehreren Möglichkeiten im Rahmen des gesamten Kommunikationsmix. Immer mehr Sponsoren gehen heute dazu über, die Sponsoringnehmer für die Kontrolle von gemeinsam beschlossenen Massnahmen zu sensibilisieren, ja sogar in die Pflicht zu nehmen. Dadurch wird der Druck auf die Sponsoringnehmer erhöht, für ihre «Produkte» vermehrt Marktforschung zu betreiben, um Sponsoren Bewertungs- und Entscheidungsunterlagen zur Verfügung stellen zu können. Marktforschung im Sponsoring wird dadurch immer weniger eine Sache der Sponsoren allein. Als Sponsoringnehmer können Sie Ihre Ausgangsbasis nachhaltig verbessern, wenn Sie diesem Umstand Rechnung tragen und daran denken, woran die Sponsoren schliesslich gemessen werden:

Nur die Sponsoringmassnahme, die messbar günstigere Resultate nachweist als der potenzielle Einsatz anderer Kommunikationsinstrumente, ist die wirklich erfolgreiche Sponsoringmassnahme.

Woran Sponsoren denken sollten

Natürlich genügen Umsatz- und Marktanteilanalysen, Überlegungen zur Finanzierung, zum Kundenverhalten, zur Effizienz der Sponsoringabteilung und der Sponsoringmassnahmen allein nicht, wenn wir die Wirkung von Sponsoring und die Effizienz von Sponsoringabteilungen zu kontrollieren haben. Sie sind aber taugliche Hilfsmittel für jeden, der sich mit der Erfolgskontrolle zu beschäftigen hat.

Ob wir nun die Erfolgskontrolle selbst vornehmen wollen oder ob wir eine Agentur bzw. ein Forschungsinstitut damit beauftragen wollen, ist bestenfalls eine Frage des Know-hows. Wichtig ist die eigene, kritische und gründliche Vorbereitung auf diese Phase unserer Arbeit.

Sponsoring kann seine volle Wirkung nur im Verbund mit klassischen Kommunikationsmassnahmen optimal entfalten. Entsprechend wichtig ist es, die Erfolgskontrolle immer unter Berücksichtigung des gesamten eingesetzten Kommunikationsmix vorzunehmen, obwohl es sehr oft schwierig ist festzustellen, welche einzelne Kommunikationsmassnahme wie viel zur entscheidenden Gesamtwirkung beigetragen hat. Eine kontinuierliche, gezielte Kontrolle fördert eine ausgeprägte Feedbackkultur beim Sponsor und beim Gesponserten. Es lohnt sich, in Manöverkritiken sachlich Schwachstellen zu eruieren, Ursachen ohne Schuldzuweisungen herauszukristallisieren und gemeinsam Verbesserungsvorschläge zu erarbeiten.

Was können wir von den Profis der Erfolgskontrolle lernen?

Die Voraussetzungen, unter denen ein brauchbares Resultat erreicht werden kann, sind in der gesamten Kommunikationsarbeit die gleichen: An vorderster Stelle steht der Wille, eine effiziente Kontrolle der Sponsoringarbeit durchzuführen und seine eigene Arbeit den unbestechlichen Prüfkriterien auszusetzen. Das tönt einleuchtend, ist aber nach wie vor nicht selbstverständlich.

Wo der Wille zur Überprüfung der Sponsoringtätigkeit fehlt,
fehlt meistens auch das Budget.
Ein fehlendes Budget ist meist auch ein Zeichen dafür, dass der Wille zur Überprüfung der Sponsoringtätigkeit nicht vorhanden ist. Voraussetzung einer wirklich professionellen Erfolgskontrolle sind deshalb ihre konzeptionelle Integration und ihre Vernetzung innerhalb des gesamten Projektes – und zwar an Anfang an. In der Systematik des Denkens und Handelns unterscheidet sich eine Erfolgskontrolle für ein Sponsorship in nichts von jenem für irgendein Konsum- oder Investitionsgut. Das heisst aber, dass Sie im Sponsoring – wie im Marketing alltäglich – die Zusammenarbeit mit den Kollegen von Marktforschung und Controlling suchen sollten.

Um eine professionelle Erfolgskontrolle aufzusetzen und zu etablieren, ist die konzeptionelle Integration und eine entsprechende Vernetzung derselben im Unternehmen von Anfang an notwendig. So wie es beim Produkt-Launch eines neuen Gebrauchs- oder Verbrauchsgegenstands wie eines Waschmittels oder eines Handys ganz normal ist, ein entsprechendes Controlling für den Markterfolg aufzubauen, muss dies auch im Sponsoring geschehen. Dabei ist es zum Beispiel unumgänglich, von Anfang an mit der Controlling- und der Marktforschungsabteilung des Unternehmens eng zusammenzuarbeiten. Glaubwürdig wird Ihre Erfolgskontrolle dann, wenn Sie auf eingeführte, bewährte und allgemein bekannte Kontrollmethoden, die Ihren Partnern in der Regel auch geläufig sind, zurückgreifen. Das ist in der Sponsoringpraxis nicht ganz einfach, festigt aber letztlich die Vertrauensbasis zwischen Sponsor und Sponsoringnehmer nachhaltig.

Zudem sollte, um eine entsprechende Glaubwürdigkeit zu gewährleisten, zumindest teilweise auf etablierte, valide Methoden gesetzt werden. Dies ist aufgrund der Komplexität der Aufgabenstellung oft nicht einfach, sollte aber bei der Konzeption und Umsetzung der Erfolgskontrolle beachtet werden.

Checkliste: Die «musts» der Erfolgskontrolle aus Sicht des Sponsors

- Kein Sponsorship ohne systematisch geplante und realisierte Erfolgskontrolle
- Gemeinsame Erfolgskontrolle mit Sponsoringnehmer fordern und laufend realisieren
- Erfolgskontrolle im Umgang mit dem Sponsoringnehmer von Anfang an thematisieren
- Erfolgskontrolle als Bestandteil der gemeinsamen Aktivitäten begreifen.
- Erfolgskontrolle vertraglich festlegen
- Frühzeitig Marketing, Mafo und Controlling einbeziehen

Wenn Sie externe Mafo-Dienstleistungen brauchen:
- Agenturen mit Sponsoringerfahrung wählen
- Erfolgskontroll-Kosten sollten 10 Prozent der Sponsoringkosten nicht überschreiten

Falls Ihnen das noch nicht genügen sollte

Im Sinne einer Übersicht über die gängigen Methoden und die aktuellen Trends der Erfolgskontrollen sei hier noch auf einige Details hingewiesen: Bis heute haben die meisten Untersuchungen zum Thema der Sponsoring-Erfolgskontrolle die Erinnerungswirkung zum Thema. Die Erinnerungswirkung ist verhältnismässig leicht und billig zu messen, etwa im Gegensatz zu einer Verhaltensänderung, zur Einstellungsänderung oder zum Image einer Marke oder eines Unternehmens. Wenn zum Beispiel ein von einem Unternehmen gesponserter Sportler dank seiner Siege und dank der unterstützenden Kommunikationsmassnahmen plötzlich in aller Munde ist, so heisst das noch lange nicht, dass das Sponsoringziel erreicht worden wäre. Gemessen wird nicht der Bekanntheitsgrad eines Unternehmens oder eines Produktes, sondern:

■ die korrekte Zuordnung eines Sponsors zu einem erfolgreichen Anlass, einer erfolgreichen Einzelperson oder einem Team sowie

■ der Grad an Sympathie und Akzeptanz eines Produktes, einer Produktlinie oder eines Unternehmens

Optimierung Kosten/Nutzen in der Sponsoring-Erfolgskontrolle aus Sicht des Sponsors

■ Machen Sie vor Beginn des Sponsorships eine Nullmessung

■ Budgetieren Sie die Erfolgskontrolle von Anfang an

■ Kontrollieren Sie die Einhaltung des Budgets regelmässig

■ Binden Sie Ihren Sponsoringpartner in die Erfolgskontrolle (inklusive Kosten) ein

■ Qualitative Gespräche mit Vertretern der Peer-Group bringen oft mehr als grossangelegte Umfragen

Dabei hängt der Erfolg des Sponsorings nicht zuletzt auch von den individuellen Eigenschaften der Zuschauer und deren Reaktionen auf die Botschaften des Sponsors ab. Gerade im Bereich des Sport-, aber auch des Kultursponsorings spielen neben zahlreichen soziodemografischen Bedingungen die emotionalen Aspekte eine grosse Rolle. So haben schon zahlreiche Sponsoren bitter dafür bezahlt, dass ihre gefeierten Stars und Imageträger als Menschen aus ihrer Rolle gefallen sind und durch problematisches Verhalten gar zu einer Belastung des Sponsors geworden sind.

Fragebogen für Sponsoren
nach Abschluss eines Sponsorships

Interne Fragestellungen

- Wurde das Sponsoringprojekt im Rahmen der integrierten Kommunikation genutzt?
- Wenn ja, mit welchen Massnahmen?
- Mit welchem Erfolg?
- Wenn nein, weshalb nicht?
- Ist allen Mitarbeiterinnen und Mitarbeitern in Marketing, Kommunikation und Geschäftsleitung klar, dass Sponsoring ein wichtiger Bestandteil unserer Unternehmenskommunikation ist?
- Wenn nicht: In welchen Abteilungen besteht gegebenenfalls diesbezüglich noch Informationsnachholbedarf?
- Woran fehlt es vor allem:
  - An verbindlichen Richtlinien?
  - An anderen Grundlagenpapieren?
  - An laufenden Informationen über unsere Sponsoringprojekte?
  - An Daten und Datenbanken zum Sponsoring?
  - An Sponsoring-Know-how?
  - An der innerbetrieblichen Kommunikation?

Externe Fragestellungen

- Wurden wir als Sponsor des Projektes identifiziert?
- Haben wir die anvisierten Sponsoringzielgruppen erreicht?
- Wie stand es mit der Akzeptanz der eingesetzten Sponsoringart bei den anvisierten Sponsoringzielgruppen?
- Entsprach die Wirkung unseren Erwartungen?
- Womit hätte die Wirkung ggf. verbessert werden können?

Projektbeurteilung und Bewerbung

- Welche Zielsetzungen wurden bei den anvisierten Zielgruppen in welchem Ausmass erreicht?

[Fragebogen für Sponsoren nach Abschluss eines Sponsorships]

	sehr gross	gross	mittel	klein	unbedeutend

Qualitative Kriterien

■ Allgemeine Akzeptanz

■ Steigerung Bekanntheitsgrad

■ Vermittlung unserer Werte

■ Möglichkeit der positiven Einstellungsveränderung

■ Möglichkeit der positiven Verhaltensänderung

■ Image des Projektes

■ Image des Unternehmens

■ Image der Produkte

Quantitative Kriterien

■ Anzahl neuer Kontakte

■ Anzahl Neukundenzugänge

■ Anzahl neuer Abschlüsse

Medienwirkung

Printmedien:

Quantitative Kriterien
■ Anzahl Presseclippings
■ Auflagenhöhe
der Zeitungen/
Zeitschriften
■ Streuung und erreichte
Gebietsabdeckung

Qualitative Kriterien
■ Originaltext verwendet?
■ Originaltext gekürzt?
■ Berichterstattung
positiv/neutral/negativ
■ Auf welcher Seite,
an welcher Stelle
in welcher Rubrik?
■ Berichterstattung bebildert?

[Fragebogen für Sponsoren nach Abschluss eines Sponsorships]

Elektronische Medien:	
■ Fernsehübertragungsdauer	■ Eigener Bereich des Senders
■ Sichtbarkeit des Logos des Sponsors	■ Eigener Kommentar
■ Erreichte/erreichbare Zuschauer	■ Ausstrahlungszeit
■ Soziodemografisches Profil der erreichten Zuschauer	■ Sendegefäss

Ökonomische Zielsetzungen

■ Absatz
■ Umsatz

Kontrolle vor Ort

■ Waren wir als Projektsponsor klar zu identifizieren?
■ Wie haben unsere Zielgruppen von unserem Sponsorship erfahren?
■ Wie haben wir die Kontrolle vor Ort durchgeführt?
■ Mit welchem Resultat?
■ Visibility:
  – Fahnen
  – Banden
  – Plakate
  – Wegweiser

Hospitality

■ Wurden Hospitalitymassnahmen durchgeführt?
■ Wenn nein, weshalb nicht?
■ Wenn ja, mit welchem Resultat:
  – Anzahl potenzieller Gäste
  – Anzahl tatsächlicher Gäste
  – Anzahl eingesetzter Mitarbeiter
  – Anzahl geführter Gespräche
  – Mittlere Dauer der Gespräche

[Fragebogen für Sponsoren nach Abschluss eines Sponsorships]

Ambush

- Wurden Ambush-Massnahmen festgestellt?
- Wenn ja: Betroffene Firmen und Marken
- Art des Ambush-Auftrittes
- Dauer der Ambush-Massnahmen
- Getroffene Gegenmassnahmen

Fazit

- Welches waren die fünf grössten Vorteile (Hauptnutzen), die unsere Zielgruppen vom Sponsorship hatten?
- In welcher Priorität wurden sie von den Kunden und Interessenten genutzt?
- Was könnten wir ein nächstes Mal besser machen?
- Mit welcher alternativen Massnahme würde sich gegebenenfalls das gleiche Resultat erzielen lassen?
- Zu welchem Preis?

Fragebogen für Sponsoringnehmer nach Abschluss eines Sponsorships

Interne Fragestellungen

- Hat das Sponsorship die Durchführung der geplanten Massnahme(n) ermöglicht?
- Wurde das Sponsoringprojekt im Rahmen unserer integrierten Kommunikation genutzt?
- Wenn ja, mit welchen Massnahmen?
- Mit welchem Erfolg?
- Wenn nicht, weshalb nicht?
- Ist allen Mitarbeiterinnen und Mitarbeitern unserer Organisation klar, dass Sponsoring ein wichtiger Bestandteil unserer Unternehmenskommunikation ist?
- Wenn nicht: In welchen Abteilungen besteht gegebenenfalls diesbezüglich noch Informationsnachholbedarf?
- Woran fehlt es vor allem:
  - An verbindlichen Richtlinien?
  - An anderen Grundlagenpapieren?
  - An Prüfmitteln?

[Fragebogen für Sponsoringnehmer nach Abschluss eines Sponsorships]

- An laufenden Informationen über unsere Sponsoringprojekte?
- An Daten und Datenbanken zum Sponsoring?
- An Sponsoring-Know-how?
- An der innerbetrieblichen Kommunikation?
- An der externen Kommunikation mit unseren Mitgliedern, dem Freundeskreis usw.?
- Wer muss über die Resultate der Prüfung informiert werden?
- Welche Auswirkungen hat das Sponsorship auf die Professionalisierung unserer eigenen Sponsoringarbeit gehabt?
- Sind unsere Sponsoren zufrieden?

Externe Fragestellungen

- Waren wir als Projektinitiator klar zu identifizieren?
- Konnten wir die vorgesehenen Aktivitäten im geplanten Umfange realisieren?
- Haben wir die anvisierten Sponsoringziele erreicht?
- Wie stand es mit der Akzeptanz der eingesetzten Sponsoringart bei den von uns anvisierten Sponsoringzielgruppen?
- Entsprach die Wirkung unseren Erwartungen?
- Womit hätte die Wirkung gegebenenfalls verbessert werden können?
- Wie haben unsere Zielgruppen das Sponsorship wahrgenommen?
- Welche Auswirkungen hat das Sponsorship auf den Spendeneingang gehabt?
- Welche Auswirkungen hat das Sponsorship auf die Entwicklung unserer Mitgliederzahlen gehabt?

Projektbeurteilung und Bewertung

- Welche Zielsetzungen wurden in welchem Ausmass erreicht?
- Ökonomische Zielsetzungen:
  - Projektkosten gedeckt: Ja? Nein?
  - Gewinn realisiert: Ja? Nein?

[Fragebogen für Sponsoringnehmer nach Abschluss eines Sponsorships]

Weitere Zielsetzungen:

	sehr gross	gross	mittel	klein	unbedeutend
Qualitative Kriterien					
■ Steigerung unseres Bekanntheitsgrades					
■ Image unseres Projektes					
■ Image unserer Organisation					
■ Erschliessung neuer Zielgruppen					
■ Positionierung unserer Organisation					
■ Image unseres Projektes					
Quantitative Kriterien					
■ Anzahl Besucher					
■ Anzahl erreichte Opinion Leaders					

Medienwirkung

Printmedien:	*Quantitative Kriterien*	*Qualitative Kriterien*
	■ Anzahl Presseclippings	■ Originaltext verwendet?
	■ Auflagenhöhe der Zeitungen/ Zeitschriften	■ Originaltext gekürzt?
		■ Berichterstattung positiv/neutral/negativ
	■ Streuung und erreichte Gebietsabdeckung	■ Auf welcher Seite, an welcher Stelle in welcher Rubrik?
Elektronische Medien:	■ Fernsehübertragungs- dauer	■ Eigener Bereich des Senders
	■ Erreichte/erreichbare Zuschauer	■ Eigener Kommentar
		■ Ausstrahlungszeit
	■ Soziodemografisches Profil der erreichten Zuschauer	■ Sendegefäss

[Fragebogen für Sponsoringnehmer nach Abschluss eines Sponsorships]

Ambush

- Wurden Ambush-Massnahmen festgestellt?
- Wenn ja: Betroffene Firmen und Marken
- Art des Ambush-Auftrittes
- Dauer der Ambush-Massnahmen
- Getroffene Gegenmassnahmen

Fazit

- Welches waren die fünf grössten Vorteile (Hauptnutzen), die unsere Hauptsponsoren vom Sponsorship hatten?
- In welcher Priorität wurden sie von den Sponsoren genutzt?
- Welches waren die fünf grössten Vorteile (Hauptnutzen), die wir selbst als Sponsoringnehmer hatten?
- In welcher Priorität haben wir sie selbst genutzt?
- Welches wären für ein weiteres Sponsorship unsere Wunschsponsoren?
- Was könnten wir ein nächstes Mal besser machen?
- Mit welcher alternativen Massnahme würde sich für uns gegebenenfalls das gleiche Resultat erzielen lassen?
- Zu welchem Preis?

Was ich im zehnten Kapitel gelernt habe

❯ Erfolgskontrolle steht nicht erst am Ende eines Sponsoringengagements, sondern begleitet dieses.

❯ Sponsoren verpflichten zunehmend die Sponsoringnehmer, Entscheidungsunterlagen für die Sponsoringplanung und die Erfolgskontrolle bereitzustellen.

❯ Nur die Sponsoringmassnahmen, die die messbar günstigeren Resultate nachweisen als andere Kommunikationsmassnahmen, haben Chancen, wiederholt zu werden.

❯ Vor Beginn der Kontrolle sind die Ziele zu rekapitulieren.

❯ In der Sponsoring-Erfolgskontrolle gibt es interne und externe Messverfahren.

❯ Vor jeder Planung einer neuen Kontrollmassnahme sollten wir wissen, wo wir gerade stehen, indem wir zum Beispiel eine Nullmessung vornehmen oder auf bisherige Untersuchungs- und Kontrollresultate hinweisen.

❯ Viele Kontrollmechanismen lehnen sich an die Marketing-Erfolgskontrolle an.

❯ Regelmässig und gemeinsam durchgeführte Erfolgskontrollen führen zu einer eigentlichen Feedbackkultur im Unternehmen.

Anhang

Probleme, denen Sie besondere Beachtung schenken sollten

Probleme der Sponsoringnehmer

Mit den nachfolgend aufgezeigten Problemen sind zumeist Sponsoringnehmer konfrontiert. Ihre Analyse hilft den Gesponserten, ihr Sponsoringangebot erfolgreicher zu machen. Sponsoren zeigt sie, wo mögliche Schwachpunkte von Sponsoringofferten liegen.

Problem Nr. 1

Fehlendes Know-how führt zur falschen Einschätzung der Möglichkeiten des Sponsorings.

Es kommt immer wieder vor, dass, vorab in den Bereichen Soziosponsoring oder Kultursponsoring, die Haltung vertreten wird: «Ich muss doch gesponsert werden.» Nicht selten wird auch gleich ergänzt: «Schliesslich wird auch dieses oder jenes Vorhaben gesponsert, das in seiner Tragweite doch viel weniger bedeutungsvoll ist.» Sie tun gut daran, Ihr eigenes Sponsoringangebot kritisch zu hinterfragen, mit externen Fachleuten zu diskutieren und seinen *Nutzen* für den Sponsor ganz nüchtern zu beurteilen. Dieses Buch soll Ihnen helfen, die Möglichkeiten des Sponsorings realistisch zu beurteilen und Ihr Sponsoringangebot so aufzubauen, dass Sie bessere Chancen haben, Ihre Projekte zu verwirklichen.

Hüten Sie sich vor vorschnellen Vergleichen, denn die Vergleichbarkeit von Sponsoringengagements ist in der Regel für Aussenstehende ohne Detailkenntnisse ausserordentlich schwierig, vor allem, weil viele nach innen gerichtete Massnahmen in ihrer Bedeutung für den Sponsor nicht ohne Weiteres nach aussen sichtbar werden.

Problem Nr. 2

Der Preis des eigenen Angebotes wird überbewertet; sein effektiver Nutzwert für den Sponsor wird überschätzt.

Da oft weder aufseiten des Sponsoringnehmers noch auf jener des Sponsors klare Zielgruppen und messbare Ziele definiert werden, fehlt auch eine gesunde Basis, auf der ein Sponsoringangebot beurteilt werden könnte. Die nachfolgende Checkliste hilft Ihnen, an alle wichtigen Punkte einer Beurteilung zu denken:

1. Sind die Sponsoringziele klar definiert?
2. Sind diese Ziele mit den allgemeinen Kommunikationszielen konform?
3. Kennen Sie die Zielgruppen und ihre spezifischen Eigenheiten?
4. Wo können Sie sich gegebenenfalls fehlende Informationen beschaffen?
5. Gibt es eine Übereinstimmung zwischen den Zielgruppen von Sponsor und Gesponsertem?
6. Wie sieht die Imageverträglichkeit des geplanten Sponsorships für beide Seiten aus?
7. Sind die Beurteilungskriterien des Sponsorships von Sponsor und Gesponsertem akzeptiert?
8. Werden alle Möglichkeiten der integrierten Kommunikation ausgeschöpft?
9. Werden die Sponsoringmassnahmen zeitlich koordiniert mit anderen Massnahmen?
10. Steht das zur Verfügung stehende Budget in einem realistischen Verhältnis zu den Gegenleistungen?
11. Ist eine detaillierte Erfolgskontrolle vorgesehen?

Ein weiteres Problem stellt vor allem für Sponsoringnehmer die realistische Kalkulation des Sponsoringangebotes dar. Meistens wird vom Sponsor die Summe verlangt, die das gesamte Projekt des Sponsoringnehmers finanzieren soll. Dabei wird allzuoft in grosszügiger Selbstüberschätzung nicht bedacht, ob die Gegenleistungen in einem realistischen Verhältnis zu den erwarteten finanziellen oder Sachleistungen stehen.

Hier hat sich der Grundsatz bewährt, immer realistisch zu offerieren. Als Sponsor sollten Sie sicher sein, dass die investierte Summe dem Gegenwert der erhaltenen Leistungen entspricht, und als Gesponserter brauchen Sie das sichere Gefühl, auf der Grundlage von realistischen Zahlen verhandeln zu können, damit Sie das bekommen, was tatsächlich zu bekommen ist. Sponsoren wenden hier vor allem vor grösseren Engagements oft eine Nutzwertanalyse (NWA) an, deren Grundzüge hier kurz erläutert seien:

Die NWA ist eines der Instrumente, die Aufschluss darüber geben können, ob Leistung und Gegenleistung in einem richtigen Verhältnis stehen.
Sie umfasst «Muss-Kriterien», die ausnahmslos positiv zu beantworten sind, wie zum Beispiel

- Tauglichkeit des Sponsoringengagements
  für die Erreichung der Sponsoringziele
- Abstützung auf die Corporate Identity und die Sponsoringrichtlinien
- Eignung hinsichtlich Schaffung Goodwill
  und Steigerung Bekanntheitsgrad
- Imageverträglichkeit
- Branchenexklusivität

Die NWA analysiert aber auch «Kann-Kriterien» wie zum Beispiel:

- Bedeutung des Sponsorships für Sponsor und Gesponserten
- Art und Dauer der Präsenz für den Sponsor
- Involvement bei der angestrebten Zielgruppe
- Qualität der Kommunikationsmassnahmen
- Abstützung der Sponsoringmassnahmen
  auf die integrierte Kommunikation
- Mögliche Gefahren für den Sponsor

Die einzelnen Punkte werden zum Beispiel mit 0 bis 10 gewichtet. Den einzelnen Kriterien werden je nach Sponsoringart (zum Beispiel für Sport-, Kultur- und Soziosponsoring) unterschiedlich festgelegte Noten zugeteilt. Die Multiplikation von Gewichtung und Note ergibt die Punkteanzahl. Jedem Punkt wird ein kalkulatorisch ermittelter Nutzwert zugeschrieben.

Eine weitere Methode ist die Kalkulation der sogenannten Kontaktkosten. Diese Methode errechnet die Kosten, die anfallen würden, um die gleiche Anzahl Personen, die zum Beispiel an einer Veranstaltung erwartet werden, über die Medien zu erreichen. Auf der Basis von eigenen Erfahrungen sowie mithilfe von verfügbaren Mediadaten werden die potenziell erreichbaren

Vertreter einer Zielgruppe ermittelt. Die Division der Kosten durch die potenziell erreichbaren Besucher ergibt die Kontaktkosten pro Zuschauer. Wertvolle Impulse kann ebenfalls der Vergleich mit der Preispolitik ähnlicher oder konkurrierender Projekte geben.

Problem Nr. 3

Sponsoringofferten werden oft breit gestreut, nach dem Prinzip: Wenn der eine Sponsor negativ reagiert, dann können zwischenzeitlich immer noch zehn andere positiv antworten.

Die Vorbereitung einer Sponsoringaktion erfordert neben systematischem Vorgehen vor allem eines: viel Zeit. Da ist die Versuchung gross, aus «Effizienzgründen» die gleiche Sponsoringofferte gleichzeitig an möglichst viele Firmen zu senden. Dies ist aus mehreren Gründen falsch:

1. Eine Sponsoringofferte sollte immer individuell ausgearbeitet werden, zugeschnitten auf die Bedürfnisse des potenziellen Sponsors. Schematische Lösungen und «vorgefertigte Baukastenangebote» haben im Sponsoring nichts zu suchen.
2. Die Sponsoringbeauftragten der grösseren Firmen und die im Marketing tätigen Mitarbeiter kleinerer Unternehmen, die sich um Sponsoring kümmern, bilden oft eine «Community». Kommunikationsleute kommunizieren auch untereinander. Sie entwerten Ihre Sponsoringofferte, wenn Ihr Angebot in diesen Kreisen die Runde macht.
3. Wenn Sie gleichzeitig mit mehreren Partnern verhandeln, übersehen Sie möglicherweise die Chancen, die bei einem einzelnen Sponsor liegen. Wenn Sie zu früh mit den falschen Sponsoren abschliessen, verbauen Sie sich möglicherweise den Weg zu einem Hauptsponsor.

Problem Nr. 4

In vielen Sponsoringangeboten fehlt der «Marketing-Approach». Das Unvermögen, sich in die Situation eines Sponsors hineinzuversetzen, hat schon manche Offerte auf der Strecke bleiben lassen.

Auch wenn Sponsoring in vielen, vorab in grösseren Unternehmen, fernab von Marketingabteilungen betreut wird, sollte Ihrer Offerte ein Marketing-Approach zugrunde liegen. Das heisst: Ihr Angebot muss den Marktgegebenheiten entsprechen. Fragen Sie sich deshalb:

- Wie nimmt sich mein Angebot im ökonomischen Umfeld aus?
- Was kann mein Angebot dazu beitragen, beim Sponsor Kundenzufriedenheit zu erzeugen?
- Betrachte ich in meinem Angebot den Sponsor als Kunden?
- Bin ich bereit, auf seine Wünsche einzugehen?
- Wie lässt sich mein Sponsoringangebot mit anderen möglichen Kommunikationsmassnahmen vernetzen?

Problem Nr. 5

Oft sind die im Sponsoringangebot formulierten Massnahmen nicht mit dem Budget kongruent.

Zur realistischen Einschätzung des Sponsoringangebotes gehört auch die realistische Einschätzung der finanziellen Folgen. Ihr Angebot muss einen deutlich erkennbaren roten Faden haben. Das heisst: Jeder vorgeschlagenen Massnahme hat ein realistisch kalkulierter Budgetposten gegenüberzustehen. Die kombinierte Darstellung von Massnahmenplan, Budget und Zeitplan hilft, die Kongruenz aller Massnahmen nicht aus den Augen zu verlieren.

Problem Nr. 6

Dem Sponsor sitzen immer wechselnde Gesprächspartner gegenüber.

Es ist für einen Sponsor wenig angenehm, weil wenig effizient, wenn er es mit zu vielen und vor allem mit ständig wechselnden Gesprächspartnern aufseiten des Sponsoringnehmers zu tun hat. Sie sollten sich als Gesponserter entschliessen, einen Projektleiter und einen stellvertretenden Projektleiter zu bestimmen, die die Verhandlungen führen – und zwar von der ersten Begegnung und der Planungsphase an über die Realisierung bis zur gemeinsamen Kontrollarbeit und dem Abschlussgespräch nach beendeter Aktion.

Problem Nr. 7

Oft werden nicht alle Abmachungen zwischen dem Gesponserten und dem Sponsor in einem Vertrag festgehalten.

Welche Form der Vertrag hat, ist letztlich egal; Hauptsache, die gegenseitigen Vereinbarungen sind schriftlich fixiert.
Ein absolutes «Muss» ist aber, dass der Inhalt von Leistungen und Gegenleistungen klar definiert wird. Viele Sponsoringnehmer machen allerdings den Fehler, dass sie – ist der Sponsoringvertrag einmal abgeschlossen – nicht

mehr viel von sich hören lassen. Sponsoren ihrerseits versuchen manchmal, die Sponsoringnehmer nachträglich mit Forderungen zu konfrontieren, die zum Beispiel zu einer penetranten Präsenz an einem Event führen können und die sich, abgesehen vom Ärger mit den Gesponserten, kontraproduktiv auf die eigenen Ziele auswirken. (Siehe auch Problem Nr. 6 im nachfolgenden Abschnitt über die Sponsoren)

Problem Nr. 8

Viele Sponsoringnehmer wehren sich mit Händen und Füssen gegen eine Erfolgskontrolle.

Wer von Anbeginn an den Willen zur gemeinsamen Erfolgskontrolle dokumentiert, wer von Anbeginn an im Budget Mittel für diese Kontrolle reserviert und wer konkrete Vorschläge für Kontrollkriterien in das Gespräch einbringt, der glaubt an den Erfolg, den Sponsor und Gesponserter gemeinsam haben werden. Nur wenn ein Sponsoringprojekt vor, während und nach der Durchführung aller Massnahmen genau analysiert wird, lassen sich von beiden Partnern die Erfahrungen schnell auswerten und im Hinblick auf laufende oder künftige Engagements Korrekturen anbringen. Die Erfolgskontrolle ist für alle langfristig denkenden Sponsoringleute eine der wichtigsten vertrauensbildenden Massnahmen und damit sehr oft auch der Anfang einer sich über Jahre hinweg erstreckenden beiderseitigen Erfolgsgeschichte.

Probleme der Sponsoren

Problem Nr. 1

Die Bedeutung des Images wird gegenüber jener des Bekanntheitsgrades unterschätzt.

Sehr oft steht bei der Wahl der Massnahmen der Bekanntheitsgrad im Vordergrund. Das Image hat aber eine stark qualitative Seite, der Sie nicht in jedem Falle mit Massnahmen zur Förderung des Bekanntheitsgrades gerecht werden. Die Frage muss deshalb heissen: Sind meine Massnahmen im Hinblick auf die anzusprechenden Zielgruppen die richtigen? Wenn Sie sich rechtzeitig soziodemografisch abgestützte Informationen über die gewünschten Anspruchsgruppen beschaffen, gestalten Sie die Massnahmen fast automatisch zielgruppengerecht.

232

Problem Nr. 2

Die eigene Ungeduld ist ein schlechter Lehrmeister: Sehr oft wird vergessen, dass Sponsoringmassnahmen auf mittel- und langfristige Wirkung hin anzulegen sind.

Die Realisierung eines Sponsorships erfordert vom Sponsor meistens einen grossen Aufwand. Sehr oft sind diese Bemühungen aber auf kurzfristige Wirkung hin angelegt. Dadurch wird oft:

- zu kurzfristig geplant
- der Einbezug von Kunden und Mitarbeitern nicht genutzt
- vorhandene Datenbanken nicht benutzt
- ohne Erfolgskontrolle gearbeitet
- keine «Manöverkritik» gehalten
- keine Liste von Verbesserungsvorschlägen für künftige Engagements erarbeitet

Eine längerfristige Betrachtungsweise ermöglicht eine umfassendere Auswertung der Erfahrungen, was dem Sponsor wie dem Gesponserten zugutekommt.

Problem Nr. 3

Sponsoring wird stark fokussiert auf die unmittelbare Verkaufsförderung.

Wer mit Sponsoring in erster Linie mehr Produkte verkaufen will, muss die Gesetze des «Product-linked-Sponsoring» kennen, wenn er nicht herbe Enttäuschungen erleben will. Das ist nicht nur für Sponsoren, sondern auch für Gesponserte eine wichtige Erkenntnis, denn auch der Sponsoringnehmer muss sich bewusst sein, was es heisst, als Person im Rahmen von Verkaufsförderungsmassnahmen gesponsert zu werden. Product-linked-Sponsoring ist die Unterstützung einer Person oder einer Gruppe, deren Bekanntheit oder Image in unmittelbarem Zusammenhang mit einem Produkt steht. Das «Product-linked-Sponsoring» funktioniert dann am besten, wenn die Affinität der Zielgruppen zum Produkt und diejenige des Gesponserten zum Produkt gleichermassen in hohem Grad übereinstimmen. Beispiel:
Wenn ein Sportschuhproduzent einen Spitzenathleten sponsert, der ein Liebling des grossen Publikums ist und der seine Siege dem Produkt X oder Y verdankt. Gleiches gilt für die meisten Sportarten und ihre Protagonisten, vom Autorennfahrer, dessen Auto, Pneus oder Motorenöl zu fördern sind, über die Ski-Asse, die mit der Bindung X oder dem Ski Y fahren, bis zu den

Weltstars im Tennis, die mit Rackets der Marke X spielen, den Weltumseglern, die dank dem Chronometer der Marke Z schneller am Ziel sind, oder den Cracks der Leichtathletik, die sich mit Produkten aus dem Hause Y ernähren.

Auch das Product-linked Sponsoring kennt besondere Probleme.

So stellt zum Beispiel die Berücksichtigung der Faktoren Image- und Vertrauensbildung im Bankensektor eine grosse Herausforderung dar. Institute, die versuchen, Sponsoring unmittelbar mit Kundenakquisition zu verknüpfen, erleben, dass im Kampf um den Kunden die glaubwürdige Darstellung der Unternehmenskultur unter den Massnahmen der Profitmaximierung leidet. Das beeinflusst auch die Sponsoringinvestitionen nachhaltig. Bisher eher vernachlässigte «soft facts» wie

- Akzeptanz und Sympathie in der Zielgruppe
- Verantwortung
- Integration am Standort

erhalten gerade in wirtschaftlich schwierigen Zeiten eine neue Bedeutung. Die glaubwürdige Vertretung der eigenen Werte sowie der sozialen Verantwortung des Unternehmens hat letztlich auch Einfluss auf die Erreichung der ökonomischen Ziele.

Problem Nr. 4

Sponsoring, als isolierte Einzelmassnahme eingesetzt, bleibt meistens wirkungslos. Sponsoren, die nicht an die Möglichkeiten der integrierten Kommunikation denken, scheitern deshalb oft.

Professionelle Sponsoren setzen Sponsoringmassnahmen immer als eine von mehreren möglichen, in der Regel aber im Verbund mit anderen Kommunikationsmassnahmen, ein. Sponsoring ist ein Kommunikationsinstrument innerhalb des ganzen Kommunikationsmix und stützt sich ab auf die Corporate Identity. Die Sponsoringpolitik orientiert sich damit auch am Leitbild des Unternehmens. Wenn nun eine Firma von sich sagt, dass sie auf ihrem Sektor weltweit Spitzenklasse, der höchsten Qualität verpflichtet und innovativ ist, dann haben sich auch ihre Sponsoringmassnahmen diesem Anspruch unterzuordnen. Mit anderen Worten: Das Weltklasseunternehmen wird sich nicht am Bratwurstfestival irgendeines Schützenvereins engagieren. Das Verhältnis zwischen Sponsoring und anderen Kommunikationsmassnahmen ist wie das Verhältnis der einzelnen Note zur ganzen Symphonie: Eine einzelne falsche Note verdirbt den Genuss der gesamten Symphonie...

Nur Massnahmen, die mit allen anderen Kommunikationsanstrengungen im Einklang sind, erzielen den gewünschten Multiplikatoreffekt.

Problem Nr. 5

Kurzfristige und isolierte Einzelaktivitäten sind in der Regel genauso zum Scheitern verurteilt wie die Masse von unkoordinierten Aktionen ohne gemeinsame Klammer.

Unüberlegt, konzeptionslos und breit gestreut zu investieren, ist eine der Todsünden im Sponsoring. Mehrere Grossfirmen haben in den letzten Jahren massiv in verschiedenste Sponsoringaktivitäten investiert. Die Konsequenzen davon:

1. Der Kunde ist verunsichert, weil er den roten Faden nicht erkennen und die Sponsoringbotschaft somit nicht verstehen kann. Das erschwert die Positionierung des Unternehmens, anstatt sie zu erleichtern.
2. Breit gestreute Investitionen im Sponsoring machen es auch den Mitarbeitern schwer, sich mit dem Unternehmen und seinen Anliegen zu identifizieren.
3. Es führt zu einem «overkill» an Informationen, in dem das Unternehmen und sein Logo zum Beispiel gar nicht mehr bewusst wahrgenommen werden.
4. Schnellschüsse, Giesskanneneffekt und Overkill nehmen dem Sponsoring seine «Fallschirmfunktion». Sponsoring ist, von gut ausgebildeten und motivierten Mitarbeitern gezielt eingesetzt, ein unwahrscheinlich kreatives Instrument. Der laufenden Weiterbildung der Sponsoringmitarbeiter ist deshalb ganz besondere Beachtung zu schenken.

Sie schützen sich selbst vor Schnellschüssen und unüberlegten Einzelaktionen, wenn Sie der Auswahl und Behandlung von Sponsoringanfragen klare Richtlinien zugrunde legen, die Ihren Mitarbeitern bekannt und für alle verbindlich sind.
Wenn Sie ein Instrumentarium schaffen, das eine einheitliche Bearbeitung der eingehenden Anfragen ermöglicht, wie zum Beispiel Auswahlkriterien, Projektblätter, Anleitungen zur Nutzwertanalyse, Muster-Antragsformulare usw., vermeiden Sie auch die unübersichtliche Fülle untereinander nicht mehr verknüpfter Massnahmen.

Problem Nr. 6

Der Sponsoringvertrag wird zu wenig detailgenau formuliert, und seine strategischen Möglichkeiten werden nicht ausgeschöpft.

Der Vertrag sollte so abgefasst sein, dass er mehr als eine Rahmenvereinbarung ist. Anzustreben ist vielmehr ein Vertragswerk, das als Arbeitsinstrument für die Umsetzung der Vereinbarung eingesetzt werden kann.
Wenn Sie die nachfolgenden Punkte beachten, optimieren Sie Ihre Arbeit. (Siehe auch Problem Nr. 7 im vorangehenden Abschnitt über die Gesponserten)

- Wählen Sie für den Vertrag die Schriftform
- Beschreiben Sie Leistungen und Gegenleistungen detailliert
- Klären Sie ab, ob der Vertrag gegebenenfalls bestehende Sponsoringvereinbarungen tangiert
- Nehmen Sie Rücksicht auf bisherige, langjährige Sponsoringpartner
- Achten Sie auf Besonderheiten der nationalen Gesetzgebung
- Informieren Sie sich über die steuerliche Absetzbarkeit

Problem Nr. 7

Ambush-Marketing kann sich mitunter massiv als ein Sponsoringproblem herausstellen:
Wer Geld in ein Sponsorship investiert, möchte als Sponsor Visibilität in den Medien erreichen; d.h., er möchte von den relevanten Zielgruppen möglichst ohne «Störungen» wahrgenommen werden. Ambush-Marketing besteht darin, als Aussenseiter ohne Sponsoringengagement vom Image eines Anlasses bzw. eines Sponsorships zu profitieren. Dieses Problem zeigt sich primär bei grossen Sportveranstaltungen.

Juristen und Sponsoringspezialisten suchen derzeit intensiv nach geeigneten Lösungsvorschlägen für dieses Problem.

Info-Datei

1 Verbände und Netzwerke

Europa

ESA – European Sponsorship Association
Suite 1, Claremont House, 22–24 Claremont Road
Surbiton, Surrey, KT6 4QU
Telefon 0044 20 8390 3311, Fax 0044 20 8390 0055
Internet: www.sponsorship.org

Deutschland

FASPO – Fachverband für Sponsoring e.V.
Rödlingsmarkt 43, 20459 Hamburg
Telefon 0049 40 6095 0833, Fax 0049 40 6095 0834
Internet: www.faspo.de

S 20 e.V.
Strässchensweg 10, 53113 Bonn
Telefon 0049 228 1821 3066, Fax 0049 228 1821 3095
Internet: www.s20.eu

im Bereich Kultursponsoring:

AKS Arbeitskreis Kultursponsoring
Haus der Deutschen Wirtschaft, Breite Strasse 29, 10178 Berlin
Telefon 0049 30 2028 1506, Fax 0049 30 2028 2506
Internet: www.aks-online.org

Arts & Others communication GmbH
TrionHaus, Schaberweg 23, 61348 Bad Homburg vor der Höhe
Telefon 0049 61 72 902200, Fax 0049 61 72 902219
Internet: www.arts-others.de

Österreich

im Bereich Kultursponsoring:

Initiativen Wirtschaft für Kunst – Creative Art Sponsoring
Goldschmiedgasse 8/Top 16, 1010 Wien
Telefon 0043 1 5127800, Fax 0043 1 5138956
Internet: www.iwk.at, www.maecenas.at

Schweiz

Europäische Sponsoring Börse (ESB)
Brunneggstrasse 9, Postfach 519, 9001 St. Gallen
Telefon 0041 71 223 78 82, Fax 0041 71 223 78 87
Internet: www.esb-online.com

FASPO Schweiz
c/o Felten & Cie AG
Zürcherstrasse 41, 8400 Winterthur
Telefon 0041 52 269 08 00, Fax 0041 52 269 08 01

IG Sponsoring
c/o Ritschard Management
Südstrasse 12, 8800 Thalwil
Telefon 0041 43 305 75 00
E-Mail: sekretariat@igsponsoring.ch
www.igsponsoring.ch

Weltweit

CEREC – European Committee for Business, Arts and Culture
Internet: www.cerec-network.org

Hollis Publishing Ltd.
Harlequin House, 7 High Street
Teddington, Middlesex TW11 8EL, United Kingdom
Telefon 0044 20 89777711, Fax 0044 20 89771133
Internet: www.hollis-pr.com

2 Sponsoringagenturen

Deutschland

BartheCommunications
Eppendorfer Baum 16, 20249 Hamburg
Telefon 0049 40 2800 2922, Fax 0049 40 2274 8988
Internet: www.barthecomm.com

Fundsponsors
Forsythienhof 4, 99334 Riechheim
Telefon 0049 36 2006 1763, Fax 0049 36 2006 1764
Internet: www.fundsponsors.de

ICG culturplan Unternehmensberatung GmbH
Menzelstrasse 21, 12157 Berlin
Telefon 0049 30 8560 4500, Fax 0049 30 8560 4503
Internet: www.culturplan.de

International Management Group GmbH
Prinzregentenstrasse 48, 80538 München
Telefon 0049 89 2050 880, Fax 0049 89 2050 8820
Internet: www.imgworld.com

K3 events, sponsoring, kommunikation
Louise-Dumont-Strasse 31, 40211 Düsseldorf
Telefon 0049 211 1793 750, Fax 0049 211 1793 7520
Internet: www.k3-events.de

Kerkhoff: Kolbe
Rosenstrasse 9, 35037 Marburg
Telefon 0049 6421 26800
Internet: www.kerkhoffkolbe.de

Kulturkommunikation
Karl-Werner Joerg
Mainzer Strasse 11, 61381 Friedrichsdorf
Telefon 0049 60 0793 0076, Fax 0049 60 0793 0078
Internet: www.kulturkommunikation.de

Octagon – Frankfurt, Germany
Opernplatz 2, 60313 Frankfurt
Telefon 0049 69 150 4121 22, Fax 0049 69 150 4121 10
Internet: www.octagon.com

Sky Promotion GmbH
Maybachstrasse 155–157, 50670 Köln
Telefon 0049 221 9765 450, Fax 0049 221 9765 4555
Internet: www.sky-promotion.de

paradise media
agentur für kommunikation
Postfach 11 21 40, 86046 Augsburg
Telefon 0049 821 33336, Fax 0049 821 33309
Internet: www.paradise.de

Red Cell Werbeagentur GmbH & Co. KG
A WPP Company
Rathausufer 16–17, 40213 Düsseldorf
Telefon 0049 211 1309 00, Fax 0049 211 1309 0333
Internet: www.redcell.de

Rugo Kommunikation GmbH
Berlin, Bonn
Hauptsitz: Euskirchener Strasse 52, 53121 Bonn
Telefon 0049 228 9785 60, Fax 0049 228 9785 629
Internet: www.rugokommunikation.de

Sport Business Partner
Management Business Group GmbH
Büro Bad Homburg, Hessenring 71, 61348 Bad Homburg
Telefon 0049 6172 499 79 00, Fax 0049 6172 499 79 29
Internet: www.sport-bp.com

Kunstkommunikation
Droysenstrasse 10 A, 10629 Berlin
Telefon 0049 30 8441 1021, Fax 0049 30 8441 1518
Internet: www.kunstkommunikation.de

Agentur für Informationsarbeit Horst Jelenik e.k.
Hutbergstrasse 19, 90475 Nürnberg
Telefon 0049 911 9982 80, Fax 0049 911 9982 825
Internet: www.jelenik.de

Ketchum Pleon
Hausvogteiplatz 2, 10117 Berlin
Telefon 0049 30 7261 398 07, Fax 0049 30 7261 398 90
Internet: www.ketchumpleon.de

Roth & Lorenz GmbH
Agentur für Marketingkommunikation
Waldburgstrasse 17/19, 70563 Stuttgart (Vaihingen)
Telefon 0049 711 901 400, Fax 0049 711 901 4099
Internet: www.rothundlorenz.de

Österreich

Event Marketing Services GmbH
Gesaugasse 9, 1030 Wien
Telefon 0043 1 714 88 77, Fax 0043 1 714 88 7710
Internet: www.event-marketing.com

PR&D – Public Relations for Research & Development
Mariannengasse 8, 1090 Wien
Telefon 0043 1 505 7044, Fax 0043 1 505 5083
Internet: www.prd.at

MPM Sponsoring Consulting GmbH
Hietzinger Hauptstrasse 145/5, 1030 Wien
Telefon 0043 1 5952 7720, Fax 0043 1 5952 772100
Internet: www.mpmsponsoring.com

Schwarzconsult
Martin Schwarz GmbH
Börsegasse 6, PF 86, 1013 Wien
Telefon 0043 1 5129 686, Fax 0043 1 5129 68620
Internet: www.schwarzconsult.at

Schweiz

Dr. Dr. Elisa Bortoluzzi Dubach
Sponsoring-, Stiftungs- und Kommunikationsberatung
Schönegg 6, 6300 Zug
Telefon 0041 41 710 93 86, Fax 0041 41 710 96 28
Internet: www.elisabortoluzzi.com

B+R Event AG
Thurgauerstrasse 105, 8152 Glattbrugg
Telefon 0041 44 955 96 66, Fax 0041 44 955 96 97
Internet: www.br-event.ch

FAF AG
Butzenstrasse 39, 8038 Zürich
Telefon 0041 43 444 74 44, Fax 0041 43 444 74 45
Internet: www.fagfag.ch

ISA International Sports Agency AG
Churerstrasse 35, Postfach 504, 9471 Buchs SG
Telefon 0041 81 750 60 00, Fax 0041 81 750 60 01
Internet: www.sportsagency.com

Schorno
Marketing Kommunikation
Winkelriedstrasse 27, 8006 Zürich
Telefon 0041 44 350 02 02, Fax 0041 44 350 02 04
Internet: www.schorno.ch

Sportart AG
Giesshübelstrasse 4, 8045 Zürich
Telefon 0041 44 497 10 70, Fax 0041 44 497 10 71
Internet: www.sportart.ch

sportlink & cie AG
Brambergstrasse 36, 6004 Luzern
Telefon 0041 41 417 02 40, Fax 0041 41 417 02 49
Internet: www.sportlinkandcie.ch

3 Marktforschungsinstitute

Deutschland

IFM Medienanalysen GmbH
Ohiostrasse 8, 76149 Karlsruhe
Telefon 0049 721 9126 00, Fax 0049 721 9126 0301
Internet: www.ifm-sports.com

Ipsos GmbH
Papenkamp 2–6, 23879 Mölln
Telefon 0049 4542 8010, Fax 0049 4542 801201
Internet: www.ipsos.de

pilot checkpoint GmbH
Grosse Reichenstrasse 27 – Afrikahaus, 20457 Hamburg
Telefon 0049 40 3037 660, Fax 0049 40 3037 6699
Internet: www.pilot.de

Sport+Markt AG
Luxemburger Strasse 299, 50939 Köln
Telefon 0049 221 4307 30, Fax 0049 221 4307 3111
Internet: www.sportundmarkt.de

Österreich

GfK Austria GmbH
Institut für Marktforschung GmbH
Ungargasse 37, 1030 Wien
Telefon 0043 1 7171 00, Fax 0043 1 7171 0194
Internet: www.gfk.at

Schweiz

gfs-zürich
Riedtlistrasse 9, 8006 Zürich
Telefon 0041 44 360 40 20, Fax 0041 44 350 35 33
Internet: www.gfs-zh.ch

GfK Switzerland AG
Obermattweg 9, 6052 Hergiswil
Telefon 0041 41 632 91 11, Fax 0041 41 632 91 23
Internet: www.ihagfk.ch

ZMS Monitoring Services AG
Kronenplatz 1, 5645 Aettenschwil
Telefon 0041 41 202 02 00, Fax 0041 41 202 02 09
Internet: www.zms.ch

4 Sponsoringrecht/Verträge

Deutschland

Greffenius, Zehle & Partner
Dr. Stefan Beulke
Ferdinand-Maria-Strasse 31, 80639 München
Telefon 0049 89 5484 370, Fax 0049 89 5484 3720

Österreich

Sport & Recht Fraczyk & Dimmy OEG
Dr. Manfred Dimmy
Schiessstattgasse 27, 2000 Stockerau
Telefon 0043 2266 656 97, Fax 0043 2266 656 9774
Internet: www.sportundrecht.at

Schweiz

Dr. iur. Daniel E. Gundelfinger
Rechtsanwalt und Event-Manager
Postfach 501, 8803 Rüschlikon
Telefon 0041 44 724 14 50, Fax 0041 44 724 14 66
Mail: gundelfinger@sponsorlaw.ch

Dr. iur. Stephan Netzle LL. M.
Wenger Plattner
Rechtsanwälte
Goldbach-Center, Seestrasse 39, 8700 Küsnacht-Zürich
Telefon 0041 43 222 38 00, Fax 0041 43 222 38 01
Internet: www.wenger-plattner.ch

5 Aus- und Weiterbildung

Auswahl Ausbildungsstätten, Universitäten und Hochschulen

Deutschland

AFK, Akademie Führung und Kommunikation
Aumühlstrasse 12, 61440 Oberusel
Telefon 0049 6171 287 928, Fax 0049 6171 287 918
Internet: www.afk-online.com

Bayerische Akademie für Werbung und Marketing
Orleansstrasse 34, 81667 München
Telefon 0049 89 4809 0910, Fax 0049 89 4809 0919
Internet: www.baw-online.de

Universität Bayreuth
Institut für Sportwissenschaft
Diplomstudiengang Sportökonomie
Universitätsstrasse 30, 95447 Bayreuth
Telefon 0049 921 553 460
Internet: www.sport-uni-bayreuth.de

Universität Bamberg
Fakultät für Sprach- und Literaturwissenschaft
Kapuzinerstrasse 16, 96047 Bamberg
Telefon 0049 951 8631 042, Fax 0049 951 8631 005
Internet: www.uni-bamberg.de

Universität Bielefeld
Fakultät für Psychologie und Sportwissenschaft –
Bachelor- und Master-Studiengang
mit dem Schwerpunkt Sportmanagement
Postfach 100131, 33501 Bielefeld
Telefon 0049 521 1065 122
Internet: www.uni-bielefeld.de

BiTS Business and Information Technology School gGmbH
Studiengang Sport & Event Management
Reiterweg 26b, 58636 Iserlohn
Telefon 0049 2371 7760, Fax 0049 2371 776503
Internet: www.bits-iserlohn.de

FH-Braunschweig/Wolfenbüttel
Fakultät Verkehr – Sport – Tourismus – Medien
Karl-Scharfenberg-Fakultät Salzgitter
Studiengang Sportmanagement
Karl-Scharfenberg-Strasse 55/57, 38229 Salzgitter
Telefon 0049 5341 8755 105, Fax 0049 5341 8755 1004
Internet: www.fh-wolfenbuettel.de

Christian-Albrechts-Universität zu Kiel
Neuere Deutsche Literatur und Medien
Kulturmanagement-Kurs
Leibnizstrasse 8, 24118 Kiel
Telefon 0049 431 880 2317, Fax 0049 431 880 3673
Internet: www.ndl-medien.uni-kiel.de

Deutsche Akademie für Public Relations DAPR
Platter Strasse 152 A, 65193 Wiesbaden
Telefon 0049 611 5317 663, Fax 0049 611 5317 664
Internet: www.dapr.de

Deutsche Sporthochschule Köln
Institut für Sportökonomie und Sportmanagement
Am Sportpark Müngersdorf 6, Institutsgebäude 3. Etage, 50933 Köln
Telefon 0049 221 4982 6140
Internet: www.sportoekonomie.biz; www.dshs-koeln.de

Deutsche Presseakademie
Friedrichstrasse 209, 10969 Berlin
Telefon 0049 30 4472 9500, Fax 0049 30 4472 9300
Internet: www.depak.de

European Business School EBS Campus Rheingau gGmbH, Oestrich-Winkel
Rheingaustrasse 1, 65375 Oestrich-Winkel
Telefon 0049 672 3991 250, Fax 0049 672 3991 255
Internet: www.ebs.de

Freie Universität Berlin
Institut für Publizistik- und Kommunikationswissenschaft,
Schwerpunkt Öffentlichkeitsarbeit
Garrystrasse 55, 14195 Berlin
Telefon 0049 308 385 3817, Fax 0049 308 385 7744
Internet: www.fu-berlin.de

Katholische Universität Eichstätt
Lehrstuhl Journalistik I und II
Ostenstrasse 26, 85072 Eichstätt
Telefon 0049 8421 930, Fax 0049 8421 931796
Internet: www.ku-eichstaett.de

Fachhochschule für angewandtes Management
Sport- und Eventmanagement
Bachelor-, Diplom-, Masterstudiengang
Am Bahnhof 2, 85435 Erding
Telefon 0049 8122 9559 480, Fax 0049 812 29559 4849
Internet: www.myfham.de

FH-Heidelberg
Studiengang Betriebswirtschaftlehre – Schwerpunkt Sportmanagement
Maassstrasse 26, 69123 Heidelberg
Telefon 0049 6221 881035
Internet: www.fh-heidelberg.de

Georg-August-Universität Göttingen
Fachbereich Publizistik und Kommunikationswissenschaft
Humboldtallee 32, 37073 Göttingen
Telefon 0049 551 397 210, Fax 0049 551 397 977
Internet: www.uni-goettingen.de

Hochschule Heilbronn/Künzelsau
Studiengang Sportmanagement, Bachelor- und Masterstudiengang
Daimlerstrasse 35, 74653 Künzelsau
Telefon 0049 7940 1306245
Internet: www.hs-heilbronn.de/studiengaenge/bk/studium

Universität Hamburg, Institut für Journalistik u. Kommunikations-
wissenschaft
Allende-Platz 1, 20146 Hamburg
Telefon 0049 40 4293 95448, Fax 0049 4293 92418
Internet: www.journalistik.uni-hamburg.de

FH-Koblenz
RheinAhrCampus Remagen
Studiengang Sportmanagement
Südallee 2, 53424 Remagen
Telefon 0049 2642 932281
Internet: www.rheinahrcampus.de

Hochschule für Musik und Theater Hannover
Institut für Journalistik und Kommunikationsforschung
Expo Plaza 12, 30539 Hannover
Telefon 0049 511 3100 497, Fax 0049 511 3100 400
Internet: www.hmtm-hannover.de

IST-Studieninstitut für Kommunikation
Reisholzer Herftstrasse 35, 40589 Düsseldorf
Telefon 0049 211 77 92 370, Fax 0049 0211 77 92 3727
Internet: www.ist-komm.de

Universität Leipzig
Institut für Kommunikations- und Medienwissenschaft
Lehrstuhl Öffentlichkeitsarbeit/Public Relations
Ritterstrasse 26, 04109 Leipzig
Telefon 0049 341 97108, Fax 0049 341 9730009
Internet: www.uni-leipzig.de

Universität Leipzig
Sportwissenschaftliche Fakultät
Studienschwerpunkt Sportmanagement
Jahnallee 59, 04109 Leipzig
Telefon 0049 341 9731600/601, Fax 0049 341 9731 699
Internet: www.uni-leipzig.de

Universität Mainz
Institut für Sportwissenschaft
Studienschwerpunkt Sportökonomie
und Sportmanagement
Albert-Schweitzer-Strasse 22, 55099 Mainz
Telefon 0049 6131 3923 506
Internet: www.sport.uni-mainz.de

Pädagogische Hochschule Ludwigsburg
Institut für Kulturmanagement
Reuteallee 46, 71634 Ludwigsburg
Telefon 0049 7141 140411, Fax 0049 7141 140693
Internet: www.ph-ludwigsburg.de

Universität Lüneburg
Fachbereich Angewandte Kulturwissenschaften
Scharnhorstrasse 1, 21314 Lüneburg
Telefon 0049 4131 6770, Fax 0049 4131 6771099
Internet: www.uni-lueneburg.de

Johannes-Gutenberg-Universität Mainz
Institut für Publizistik
Colonel-Kleinmann-Weg 2, 55099 Mainz
Telefon 0049 6131 392 2670, Fax 0049 6131 392 4239
Internet: www.uni-mainz.de

Ludwig-Maximilian-Universität München
Institut für Kommunikationswissenschaft und Medienforschung
Schellingstrasse 3, 80799 München
Telefon 0049 892 1809 428, Fax 0049 892 1809 429
Internet: www.uni-muenchen.de

Reinhold Würth Hoschschule
Lehrgang Betriebswirtscahft und Kultur-, Freizeit- und
Sportmanagement
Daimlerstrasse 35, 74653 Künzelsau
Telefon 0049 7940 13060, Fax 0049 7940 1306120
Internet: www.hs-heilbonn.de

Universität der Bundeswehr München
Institut für Produktionswirtschaft und Marketing
Werner Heisenberg Weg 39, 85577 Neubiberg
Telefon 0049 89 6004 4211
Internet: www.unibw.de

Westfälische Wilhelms-Universität Münster
Institut für Kommunikationswissenschaft
Bispinghof 9–14, 48143 Münster
Telefon 0049 251 832 4260, Fax 0049 251 832 1310
Internet: www.uni-muenster.de

Fachhochschule Pforzheim
Tiefenbronnerstrasse 65, 75175 Pforzheim
Telefon 0049 7231 285, Fax 0049 7231 286666
Internet: www.hs-pforzheim.de

Ruhruniversität Bochum
Fakultät Sportwissenschaft
Lehrstuhl Sportmanagement und Sportsoziologie
Stiepeler Strasse 129, 44801 Bochum
Telefon 0049 234 322 7793, Fax 0049 234 321 4246
Internet: www.rub.de

Technische Universität München
Fakultät Sport- und Gesundheitswissenschaft
Studienrichtung Sportökonomie und Sportmanagement
Connollystrasse 32, 80809 München
Telefon 0049 892 892 4601, Fax 0049 892 892 4636
Internet: www.sp.tum.de

Eberhard-Karls-Universität Tübingen
Institut für Sportwissenschaft
Bachelor- und Master-Studiengang Sportmanagement
Wilhelmstrasse 124, 72074 Tübingen
Telefon 0049 7071 297 2629, Fax 0049 7071 292 078
Internet: www.uni-tuebingen.de

Gemeinschaftswerk der Evangelischen Publizistik GmbH
Emil-von-Behring-Strasse 3, 60439 Frankfurt
Telefon 0049 69 5809 80, Fax 0049 69 5809 8100
Internet: www.gep.de

Deutsches Institut für Public Relations Hamburg (DIPR)
Moorfuhrtweg 11, 22301 Hamburg
Telefon 0049 40 2094 4505, Fax 0049 40 2094 4506
Internet: www.dipr.de

Hanseatische Akademie für Marketing und Management
Holsterplatz 20, 22765 Hamburg
Telefon 0049 40 4018 5232, Fax 0049 40 4018 5234
Internet: www.hhamm.de

Norddeutsche Akademie für Marketing und Kommunikation
Lange Laube 2, 30159 Hannover
Telefon 0049 5111 7211, Fax 0049 5111 5952
Internet: www.norddeutsche-akademie.de

European Business School Akademie Oestrich-Winkel
Intensivstudium Sportökonomie
Rheingaustrasse 1, 65375 Oestrich-Winkel
Telefon 0049 611 7102 1375
Internet: www.ebs.de

FAW gGmbH – Akademie Köln
Schönhauser Strasse 64, 50968 Köln
Telefon 0049 2213 764091, Fax 0049 2213 764040
Internet: www.faw.de

Institut für Kultur- und Medienmanagement (KMM)
Harvestehuder Weg 12, 20148 Hamburg 8
Telefon 0049 40 4284 82528, Fax 0049 40 4284 82666
Internet: www.kulturmanagement-hamburg.de

ISW Internationales Studienzentrum Wirtschaft
Salzstrasse 15, 79098 Freiburg
Telefon 0049 761 3809 990, Fax 0049 761 3809 9920
Internet: www.isw-freiburg.de

Ruhr-Universität Bochum
Sektion für Publizistik und Kommunikationswissenschaft
Universitätsstrasse 150, Gebäude GA, 44801 Bochum
Telefon 0049 234 322 2742, Fax 0049 234 321 4241
Internet: www.ruhr-uni-bochum.de

Universität Stuttgart
Institut für Sport und Bewegungswissenschaft
Diplom- und Bachelor-Studiengang Sportwissenschaft
mit dem Schwerpunkt Sportmanagement
Allmandring 28, 70569 Stuttgart
Telefon 0049 711 6856 3152, Fax 0049 711 6856 3165
Internet: www.sport.uni-stuttgart.de

Zentrum für Internationales Kunstmanagement (CIAM)
Rheinpalais, Konrad-Adenauer-Ufer 7, 50668 Köln
Telefon 0049 221 912 8181311, Fax 0049 221 9181319
Internet: www.ciam-koeln.de

Österreich

Universität Klagenfurt
Institut für Unterrichtstechnologie und Medienpädagogik
Vorlesungen zum Thema Public Relations
Universitätsstrasse 65–67, 9020 Klagenfurt am Wörthersee
Telefon 0043 463 2700 9200, Fax 0043 463 2700 9299
Internet: www.uni-klu.ac.at

Johannes Kepler Universität Linz
Institut für Handel, Absatz und Marketing
Altenberger Strasse 69, 4040 Linz
Telefon 0043 732 2468 9400, Fax 0043 732 2468 9404
Internet: www.jku.at

International Centre for Culture & Management ICCM
Gyllenstormstrasse 8, 5026 Salzburg-Aigen
Telefon 0043 662 4598 41-10, Fax 0043 662 4598 41-40
Internet: www.iccm.at

Universität Salzburg
Institut für Publizistik und Kommunikationswissenschaft
Schwerpunkt Öffentlichkeitsarbeit im Normalstudium
Kapitelgasse 4–6, 5020 Salzburg
Telefon 0043 662 80440, Fax 0043 662 8044214
Internet: www.uni-salzburg.at

Universität Wien
Institut für Publizistik und Kommunikationswissenschaft
Wahlfach PR im Normalstudium
Hochschullehrgang für Öffentlichkeitsarbeit
Dr.-Karl-Lueger-Ring 1, 1010 Wien
Telefon 0043 1 42770
Internet: www.univie.ac.at/de

Universität Wien
Institut für Kulturkonzepte
Zertifikatskurs Kulturmanagement
Gumpendorfer Strasse 9/10, 1060 Wien
Telefon 0043 1 5853 999, Fax 0043 1 5853 094
Internet: www.kulturkonzepte.at

Universität für Musik und Darstellende Kunst Wien
Institut für Kulturmanagement und Kulturwissenschaft (IKM)
Karlsplatz 2/II, 1010 Wien
Telefon 0043 1 71155 3401 oder 3402, Fax 0043 1 71155 3499
Internet: www.mdw.ac.at

Universität für angewandte Kunst Wien
Universitätslehrgang ECM
Oskar Kokoschka-Platz 2, 1010 Wien
Telefon 0043 1 71133 2752, Fax 0043 1 71133 2758
Internet: www.uni-ak.ac.at/ecm

Wirtschaftsuniversität Wien
Institut für Absatzwirtschaft, Vorlesungen zu PR im Normalstudium
sowie im Hochschullehrgang für Werbung und Verkauf
Augasse 2–6, 1090 Wien
Telefon 0043 131 3360, Fax 0043 131 336740
Internet: www.wu-wien.ac.at

Universität Wien
Institut für Publizistik- und Kommunikationswissenschaft
Master of Advanced Studies in Public Relations
Schopenhauerstrasse 32, 1180 Wien
Telefon 0043 1 4277 49334, Fax 0043 1 4277 49388
Internet: www.marspr.at

Business Circle
Andreasgasse 6, 1070 Wien
Telefon 0043 522 58200, Fax 0043 152 2582018
Internet: www.businesscircle.at

Schweiz

SPRI Schweizerisches Public Relations Institut
Ankerstrasse 53, Postfach, 8026 Zürich 4
Telefon 0041 44 299 40 40, Fax 0041 44 299 40 44
Internet: www.spri.ch

SAWI
Schweizerisches Ausbildungszentrum für Marketing,
Werbung und Kommunikation
Zentralstrasse 115 Nord, Postfach, 2500 Biel 7
Telefon 0041 32 366 70 40, Fax 0041 32 366 70 49
Internet: www.sawi.com

SKM – Studienzentrum Kulturmanagement
Universität Basel
Rheinsprung 9, 4051 Basel
Telefon 0041 61 267 34 74, Fax 0041 61 267 34 84
Internet: www.kulturmanagement.org

Universität Bern
Institut für Marketing und Unternehmensführung
Abteilung Marketing
Engehaldenstrasse 4, 3012 Bern
Telefon 0041 31 631 80 31, Fax 0041 31 631 80 32
Internet: www.marketing.imu.unibe.ch

Universität Freiburg
Lehrstuhl für Marketing
Departement für Betriebswirtschaftslehre
Bd. de Pérolles 90, 1700 Freiburg
Telefon 0041 26 300 87 65, Fax 0041 26 300 96 59
Internet: www.unifr.ch/market/de/lehre/marketingf.htm

Universität Basel
Wirtschaftswissenschaftliches Zentrum WWZ
Abteilung Marketing und Unternehmensführung
Petersgraben 51, 4051 Basel
Telefon 0041 61 267 32 22, Fax 0041 61 267 28 38
Internet: www.wwz.unibas.ch/weiterbildung/index.html

Université de Neuchâtel
Faculté des lettres et sciences humaines
Institut d'Histoire de l'Art et de Muséologie
Espace Louis-Agassiz 1, 2001 Neuchâtel
Telefon 0041 32 718 17 00, Fax 0041 32 718 17 01
Internet: www.unine.ch/lettres

Universität St. Gallen
Institut für Marketing und Handel
Dufourstrasse 40a, 9000 St. Gallen
Telefon 0041 71 224 28 20, Fax 0041 71 224 71 51
Internet: www.unisg.ch

Università della Svizzera Italiana
Facoltà di Scienze della Comunicazione
Via Giuseppe Buffi 13, 6904 Lugano
Telefon 0041 58 666 40 00, Fax 0041 58 666 46 47
Internet: www.usi.ch

Zürcher Hochschule Winterthur, Zentrum für NPO
Nachdiplomkurs Fundraising Management
Im Park, St. Georgenstrasse 70, Postfach 958, 8401 Winterthur
Telefon 0041 52 267 78 56, Fax 0041 52 268 78 55
Internet: www.fundraising-management.ch

Zürcher Hochschule Winterthur
Institut für Angewandte Medienwissenschaft IAM
Nachdiplomstudium Wirtschaftskommunikation
Zur Kesselschmiede 35, Postfach 805, 8401 Winterthur
Telefon 0041 58 934 77 12, Fax 0041 58 934 77 51
Internet: www.iam.zhwin.ch

Zürcher Hochschule Winterthur
Zentrum für Marketing Management
ZHW School of Management
St. Georgenplatz 2, Postfach 958, 8401 Winterthur
Telefon 0041 58 934 68 68, Fax 0041 58 935 78 97
Internet: www.ifu.zhwin.ch

Zürcher Hochschule Winterthur, Zentrum für Kulturmanagement
Im Park, St. Georgenstrasse 70, Postfach, 8401 Winterthur
Telefon 0041 58 934 78 54, Fax 0041 58 935 78 54
Internet: www.zhwin.ch/departement-w/zkm/index.php

HSA Hochschule für Soziale Arbeit Luzern
MAS-Programm Management im Sozial- und Gesundheitsbereich
Werftstrasse 1, Postfach 3252, 6002 Luzern
Telefon 0041 41 367 48 72, Fax 0041 41 367 48 49
Internet: www.fhz.ch

Universität Zürich
Executive Master in Arts Administration
Scheuchzerstrasse 21, 8006 Zürich
Telefon 0041 44 634 49 46
Internet: www.weiterbildung.unizh.ch/emaa/kontakt

Universität Zürich
Institut für Strategie und Unternehmensökonomik
Plattenstrasse 14, 8032 Zürich
Telefon 0041 44 634 29 86, Fax 0041 44 634 49 15
Internet: www.isu.unizh.ch/isusite/kontakt/index.html

Universität Zürich
Seminar für Publizistikwissenschaft
Andreasstrasse 15, 8050 Zürich
Telefon 0041 44 634 46 61, Fax 0041 44 634 49 34
Internet: www.ipmz.unizh.ch/home.html?/staff/index.html

ESB Europäische Sponsoring-Börse
Brunneggstrasse 9, Postfach 519, 9001 St. Gallen
Telefon 0041 71 223 78 82, Fax 0041 71 223 78 87
eMail: info@esb-online.com
Internet: www.esb-online.com

Die Reihenfolge der aufgeführten Ausbildungsinstitute, Agenturen und Verbände entspricht keiner Wertung. Alle Angaben wurden nach bestem Wissen ermittelt. Eine Haftung für die Richtigkeit der Informationen kann aber nicht übernommen werden. Die Aus- und Weiterbildungsprogramme können von Semester zu Semester ändern. Bitte setzen Sie sich direkt mit den einzelnen Universitäten, Hochschulen, Fachhochschulen und Instituten in Verbindung und fordern Sie die neuesten Kursunterlagen an.

Stand: Dezember 2010

Sponsoring-Bibliografie

Adjouri, Nicholas / Stastny, Petr: *Sport-Branding.* Mit Sport-Sponsoring zum Markenerfolg, Wiesbaden 2006, Gabler Verlag

Ahlert, Dieter / Woisetschläger, David / Vogel, Verena: *Exzellentes Sponsoring.* Innovative Ansätze und Best Practices für das Management, Wiesbaden 2007, Deutscher Universitätsverlag

Alberti, Elisabeth: *Sponsoring im Steuerrecht,* Frankfurt am Main 2001, Peter Lang Verlag

Bagusat, Ariane / Hermanns, Arnold (Hrsg): *Management-Handbuch Bildungssponsoring.* Grundlagen, Ansätze und Fallbeispiele für Sponsoren und Gesponserte, Berlin 2006, Schmidt Erich Verlag

Bagusat, Ariane / Marwitz, Christian / Vogl, Maria: *Handbuch Sponsoring.* Erfolgreiche Marketing- und Markenkommunikation, Berlin 2007, Schmidt Erich Verlag

Behrens, David: *Langfristige Unterstützung von Sportveranstaltungen* auf regionaler Ebene durch das Sponsoringengagement der Volkswagen Sportförderung, Hamburg 2007, Diplomica Verlag GmbH

Behrens, Nicole: *Kunstförderung als Marketinginstrument.* Sponsoring und Mäzenatentum von Banken und Sparkassen, Vorwort von Henry Keazor, Taunusstein 2004, Verlag Driesen

Bendixen, Peter: *Einführung in das Kultur- und Kunstmanagement*, Wiesbaden 2006, VS Verlag für Sozialwissenschaften

Beuerlein, Katharina: *Arts Sponsorship in the USA and Germany*, Saarbrücken 2007, VDM Verlag

Bischof, Roland: *Wie Profis Sponsoren gewinnen.* Basiswissen und Leitfaden für die Praxis, Göttingen 2007, BusinessVillage GmbH

Boochs, Wolfgang: *Sponsoring in der Praxis.* Steuerrecht, Zivilrecht, Musterfälle, Neuwied 2000, Luchterhand

Bortoluzzi Dubach, Elisa: *Stiftungen.* Der Leitfaden für Gesuchsteller, 2. Auflage, Frauenfeld / Stuttgart / Wien 2011, Verlag Huber

Bortoluzzi Dubach, Elisa: *Ein Plädoyer für das Kultursponsoring*, in: *50 Jahre VP Bank*, Vaduz 2007, VP Bank

Bortoluzzi Dubach, Elisa: *Kultursponsoring*, in: Armin Klein (Hrsg.), *Kompendium Kulturmanagement*, Handbuch für Studium und Praxis, München 2008, 2. Auflage, Verlag Franz Vahlen

Bortoluzzi Dubach, Elisa: *Die Peggy Guggenheim Collection in Venedig:* Eine Geschichte, eine Sammlung, eine Sponsoring-Strategie, in: Werner Heinrichs, Armin Klein, *Deutsches Jahrbuch für Kulturmanagement 2001*, Baden-Baden 2002, Nomos Verlagsgesellschaft

Bortoluzzi Dubach, Elisa: *Kultursponsoring heute und morgen:* Sind wir unterwegs zur Public Private Partnership? in: Armin Klein, *Innovatives Kulturmarketing*, Baden-Baden 2002, Nomos Verlagsgesellschaft

Bortoluzzi Dubach, Elisa: *Für eine neue Form des Kultursponsoring*, in: Prof. Norberto Gramaccini, Universität Bern, «*Nützt die Kulturförderung den Förderern?*», Frauenfeld/Stuttgart/Wien, 1999, Verlag Huber Frauenfeld

Böttcher, Jens Uwe: *Geld liegt auf der Strasse.* Fundraising und Sponsoring für Schulen, Neuwied, 2. Auflage 2009, Luchterhand Verlag/Wolters Kluwer

Brandt, Arno/Bredemeier, Sonning/Lange, Joachim/Jung, Hans-Ulrich: *Public Private Partnership in der Wirtschaftsförderung.* Firmenkundschaft, Finanzierung, Stuttgart 2007, Deutscher Sparkassenverlag

Breuer, Sabrina: *Projektfinanzierung in Non-Profit-Organisationen durch Fundraising oder Sozial-Sponsoring im Vergleich,* München 2007, Grin Verlag

Brockes, Hans-Willy: *Sponsoren gewinnen leicht gemacht.* Praxisleitfaden, Planegg/München 2008, Wrs Verlag

Bruhn, Manfred: *Sponsoring.* Systematische Planung und integrativer Einsatz, Wiesbaden 2003, Gabler Verlag Edition FAZ

Büter, Markus: *Sponsoring im Sport.* Untersucht am Beispiel von Unternehmenskommunikation und Profisport in Deutschland, München 2007, Grin Verlag

Cotting, Patrick: *Der Sponsoring- und Eventmarketing-Ansatz,* herausgegeben von Gerhard Wührer, Reihe Marketing-Studien, Linz 2000, Trauner Verlag

Deutsche Forschungsgemeinschaft Funding Ranking 2006, Weinheim 2007, Wiley VCH Verlag GmbH

Die Förderung von Kunst in den Kommunen. Kommunikationsformen, Willensbildung, Verfahrensweisen, Wolfenbüttel 2004, Bundesakademie für kulturelle Bildung

Domke, Rene: *Sport-Sponsoring.* Die Sonderwerbeform auf dem Vormarsch, München 2008, Grin Verlag

Elmenhorst, Jonas Peter Daniel: *Strategische Entscheidungen im Kunstsponsoring,* Mering 2008, Rainer Hampp Verlag

Fabisch, Nicole: *Fundraising.* Spenden, Sponsoring und mehr, München 2006, dtv

Fenger, Hermann/Göben, Jens: *Sponsoring im Gesundheitswesen.* Zulässige Formen der Kooperation zwischen medizinischen Einrichtungen und der Industrie, München 2004, C.H.Beck

Ferrand, Alain: *Routledge Handbook of Sports Sponsorship.* Sussessful strategies, New York 2006, Routledge Publishers

Fischer, Walter Boris: *Kommunikation und Marketing für Kulturprojekte,* Bern/Stuttgart/Wien 2001, Haupt Verlag

Fritzweiler, Jochen / Pfister, Bernhard / Summerer, Thomas: *Praxishandbuch Sportrecht*, München 2006, C.H.Beck

Fundraising Akademie (Hrsg.): *Fundraising.* Handbuch für Grundlagen, Strategien und Methoden, Wiesbaden 2008, Gabler Verlag

Fundraising: *46 Experten erläutern Kampagnen, Events, Sponsoring* u.v.m. Mit exakten Anleitungen und Medienworkshops, Stuttgart, 4.Auflage 2008, J.Fink Verlag

Gazdar, Kaeven: *Unternehmerische Wohltaten.* Last oder Lust?, Neuwied 2002, Luchterhand

Geckle, Gerhard / Zimmermann, Joachim: *Das grosse Spenden-ABC für Vereine.* Praxisratgeber mit CD-ROM, Braunschweig 2006, WR Verlag

Geld und Kunst – Wer braucht wen? Herausgegeben von Peter Bendixen und Ullrich H.Laaser (Schriften der Hochschule für Wirtschaft und Politik, Hamburg, Bd. 4), Leverkusen 2000, Leske & Budrich Verlag

Geyer, Oliver: *Einzelsportler-Sponsoring als Instrument der Unternehmenskommunikation*, Hamburg 2008, Verlag Kovac J.

Görsch, Markus: *Komplementäre Kulturfinanzierung.* Das Zusammenwirken von staatlichen und privaten Zuwendungen bei der Finanzierung von Kunst und Kultur, Berlin 2001, dissertation.de

Gregory, Alexander / Länge, Andreas: *Fundraising Baden-Württemberg*, Wasserburg 2005, AG SPAK-Bücher

Gregory, Alexander / Lindlacher, Peter: *Fundraising Bayern*, Wasserburg 2007, AG SPAK-Bücher

Gregory, Alexander / Lindlacher, Peter / Klinger, Karin / Damm Diethelm: *Fundraising Hessen*, Wasserburg 2006, AG SPAK Bücher

Grundmann, Frank: *Organisation von Sponsoring-Beziehungen.* Eine empirische Analyse interorganisationaler Prozesse im Sporteventsponsoring, Hamburg 2008, Verlag Kovac J.

Hagenstedt, Silke: *Sponsoring-Events.* Ist Erfolg messbar?, Saarbrücken 2008, VDM Verlag Dr.Müller

Haibach, Marita: *Handbuch Fundraising.* Spenden, Sponsoring Stiftungen in der Praxis, Frankfurt am Main 2002, Campus

Hartwig, Stefanie: *Chancen und Risiken der Nachwuchsförderung im Rahmen des Kultursponsoring*, OTA Hochschule Berlin, München 2007, Grin Verlag

Health Sponsoring, Symposium der Stiftung Immunität und Umwelt, herausgegeben von F. H. Kemper (Reihe Immunity and Enviroment, Bd. 12), München 2001, Urban & Fischer Verlag

Heigl, Norbert J.: *Vereine und Finanzen.* Einnahmen steigern, Sponsoren akquirieren, Ausgaben optimieren, Eibelstadt 2004, Lexika Verlag

Heinrichs, Werner / Klein, Armin: *Kulturmanagement von A bis Z.* 600 Begriffe für Studium und Beruf (Beck Wirtschaftsberater im dtv), München 2001, dtv / C. H. Beck

Heinze, Thomas: *Kultursponsoring, Museumsmarketing, Kulturtourismus.* Ein Leitfaden für Kulturmanager, Wiesbaden, 3. Aufl. 2008, Verlag für Sozialwissenschaften

Hermanns, Arnold / Marwitz, Christian: *Sponsoring.* Grundlagen, Wirkungen, Management, Markenführung, München 2008, Verlag Fanz Vahlen

Höltkemeier, Kai: *Sponsoring als Straftat.* Die Bestechungsdelikte auf dem Prüfstand, Berlin 2005, Duncker & Humblot Verlag

Hohn, Bettina: *Internet-Marketing und – Fundraising für Nonprofit-Organisationen*, Wiesbaden 2004, Deutscher Universitätsverlag

Huber, Frank / Matthes, Isabel / Vetter, Vanessa / Klatte, Faye: *Business goes Broadway.* Kultursponsoring und die Konsequenzen für die Kunst, Mainz 2008, Center of Market-Oriented Product Management der Universität Mainz

Innovatives Sportsponsoring. Behindertensport als Marke, hrsg. von Iris Herwald-Schulz, Saarbrücken 2007, VDM Verlag Dr. Müller

Kaiser, Rudolf: *Drittmittel, Sponsoring und Fundraising.* Rechtskonforme Finanzierung öffentlicher Aufgaben oder Einstieg in die Korruption?, Zürich 2008, Schulthess Juristische Medien

Kasper, Andreas: *Sozialsponsoring.* Eine rechtliche Bewertung unter besonderer Berücksichtigung des Sponsorings kirchlicher Werke und Einrichtungen, Reihe: Schriften zum Staatskirchenrecht, Frankfurt am Main 2004, Peter Lang Verlag

Keppner, Timo: *Sportlervermarktung.* Grundlagen, Management, Sponsorenakquisition, Saarbrücken 2006, VDM Verlag

Kemper Fritz H. (Hrsg.): *Health Sponsoring.* Symposium der Stiftung Immunität und Umwelt, München 2001, Urban & Fischer Verlag

Kiendl, Stephanie Caroline: *Markenkommunikation mit Sport, Sponsoring und Markenevents als Kommunikationsplattform,* Wiesbaden 2007, Deutscher Universitätsverlag

Klein, Armin: *Der exzellente Kulturbetrieb,* Wiesbaden, 2. Aufl. 2008, Vs Verlag

Klein, Armin: *Kultur-Marketing.* Das Marketingkonzept für Kulturbetriebe, München 2001, C. H. Beck / dtv

Klein, Armin (Hrsg): *Kompendium Kulturmanagement.* Handbuch für Studium und Praxis, München 2004, Verlag Franz Vahlen

Klein, Armin: *Leadership im Kulturbetrieb,* Wiesbaden 2007, Vs Verlag

Kocyan, Kirsten Birgit: *Rechtsprobleme des Hochschulsponsoring.* Eine Darstellung vor dem Hintergrund der Finanzierungsnot staatlicher Hochschulen und im Kontext aktueller Reformansätze im Hochschulwesen, Baden-Baden 2008, Nomos Verlagsgesellschaft

Kössner, Brigitte (Hrsg): *Der Österreichische Sponsoringführer,* Wien 2007, Initiativen Wirtschaft für Kunst

Kössner, Brigitte / Schwarz, Martin: *Sponsoringleitfaden für Klein- und Mittelbetriebe,* Wien 2007, Service-GmbH der Wirtschaftskammer Österreich

Krischan, Hertle: *Die Sponsorship-Scorecard.* Ein strategisches Marketinginstrument für das Sponsoringcontrolling, Saarbrücken 2007, VDM Verlag Dr. Müller

Kulturbranding 2. Konzepte und Perspektiven der Markenbildung im Kulturbereich, Hrsg. Steffen Höhne, Ralph Phillipp Ziegler, Leipzig 2009, Leipziger Universitätsverlag

Kulturmarken 2009. Jahrbuch für Kulturmarketing und Kultursponsoring, Alexander Branczyk, Hans-Willy Brockes, Thomas Düllo, Hans-Conrad Walter, Eva Neumann, Berlin 2008, Causales

Kunstsammlungen österreichischer Unternehmen, div. Autoren (Hrsg.), Wien 2008, KulturKontakt Austria

Lagae, Wim: *Sports Sponsorship and Marketing Communications.* A European Perspective, Reihe Financial Times, 2005, FT Prentice Hall

Landensperger, Cornelia: *Der Künstler zwischen Sponsoring und Mäzenatentum.* Die Bedeutung der privatwirtschaftlichen Kunstförderung für den künstlerischen Nachwuchs, Weimar 2002, VDG-Verlag

Lenz, Eric: *Sponsoring als Instrument der Marketing-Kommunikation,* München 2007, Grin Verlag

Leuteritz, Anja/Wünschmann, Stefan/Schwarz, Uta/Müller, Stefan: *Erfolgsfaktoren des Sponsoring.* Massansatz – Empirische Studie – Praxisleitfaden, Göttingen 2008, Cuvillier Verlag

Lexikon Public Relations: 500 Begriffe zu Öffentlichkeitsarbeit, Markt- und Unternehmenskommunikation, von Wolfgang Fuch und Franco P. Rota, München 2007, Deutscher Taschenbuch Verlag

Mauerer, Stefan: *So finden sie den richtigen Sponsor: Marktübersicht – Profi-Strategien – Vertragsgestaltung – Kreativ-Ideen – Profitieren von Prominenten – Szene- und Lifestyle-Sponsoring,* München 1992, Heyne

McGinness, Ryan: *Sponsorship.* The Fine Art of Corporate Sponsorship, Berkeley 2005, Ginko Press

Mährlein, Julia: *Der Sportler als Marke.* Entwicklung, Vorteile, Erfolgsfaktoren, Saarbrücken 2004, VDM-Verlag

Marketing und Vertriebspower durch Sponsoring. Sponsoringbudgets strategisch managen und refinanzieren. Hrsg. Karl von Braun, Dirk Huefnagels, Thomas Müller-Schwemmer, Gabriele Sorg, Berlin/Heidelberg/New York 2005, Springer Verlag

Marwitz, Christian: *Kontrolle des Sponsorings,* Wiesbaden 2006, Deutscher Universitätsverlag

Meraner, Edit: *Kunst und Oekonomie,* Innsbruck 2004, Studienverlag

Mückl, Norbert: *Sponsoring und Schenkungssteuer,* Marburg 2007, Tectum

Nufer, Gerd: *Event-Marketing und -Management.* Theorie und Praxis unter besonderer Berücksichtigung von Imagewirkungen, Wiesbaden, 3. Auflage 2007, Gabler, Deutscher Universitätsverlag

Öffentlichkeitsarbeit, Pressearbeit, Marketingkommunikation und Sponsoring für Verbände. Mit Beiträgen von Mario Nantscheff, Eva M. Oehrens, Wolfgang Orians, bearbeitet von Ulrike v. Kluthe-Preissler. Redaktion Brigitte Schorn, Remscheid, 2., erw. Aufl. 2000, Bundesvereinigung Kultur/Jugendbildung

Otten, Ralf Gerhard: *Sponsoring.* Erscheinungsformen, Rechtsgrundlagen und Bedeutung für die Finanzierung des öffentlich-rechtlichen Rundfunks, (Schriftenreihe des Instituts für Rundfunk-Recht der Universität Köln), München 2001, C.H.Beck

Park, Joo-Yeun.: *TV-Sponsoring.* Programmsponsoring des öffentlich-rechtlichen Rundfunks in Deutschland, Tönning 2004, Der Andere Verlag

Partikel, Andrea M.: *Formularbuch für Sportverträge.* Vereine und Gesellschaften, Dienst- und Arbeitsverhältnisse, Sportanlagen, Sportdienstleistungen, Veranstaltungen, Werbung und Sponsoring, München 2006, C.H.Beck

Peters, Martina: *Geld für Ihre Schule durch PR, Fundraising und Sponsoring,* Mülheim an der Ruhr 2008, Verlag an der Ruhr GmbH

Piesk, Susanne: *Kultursponsoring und Mäzenatentum in Hessen,* 2. Hessischer Kulturwirtschaftsbericht, Wiesbaden 2005, Hessisches Ministerium für Wissenschaft und Kunst

Pluschke, Ulrike: *Kunstsponsoring.* Vertragsrechtliche Aspekte, Berlin 2005, Erich Schmidt Verlag

Pol, Eusebia de: *Sponsoring-Guide.* Wer sponsert was?, Stuttgart 2004, Schäffer-Poeschel Verlag

Poloczek, Annika: *Unternehmensnahe Kulturstiftungen.* Nachhaltige Kulturförderung jenseits des Staates, Saarbrücken 2007, Vdm Verlag Dr. Müller

Priester, Markus: *Sponsoring.* Neue Wege der Zusatzfinanzierung im Eventmarketing, München 2005, Grin Verlag

Radloff, Jacob/Rettenbacher, Georg R./Wirsing Anja: *Fundraising.* Das Finanzierungshandbuch für Umweltinitiativen und Agenda 21-Projekte, in Zus. arb. m. Dtsch. Umwelthilfe, München 2001, oekom verlag

Ringe, Cornelius: *Popsponsoring.* Beiträge zu einer Theorie der Marketingkommunikation mit Popmusik und ihrer Stars, München 2009, Fischer, Reinhard

Schaub, Renate: *Sponsoring und andere Verträge zur Förderung überindividueller Zwecke*, Tübingen 2008, Mohr Siebeck Verlag

Scheske, Anja: *Social Sponsoring und Marketing-Events.* Plattform nachhaltiger Unternehmenskommunikation, Saarbrücken 2008, VDM Verlag Dr. Müller

Schilling, Lutz / Tielen, Ingo: *Sport und Wirtschaft.* Sportsponsoring in der Formel 1, 2005, Afra Verlag

Sellmann, Kristina: *Sponsoring und Fundraising an Schulen.* Eine Betrachtung von Chancen, Problemen und Beispielen, München 2007, Grin Verlag

Siebenhaar, Klaus: *Hauptsache Geld!?* Eigen- und Drittmittelfinanzierung in öffentlichen Kultur- und Medienbetrieben, Berlin 2008, B & S Siebenhaar Verlag

Sommer, Marc: *Kultursponsoring-Management.* Eine Darstellung am Beispiel des Theater Freiburg, Münster 2008, LIT Verlag

Spiller, Ralf: *Kultursponsoring.* Handelsblatt-Sonderdrucke, Düsseldorf 2005, Verlag Wirtsch. + Finanz

Sprengel, Rainer / Strachwitz, Rupert: *Private Spenden für Kultur.* Bestandsaufnahme, Analyse, Perspektiven, Stuttgart 2008, Verlag Lucius + Lucius

Steuerliche Behandlung von Spenden, Sponsoring und Werbung. Ein Leitfaden für Kunst und Kultur, hrsg. vom Kulturkreis der deutschen Wirtschaft im BDI e.V., Hamburg 2004, Kmm Service GmbH

Störmer Erik: *Hochschulsponsoring im Bereich des e-Learning.* Erstellung von Mindestanforderungen für ein erfolgreiches Sponsoring im e-Learning, Saarbrücken 2008, VDM Verlag

Stotlar, David K.: *Developing Successful Sport Sponsorship Plans,* (Sport Management Library), 2004, Fitness Information Technology

Strahlendorf, Peter: *Jahrbuch Sponsoring*, Hamburg 2007, New Business Verlag GmbH

Strahlendorf, Peter / Kruse-Anyaegbu, Anja / Wodzak, Yvonne: *Jahrbuch Sponsoring 2008*, Hamburg 2008, New Business Verlag GmbH

Thiele, Clemens: *Sponsoring*, Wien 2000, Manz'sche Verlagsbuchhandlung

Trebbe, Joachim: *Sponsoring im Schweizer Fernsehen.* Ergebnisse einer viersprachigen Programmanalyse, Bern/Stuttgart/Wien 2006, Haupt Verlag

Trosien, Gerhard/Dinkel Michael: *Forschung und Entwicklung im Sportsponsoring.* Sportmarketing, Sportveranstaltung, Sportrecht, Butzbach 2005, Afra Verlag

Troisen, Gerhard/Haase, Henning/Mussler, Dieter: *Huckepackfinanzierung des Sports.* Sportfinanzierung unter der Lupe, Schorndorf 2001, Hofmann Verlag

Troschke, Max von: *Unternehmen fördern Kunst.* Grundlagen, Analysen, Anwendung, Saarbrücken 2005, VDM Verlag

Urselmann, Michael: *Fundraising.* Professionelle Mittelbeschaffung für Nonprofit-Organisationen, Bern/Stuttgart/Wien, 4. Aufl. 2007, Haupt Verlag

Vereins-Wissen von A-Z. Das grosse Vereinslexikon für Ihre erfolgreiche Vereinsarbeit, Hrsg. Joachim Müller, Heinz-Wilhelm Vogel, Bonn 2008, VNR-Verlag für die Deutsche Wirtschaft

Von Abhängigkeiten und Überlebenschancen. Patienteninitiative und Sponsoring. Probleme, Modelle, Transparenzkriterien, Einf. von Evelyne Hohmann, Schriftenreihe der TSS-Informationsstelle, Theodor Springmann Stiftung

Weigel-Stollenwerk, Nicole: *Jugendverbände als Imageträger.* Sponsoring in der Jugendverbandsarbeit, eine Studie, Berlin 2001, RabenStück

Werbung und Sponsoring in der Schule. Schriftenreihe BWV, Berlin 2006, BWV

Weck, Bernhard: *Verfassungsrechtliche Legitimationsprobleme öffentlicher Kunstförderung aus wissenschaftlicher Perspektive* (Schriften zum öffentlichen Recht, Bd. 860), Berlin 2001, Duncker & Humblot

Wieand, Neil G./Poser, Ulrich: *Sponsoringvertrag, Reihe: Beck'sche Musterverträge,* Bd. 26, München, 3. Auflage 2005, Beck Juristischer Verlag

Wiedemann, Martin/Putzing, Peter: *Sportsponsoring.* Tipps und Tricks, Pfaffenweiler 2004, Wero Press

Wiedmann, Klaus/Thomas, Kilian/Reichenbächer, Kirsten: *Sponsoring von kommunalen Energieversorgungsunternehmen in Theorie und Praxis.* Ergebnisse einer empirischen Untersuchung, Hannover 2004, Universität, Lehrstuhl Marketing II, Marketing und Management

Will, Andreas: *Sponsoring in Klein- und Kleinstunternehmen.* Eine empirische Untersuchung unter besonderer Berücksichtigung des Sponsorings der Klein- und Kleinstunternehmen im Kammerbezirk der IHK zu Köln, München 2007, Grin Verlag

Zacher, Nicole: *Sponsoring:* Möglichkeiten und Grenzen einer Form der Kulturfinanzierung, München 2007, Grin Verlag

Zeller, Christa: *Sozial-Sponsoring.* Gewinnbringende Zusammenarbeit zwischen Kitas und Unternehmen, herausgegeben von Frank Jansen, München 2001, Don Bosco Medien

Fachzeitschriften

Sponsor's
Dekan-Laist-Strasse 17, D-55129 Mainz
Telefon 0049 6131 9583 636, Fax 0049 6131 9583 66
Internet: www.sponsors.de

Sponsor News
Kürbs Verlag
Elektrastrasse 17, D-81905 München
Telefon 0049 89 9209 1463, Fax 0049 89 9209 1462
Internet: www.sponsornews.de

Werben und Verkaufen
Verlag Werben & Verkaufen GmbH
Hultschiner Strasse 8, D-81677 München
Telefon 0049 89 2183 7999, Fax 0049 89 2183 7864
Internet: www.wuv.de

Horizont
Zeitung für Marketing, Werbung und Medien
Deutscher Fachverlag GmbH
Mainzer Landstrasse 251, D-60326 Frankfurt am Main
Telefon 0049 69 7595 01, Fax 0049 69 7595 2999
Internet: www.horizont.net

Horizont Sportbusiness Magazin
Deutscher Fachverlag GmbH
Mainzer Landstrasse 251, D-60326 Frankfurt am Main
Telefon 0049 69 7595 01, Fax 0049 69 7595 2999
Telefon 0049 69 7595 1946, Fax 0049 69 7595 1940
Internet: www.sportbusiness.horizont.net

Persönlich Blau
persönlich Verlags AG
Hauptplatz 5, Postfach 1260, CH-8640 Rapperswil
Telefon 0041 55 220 81 71, Fax 0041 55 220 81 77
Internet: www.persoenlich.com

Sponsoring extra
Jürg Kernen Fachverlag
Nydeggasse 17, CH-3011 Bern
Telefon 0041 31 311 70 75
Internet: www.sponsoringextra.ch

Sponsoring-Inside
ZMS Monitoring Services AG
Kronenplatz 1, CH-5645 Aettenschwil
Telefon 0041 41 202 02 00, Fax 0041 41 202 02 09
Internet: www.zms.ch

Stiftung und Sponsoring
Stiftung & Sponsoring Verlags GmbH
Möwenweg 20, D-33415 Verl
Telefon 0049 52 469 25100, Fax 0049 52 4692 1999
Internet: www.stiftung-sponsoring.de

Werbewoche
Medien & Medizin Verlag MMV AG
Neugasse 10, Postfach 1753, 8031 Zürich
Telefon 0041 44 250 28 30, Fax 0041 44 250 28 51
Internet: www.werbewoche.ch

Bibliografische Daten sowie Anschriften und Telefon/Faxnummern wurden mit Sorgfalt ermittelt, können sich aber von Jahr zu Jahr ändern.
Die aktuellsten Informationen und die letzten updates erhalten Sie in der Regel bei Ihrem Buchhändler oder aus dem Internet.

Stand: Dezember 2010

Testfragen
zum Basiswissen Sponsoring

Auf den nachfolgenden Seiten finden Sie insgesamt 65 Fragen aus dem Fachgebiet Sponsoring, aufgebaut nach den einzelnen Kapiteln dieses Buches. Die Fragen sollen Ihnen ermöglichen, nach der Lektüre des Buches einen Selbst-Test durchzuführen: Indem Sie die rechte Buchseite mit einem Blatt Papier abdecken, haben Sie immer die Möglichkeit, Ihr Basiswissen im Sponsoring selbst zu überprüfen.

Für Schnellleser stellen die Testfragen auch eine Kurzzusammenfassung des Buchinhaltes dar.

Fragen aus dem Kapitel 1

Die Problemdefinition

Weshalb betreiben
die meisten Unternehmen
Sponsoring?

- Branding
- Steigerung des Bekanntheitsgrades
- Imageprofilierung
- Steigerung des Goodwills
  in der Öffentlichkeit
  bzw. in der relevanten Zielgruppe
- Absatz/Umsatz-Steigerung

■ Gewinnmaximierung
■ Händlermotivation
■ Mitarbeitermotivation
■ Oft wird als Grund auch genannt:
Die Chance, ausgewählte Ziel-
gruppen mit grosser Wahrschein-
lichkeit zu erreichen

Welche Fragen stellen sich
Sponsoringnehmer,
bevor sie sich für Sponsoring
entscheiden?

■ Was macht unser Projekt unter
anderen oder ähnlichen «unique»?
■ Ist unser Projekt medienrelevant?
■ Welches sind die finanziellen
Erfordernisse?
■ Welches sind die Vorteile, die einem
Sponsor aus der Zusammenarbeit
mit uns erwachsen?
■ Sind unsere Leistungen mit den
finanziellen Bedingungen,
an die wir sie knüpfen, im Einklang?
■ Investiert ein Sponsor auch noch in
andere Formen der Kommunikation
mit vergleichbarem Preis-Leistungs-
Verhältnis?

Wie formulieren Sie
Ihr Sponsoringproblem?

Einige Möglichkeiten:
■ Indem Sie eine Arbeitsgruppe ein-
berufen und diese nach Möglichkeit
von einem fachlich ausgewiesenen
Moderator leiten lassen
■ Indem ein Projektverantwortlicher
ein Papier ausarbeitet, das nachher
in der Gruppe und im Unternehmen
in die Vernehmlassung geht
■ Indem dieses Grundlagenpapier
dann von einem/einer aussenstehenden Kommunikationsfachmann/
frau kritisch überprüft wird

Fragen aus dem Kapitel 2

Die Analyse der Ausgangslage

Welches sind fünf wichtige Kriterien, die wir als Gesponserter untersuchen, um ein «Produkteprofil» unseres eigenen Angebotes zu erarbeiten?

- Unsere Positionierung im Markt
- Die Ziele unserer Organisation
- Die Kommunikationsziele
- Die bestehenden Medienkontakte
- Die finanziellen Eckdaten

Welches sind die hard facts einer Wertvorstellungsanalyse Ihrer Organisation?

- Umsatz
- Absatz
- Spendeneingang
- Anzahl Mitarbeiter
- Anzahl Mitglieder

Wichtige Grundbedingungen einer erfolgreichen und langfristigen Zusammenarbeit zwischen Sponsor und Gesponsertem…

- Die Kompatibilität der beiden Unternehmenskulturen
- Die Übereinstimmung der Ziele
- Gut ausformulierte Spielregeln

Wie überprüfen Sie den Bekanntheitsgrad Ihrer Organisation?

- Durch Umfragen
- Durch qualitative Gespräche mit Vertretern der relevanten Zielgruppe, zum Beispiel
  – Behördenvertretern am Standort
  – Schlüsselkunden
  – Zwischenhändlern
  – Fachjournalisten

Wie überprüfen Sie das Image Ihrer Organisation?

Innerhalb der Organisation:
- Durch qualitative Gespräche mit Schlüsselpersonen
- Mitarbeiterbefragung
- Auswertung Personalfluktuation
- Teilnahme an Vorschlagswesen
- Fragebogen Hauszeitung usw.

Ausserhalb der Organisation:
- Auswertung von Presseclippings
- Umfrage unter Kunden, Händlern
- Qualitative Gespräche
  mit Zielgruppenvertretern usw.

Welches sind wichtige Trends im Umfeld Ihres Sponsoringproduktes?	■ Die juristischen Trends ■ Die ökonomischen Trends ■ Die technologischen Trends ■ Die ökologischen Trends ■ Die soziologischen Trends

Fragen aus dem Kapitel 3

Welche Sponsoren kommen für mich infrage?

Welche Kriterien beachten Sie, wenn Sie einen potenziellen Sponsor analysieren?	■ Reputation und Bekanntheit des Unternehmens ■ Seine Affinität zu unserem Sponsorship ■ Übereinstimmung der Zielmärkte von Sponsor und Gesponsertem ■ Geografische Nähe ■ Vermutete finanzielle Möglichkeiten
Was sollten Sie über Ihren potenziellen Sponsor wissen?	■ Name in korrekter Schreibweise ■ Adresse, Telefon, Fax ■ Ansprechpartner ■ Geschäftsfelder des Unternehmens ■ Produkte und Vertriebswege ■ Märkte, auf denen der Sponsor tätig ist ■ Anzahl Mitarbeiter ■ Besitzverhältnisse ■ Positionierung, Umsatzgrösse ■ Konkurrenten ■ Erfolge/Misserfolge

- Markt- und Werbestrategie
- Leitbild
- Marketingziele
- Sponsoringrichtlinien
- Sponsoringziele

Welches sind wichtige Motivationskriterien für ein Unternehmen, ein Sponsorship einzugehen?

- Interesse an unserer Zielgruppe
- Den gleichen Werten und Idealen verpflichtet?
- Bisherige Unterstützung gleicher oder ähnlicher Anliegen
- Günstiges Preis-Leistungs-Verhältnis für den Imagetransfer
- Persönliche Beziehungen

Einige Möglichkeiten, in Ihrem Sponsoringumfeld Monitoring zu betreiben...

- Durch systematisches Sammeln und Ablegen von Medienberichten, Beispielen, Dokumenten und Unterlagen
- Indem Sie mit Kollegen regelmässig entsprechendes Material austauschen
- Indem Sie lokal mit Journalisten, mit Verbänden, Vereinigungen usw. sprechen
- Indem Sie international Kontakte anknüpfen über Verbindungsbüros der Wirtschaft und Politik (Public Affairs, Lobbying)

Fragen aus dem Kapitel 4

Wie Sponsoren denken

Wo sind die Grundsätze der Sponsoringpolitik, für Sponsoren wie für Gesponserte, niedergelegt?

- In den Sponsoringrichtlinien

Worin liegt der Unterschied zwischen Sponsoringrichtlinien und Sponsoringkonzept?	■ Die Sponsoringrichtlinien sind die allgemeinen Guidelines für die Sponsoringpolitik, das Konzept ist die Umsetzung an einem konkreten Beispiel
Worauf sollten Sponsoring- richtlinien in einem Unternehmen aufbauen?	■ Auf die Unternehmensstrategie, auf die Corporate Identity, d.h., sie sollten kongruent sein mit den übergeordneten Unternehmenszie- len und abgestimmt auf die Marke- ting- und Kommunikationsziele
Welche Hilfsmittel erleichtern Ihnen die Implementierung der Richtlinien?	■ Richtlinien abgedruckt in der Hauszeitung und im Mitarbeiter- handbuch, Broschüre, Rundbriefe, Newsletter, Kurse und Seminare für leitende Mitarbeiter
Wie könnte die Gliederung eines internen Sponsoring- handbuches aussehen?	■ Titel, Untertitel, Impressum ■ Einführung ■ Unsere Sponsoringphilosophie ■ Unsere Sponsoringstrategie ■ Die Sponsoringformen, die wir wählen ■ Die Sponsoringmassnahmen ■ Die Verantwortlichkeiten ■ Sponsoring und Corporate Design ■ Die Sponsoring-Erfolgskontrolle ■ Anhang mit Musterverträgen und Prozessregelungen

Fragen aus dem Kapitel 5

Die Definition eines Sponsoringangebots

Wie eine Sponsoringofferte gegliedert sein sollte	■ Infos über den Sponsoringnehmer ■ Der Projektbeschrieb

- Ihre Sponsoringvision
- Die Zielgruppen
- Das Budget
- Die Kommunikationsvorteile
  für den Sponsor
- Die Leistungen
- Vorteile für den Sponsor
- Die Gegenleistungen
- Der Zeitpunkt
- Die Ansprechpartner
- Die Erfolgskontrolle

Was verstehen Sie unter
dem Gesetz der Subsidiarität?

- Die Abhängigkeit der Unterstützung von der Unterstützung
  des Projekts durch weitere Partner:
  Der Bund zahlt nur, wenn das Land
  zahlt, das Land zahlt nur, wenn die
  Kommune zahlt usw.

Was Sie nach innen tun sollten,
bevor Sie Ihre Sponsoringofferte
abschicken.

- Durch eine interne Vernehmlassung für Akzeptanz im Unternehmen sorgen

Was Sie nach aussen tun können…

- Die Offerte einem aussenstehenden
  Experten zur Begutachtung vorlegen, damit Sie letzte Schwachpunkte
  ausmerzen können

Fragen aus dem Kapitel 6

Die Sponsorensuche

In welchen Schritten können
Sie vorgehen, um Ihr Sponsoringangebot auf den richtigen
Schreibtisch zu bringen?

- Informationen über den Sponsor
  beschaffen
- Telefonisch Kontakt aufnehmen
- Angebot senden
- Telefonisch um einen Termin bitten
- Persönliche Präsentation

Wie laufen in vielen Unternehmungen die Entscheidungsprozesse im Sponsoring ab?

- Prüfung im Hinblick auf die Kompatibilität mit den eigenen Richtlinien
- Prüfung im Hinblick auf das Potenzial, das in der Sponsoringidee steckt
- Prüfung des Preis-Leistungs-Verhältnisses
- Nach der Prüfung von mehreren Angeboten: Entscheid
- Verhandlungen mit dem Gesponserten
- Vertragsabschluss

Wichtige Punkte Ihrer Checkliste für die Präsentation

- Wer sind Ihre Zuhörer?
- Wissen Sie, wer Ihrem Projekt positiv und wer ihm negativ gegenübersteht?
- Kennen Sie die Argumente Ihrer «Gegner»?
- Welche technischen Hilfsmittel benötigen Sie zur Präsentation?
- Haben Sie genügend Zeit zum Einrichten?
- Wie viele Kopien Ihres Angebots brauchen Sie?

Fragen aus dem Kapitel 7

Das Sponsoringkonzept

Die Grundsätze, nach denen ein Sponsoringkonzept aufgebaut sein sollte.

- Es soll umfassend, aber dennoch übersichtlich und konzentriert sein
- Es soll gut lesbar sein, auch für Leser ohne betriebswirtschaftliche Fachkenntnisse

Wie ist ein Sponsoringkonzept gegliedert?	■ Analyse der Ausgangslage ■ Schlussfolgerungen und Empfehlungen ■ Sponsoringvision ■ Zielgruppen ■ Ziele ■ Strategie ■ Sponsoringbotschaft ■ Flankierende Massnahmen ■ Budget ■ Erfolgskontrolle
Welches sind die wichtigsten Trends im unternehmerischen Umfeld?	■ Die wirtschaftlichen Trends ■ Die politischen Trends ■ Die sozialen Trends ■ Die juristischen Trends
Wie bauen Sie die Sponsoringstrategie auf?	■ Die generelle Strategie ■ Die Detailstrategie
Worin unterscheiden sich die Zielgruppen des Gesponserten?	■ Durch ihre Einstellung zu und ihr Verhalten innerhalb der verschiedenen Interessensgebiete
Der Grundsatz Ihrer Sponsoringzielsetzungen?	■ Klar umrissene, messbare Ziele setzen
Typische ökonomische Zielsetzungen für Sponsoringnehmer?	■ Sicherstellung der finanziellen Grundlagen für die Realisierung des angestrebten Projektes ■ Steigerung Eintritte in gesponserte Veranstaltungen ■ Anhebung der Mitgliederzahlen um x %

Typische psychografische Ziele für einen Sponsoringnehmer?	■ Profilierung der Institution oder des gesponserten Anlasses ■ Einbindung der Mitarbeiter in das Sponsoring ■ Job-Enrichement

Fragen aus dem Kapitel 8

Rechtliche Fragen im Sponsoring

Da der Sponsoringvertrag nicht als spezieller Vertragstyp geregelt ist, spricht man von einem …	■ Innominat-Vertrag
Gelten mündliche Abmachungen im Sponsoring genauso wie schriftliche?	■ Ja, auch mündliche Verträge haben ihre Gültigkeit
Was wird in einem Vertrag über Projektsponsoring geregelt?	■ Die Einzelheiten von Events, Medienaktionen, Wettbewerben, Produktionen im Bereich Buch- und Zeitschriftenproduktionen, Radio-, Video- oder TV-Produktionen
Was wird in einem Vertrag über Institutionelles Sponsoring geregelt?	■ Die Einzelheiten von Sponsorships zum Beispiel für kulturelle Einrichtungen wie Museen, Galerien, Ausstellungen, Bibliotheken, Theater, Musicalaufführungen, Kinos, Orchester, Vereine, Verbände, aber auch für Sportclubs, Sporteinrichtungen oder Universitäten, Hochschulen, Lehrstühle, Seminare, Forschungsprogramme usw.

Was wird in einem Vertrag über Personensponsoring geregelt?	◼ Die Einzelheiten von Sponsorships mit Protagonisten des Sports (Einzelsportler oder Mannschaften) oder der Kultur
Was sollten Sie als Sponsoring-nehmer abklären, bevor Sie einen Vertrag mit einem Sponsor unterschreiben?	◼ Ob Sie berechtigt sind, rechtsver-bindliche Verträge für Ihre Organisation zu unterschreiben ◼ Ob Sie zum Beispiel die Über-tragungsrechte vergeben können ◼ Ob Sie Rücksichten zu nehmen haben auf früher abgeschlossene Sponsoringvereinbarungen
Woran sollten Sie als Spon-soringnehmer im Kultur-sponsoring speziell denken?	◼ Ob Sie alle Möglichkeiten für Merchandising ausgeschöpft haben ◼ Ob Sie den Sponsoringvertrag so ausgestaltet haben, dass das Risiko einer Trivialisierung Ihres kulturel-len Anliegens sich in Grenzen hält
Woran sollten Personen denken, die sich – zum Beispiel als Sportler – sponsern lassen?	◼ Ob der Umfang des verlangten Kommunikationsaufwandes realistisch veranschlagt ist ◼ Ob die Wohlverhaltensklausel zumutbar ist ◼ Ob Sie an die Zusatzleistungen gedacht haben
Was sollten Sie tun, wenn Sie mit einer Sponsoringagentur zusammenarbeiten?	◼ Halten Sie alle garantierten Leistun-gen in einem Katalog fest. ◼ Halten Sie die Details der Honorar- und Spesenregelung schriftlich fest ◼ Halten Sie alle projektbezogenen Spezialregelungen schriftlich fest
Sind Sponsoringkonzepte juristisch schützbar?	◼ Nein

In welchen Bereichen berührt
Ihre Sponsoringarbeit
das Persönlichkeitsrecht?

■ Denken Sie an das Recht
am eigenen Bild,
an der eigenen Stimme ...

Wo könnten Sie mit dem
Urheberrecht in Konflikt geraten?

■ Denken Sie an die Schutzfristen
des Urheberrechts, wenn Sie in Ihrer
Kommunikation urheberrechtlich
geschützte Texte verwenden

Wo könnten Sie sich
Probleme mit dem Markenrecht
einhandeln?

■ Marken, Namen und Logos sind
geschützt. Ihr unautorisierter
Einsatz kann Sie teuer zu stehen
kommen

Wo bestehen Konfliktmöglich-
keiten mit dem Patentrecht?

■ Möglicherweise zum Beispiel beim
Einsatz von Merchandising

Wo sollten Sie speziell auf
die Bestimmungen zum Wettbewerbsrecht achten?

■ Möglicherweise beim Einsatz
von Verkaufsförderungs- und
Kommunikationsmitteln
wie Plakaten, Prospekten, Bandenbeschriftungen, Pressetexten usw.

Wo könnten Sie in Konflikt
geraten mit den öffentlich-rechtlichen Beschränkungen der
Handels-und Gewerbefreiheit?

■ Denken Sie an die Spezialbestimmungen betreffend Werbung auf
öffentlichem Grund oder Werbung
für Alkohol- oder Tabakprodukte

Welches sind die relevanten
Punkte im Bereich des Medienrechts?

■ Die Bestimmungen des Rundfunk-
und Fernsehgesetzes oder der
Europäischen Konvention über das
grenzüberschreitende Fernsehen

Wo sollten Sie die Bestimmungen
des Steuerrechtes kennen?

■ Bei der Absetzbarkeit von Ausgaben, bei der Abgrenzung zwischen
Spenden und Vergabungen,
bei Fragen der Mehrwertsteuer

Wo liegt Konfliktpotenzial
im Sponsoring?

- Bei fehlenden schriftlichen
  Abmachungen
- Bei mangelhafter Koordination
  zwischen den Sponsoren
  (Hauptsponsor, Co-Sponsoren)
- Bei nicht mehr vorhandenem Gleich-
  gewicht der Interessen zwischen
  Sponsor und Gesponsertem

Fragen aus dem Kapitel 9

Die Zusammenarbeit mit PR- und Sponsoringagenturen

Welches sind die Vorteile
einer Zusammenarbeit
mit einer externen Agentur?

- Entlastung der internen
  PR- oder Sponsoringmitarbeiter
- Einkaufen von Know-how
- Einkaufen von Beziehungen

Welches sind die kritischen
Punkte einer Zusammenarbeit
mit einer externen Agentur?

- Informationstransfer bedeutet oft
  auch Informationsverlust
- Informationen und Know-how ver-
  bleiben nicht im eigenen Betrieb
- Oft Problem der internen Akzeptanz
- Kosten

Welche Grundtypen von
Agenturen gibt es?

- Agenturen, die Beraterdienste
  anbieten
- Agenturen, die als Händler
  von Rechten auftreten
- Full-service-Agenturen

Was kann eine Sponsoring-
agentur für den Gesponserten
tun?

- Richtlinien und Konzepte erarbeiten
- Beratung
- Marktbeobachtung
- Medienberatung
  und Medientraining
- Full-Service als Sponsoring-
  generalunternehmen

Was kann eine Sponsoring-agentur für Sponsoren tun?	■ Richtlinien und Konzepte erstellen ■ Konkurrenzbeobachtung ■ Internationale Markt-einschätzungen ■ Umfeld-Scanning im Hinblick auf neue Talente ■ Planen, Koordinieren, Evaluieren von Massnahmen ■ Budgetverwaltung ■ Medienarbeit
Wie können Sie sich für die richtige Agentur entscheiden?	■ Aufgrund einer persönlichen Empfehlung ■ Nach einer Agenturpräsentation ■ Nach einer Konkurrenzpräsentation
Welche Punkte sollte Ihr Agentur-Briefing enthalten?	■ Informationen über Ihr Unternehmen ■ Informationen aus dem Marketing- und Kommunikationsplan ■ Zielgruppen und Zielsetzungen Ihrer Sponsoringaktivitäten ■ Einen Projektbeschrieb ■ Einen Zeitplan ■ Ein Budget ■ Die wichtigen Kontaktpersonen in Ihrer Organisation ■ Die wichtigen externen Kontaktpersonen ■ Eine Liste Ihrer Freunde und «Verbündeten» ■ Vorstellungen zur Erfolgskontrolle

Fragen aus dem Kapitel 10

Die Erfolgskontrolle

Welches sind die wichtigsten Ziele
der Erfolgskontrolle?

- Die Bewertung der Sponsoringarbeit
- Die Schaffung von Grundlagen
  für künftige Sponsoringaktivitäten
- Die Verbesserung der Rentabilität des Sponsorings
- Die Bewertung der Wirkungsintensität des Sponsorings

Welches sind die hauptsächlichsten Schwierigkeiten
bei der Erfolgskontrolle?

- Die grosse Zahl der Erschei-
  nungsformen des Sponsorings
- Die Wirkungsinterdependenzen
  zwischen den Kommunikations-
  instrumenten
- Die oft fehlenden einheitlichen
  Messkriterien
- Die Ausstrahlungseffekte
- Die verzögerte Wirkung

Welche Arten von Erfolgskontrollen
unterscheiden Sie?

- Das Sponsoring-Audit
- Die Prozesskontrolle
- Die Wirkungskontrolle

Welche internen Messverfahren
werden häufig angewendet?

- Mitarbeiterbefragung
- Qualitative Gespräche
  mit Mitarbeitern
- Messung Beteiligung
  am Vorschlagswesen
- Beurteilung Leserbriefe
  Hauszeitung
- Teilnahme an internen Motiva-
  tionsprogrammen
- Nutzung von Sponsoring-
  angeboten für Mitarbeiter

- Personalfluktuationsrate
- Rekrutierungserfolg
  bei Stellenbesetzungen

Welche externen Messverfahren
werden häufig angewendet?

- Umfragen
- Imageanalysen
- Bekanntheitsanalysen
- Analyse der Presseclippings
- Analyse der elektronischen
  Medien
- Analyse der Reaktionen
  aus der Zielgruppe
- Analyse des Markterfolges
- Qualitative Gespräche
  mit Opinion Leaders

Sponsoring-Glossar

Agentur

Sponsoringagenturen, Kommunikationsagenturen, die sich auf Sponsoring spezialisiert haben. Es wird unterschieden zwischen Agenturen, die Sponsoren und Gesponserten Beraterdienste offerieren, Agenturen, die als Händler von Nutzungsrechten auftreten (zum Beispiel Vermarktungsagenturen für Übertragungsrechte usw.) sowie eigentlichen Full-service-Agenturen, die von der Planung und Koordination bis zur Realisierung und Kontrolle von Sponsoringengagements umfassende Dienstleistungen anbieten.

Ambush-Marketing

Ambush-Marketing besteht darin, als Aussenseiter ohne Sponsoringengagement vom Image eines Anlasses bzw. eines Sponsorships zu profitieren. Dieses Problem zeigt sich primär bei grossen Sportveranstaltungen.

Audit

Als Sponsoring-Audit ist die Überwachung der Umsetzung aller Massnahmen eines Sponsorships unter dem Gesichtspunkt der Erreichung der Kommunikationsziele ein wichtiger Bestandteil der → *Sponsoring-Erfolgskontrolle.*

Banner

In der Regel querformatige und zumeist animierte Anzeigen (Werbetexte und Bilder). Wer in das Bild reinklickt, gelangt zur Homepage des Anzeigenkunden. Im Sponsoring sehr gut einsetzbar auf der Homepage von Veranstaltern, die ihren Sponsoren die Möglichkeit zur wirkungsvollen Ansprache gemeinsamer Zielgruppen geben wollen. Durch die Registrierung der Besucher der Website sind auch aufschlussreiche Kontrollmöglichkeiten eines Sponsoringengagements gegeben.

Bekanntheitsgrad

Messbare Grösse der Wiedererkennung eines Namens, eines Produktes, eines Unternehmens oder einer Organisation. Im Sponsoring und im Marketing durch Marktforschungsinstitute professionell ermittelt, u. a. durch qualitative Gespräche und durch Umfragen, welche die gestützten oder ungestützten Werte (d. h. spontane Bekanntheit oder Bekanntheit eines Produktes oder Namens bei Nennung mehrerer möglicher Namen) innerhalb und ausserhalb der Organisation feststellen.

Billboard

Der Kurzfilm, der das Sponsoringengagement in einem TV-Programm ankündigt und beendet. Billboards dauern in der Regel nur wenige, zum Beispiel in der Schweiz 4 bis 8, Sekunden und zeigen in bewegten und oft mit Ton unterlegten Bildern Situationen, die der Zuschauer mit dem Sponsor assoziiert. Billboards werden sowohl in den Studios der TV-Veranstalter als auch bei dafür spezialisierten externen Firmen produziert, müssen aber in jedem Falle vor der Ausstrahlung durch die TV-Veranstalter genehmigt werden. Die Anzahl der Ausstrahlungen, die Länge der Billboards sowie die Grösse und Platzierung von Reminders und Inserts werden im Mediensponsoring-Vertrag genau festgehalten.

Brandsponsoring

Das Sponsoring einer Marke. Liegt dann vor, wenn ein Sponsor nicht sein Unternehmen, sondern eine seiner Produktions- oder Handelsmarken ins Zentrum seiner Sponsoringaktivitäten stellt. Beispiel: Ein Grosskonzern, der neben vielen anderen Produkten auch Tennisrackets herstellt, profitiert dank Brandsponsoring vom dynamischen Image des Tennissports.

Brutto-Reichweite

Die Summe aller Kontakte, die eine Werbebotschaft in einem Medium bzw. in mehreren Medien erreicht. Sie wird folgendermassen berechnet:

Bruttoreichweite in Millionen:

Nettoreichweite in Mio × Anzahl der Durchschnittskontakte

Bruttoreichweite in Prozent (Gross Rating Point / GRP):

$$\frac{\text{Bruttoreichweite in Mio}}{\text{Basiszielgruppe in Mio}} \times 100$$

Button

Schaltfläche, bei deren Aktivierung durch einen Mausklick zum Beispiel eine Website oder ein Dokument geöffnet wird.

Cause-related Marketing

Aktivitäten des Marketings und der Verkaufsförderung, die von einem Sponsor entfaltet werden, die in einem unmittelbaren Zusammenhang mit den Aktivitäten des Gesponserten stehen und diesem ganz oder zu wesentlichen Teilen zugutekommen. Zum Beispiel Bonus-Punkte, die beim Kauf von Produkten abgegeben werden und die der Kunde zur Verbilligung des Eintritts in ein Museum einsetzen kann, wobei der Sponsor dem Gesponserten die Differenz zurückerstatten kann. Ein Gesponserter kann auf diese Weise ein neues Zielpublikum erreichen, ein Sponsor profitiert in seiner Kommunikationsarbeit vom Imagetransfer.

CD

Corporate Design, das visuelle Erscheinungsbild eines Unternehmens, einer Organisation oder eines Produktes, dessen Einzelheiten wie zum Beispiel Logo, Firmenfarbe, Grösse und Positionierung des Logos auf Briefpapier, Dokumenten, Produkten, Fahrzeugen, Gebäuden usw. in einem CI-Handbuch genau festgehalten werden.

Im Sponsoring überall dort sichtbar, wo ein Sponsorship zu kommunizieren ist: in Anzeigen, Foldern, auf Plakaten, Prospekten, Banden, Werbefahnen, in Form von Aufdrucken auf Kleidern, Geräten und Fahrzeugen, als Logo auf Internet-Homepages, als Insert auf TV-Trailern, in Spots und Billboards.

CI

Corporate Identity, das Selbstverständnis einer Firma oder einer Organisation, kommuniziert durch Produkte, Dienstleistungen, den werblichen Auftritt am Markt, den Service, der den Kunden geboten wird, aber auch geprägt durch Verhalten und Einstellung der Mitarbeiter, durch die Verantwortung eines Unternehmens gegenüber der Öffentlichkeit, dem Standort, der Umwelt, seiner Informationspolitik usw.

Alle Aktivitäten im Sponsoringbereich stützen sich ab auf die CI bzw. das im Rahmen eines CI-Prozesses erarbeitete und verabschiedete und in einem CI-Handbuch dokumentierte → *Leitbild* eines Unternehmens oder einer Organisation.

Corporate Sponsoring

Sämtliche Aktivitäten, die ein Unternehmen in allen Sponsoringbereichen entfaltet.

Co-Sponsor

Der oder die Sponsoren, die ein Sponsorship mit finanziellen- oder Sachmitteln unterstützen bzw. teilunterstützen. Co-Sponsoren werden gegenüber einem eventuellen Hauptsponsor in allen Bereichen des Sponsorships, je nach Grösse ihres Einsatzes und der Gesamtzahl der Sponsoren in zweiter oder nachfolgender Priorität behandelt, es sei denn, dass mehrere gleichberechtigte Sponsoren zusammen ein Sponsorship bilden.

Cross Promotion

Gemeinsamer Marktauftritt von mindestens zwei verschiedenen Produkten, die nach Möglichkeit in einem gemeinsamen Werbefeld zu finden sind.

Durchschnittskontakte (Opportunity to see OTS / Opportunity to hear OTH)

Die durchschnittliche Anzahl der Werbeanstösse, die eine Person bei mehreren Schaltungen erreichen. Sie wird durch folgende Formel ermittelt:

$$\frac{\text{Bruttoreichweite}}{\text{Nettoreichweite}}$$

Eps (Encapsulated Post Script)

Bilddateiformat für Vektor und Pixel-Daten.

Eventindex

Ermittelt die Mediensubstanz eines Anlasses mit folgender Formel:

$$\frac{\text{Übertragungsdauer in Sekunden} \times \text{Einschaltquote in Mio}}{1000}$$

Eventsponsoring

Das Sponsoring eines eigen- oder fremdinitiierten Anlasses, der einem Unternehmen ermöglicht, im Rahmen seiner Kommunikationsbemühungen in Kontakt zu treten mit ausgewählten Zielgruppenvertretern.

Exklusivsponsor

Der einzige Sponsor einer Veranstaltung oder eines Projektes bzw. derjenige Sponsor, der innerhalb eines Projektes Branchenexklusivität geniesst.

Facts and Figures

In einem Sponsoringangebot jener Abschnitt oder jene Beilage, die kurz und präzise Auskunft gibt über die wichtigsten Kennzahlen der Organisation: Gründungsdatum, Mitgliederbestand, Organisations- oder Unternehmensleitung, Umsatz/Absatz, Veränderungen gegenüber Vorjahren 1 bis 3 usw.

Fundraising

Das Organisieren von Spenden, Fördermitteln, Finanzen und Sachmitteln für verschiedenste, in der Regel gemeinnützige Zwecke.

Gegenleistungen

im Sponsoring sind in der Regel immer die Leistungen, die ein Sponsoringnehmer erbringt, also zum Beispiel das Recht der Übertragung von Ereignissen über Rundfunk und Fernsehen, das Recht dem gesponserten Anlass seinen (Firmen/Produkte-)Namen zu verleihen, das Recht, Bandenwerbung zu betreiben, das Recht, Werbeaufdrucke an Sportbekleidungen und Fahrzeugen anzubringen, das Recht, eine gesponserte Person für die Kommunikationsarbeit des Unternehmens einzusetzen, das Recht, sein Logo auf Plakaten, Prospekten oder in Büchern des Gesponserten abzudrucken usw.

Goodwill

Die positive Haltung, die die Öffentlichkeit oder ausgewählte Zielgruppenvertreter einem Unternehmen oder einem Produkt als Sponsor und/oder einer Organisation oder einer von ihr ausgelösten Aktion sowie Einzelpersonen entgegenbringt.

Hard facts

Im Sponsoring zum Beispiel bei der Erstellung der Wertvorstellungsanalyse aufgelistete, messbare Fakten wie Umsatzgrösse, Absatzzahlen, Spendenaufkommen, Anzahl Mitarbeiter, Anzahl Mitglieder usw.

Hauptsponsor

Derjenige Sponsor, der einem Sponsorship unter Einsatz der grössten finanziellen und Sachmittel die umfangreichste Unterstützung zukommen lässt und damit das Sponsorship dominiert. Er wird gegenüber den → Co-Sponsoren in den Bereichen Präsenz vor Ort, Branchenexklusivität, Kommunikation, Presse, Marketing, Verkaufsförderung, → Merchandising und → Cause-related Marketing bevorzugt.

HDTV (High Definition Television)

Neues Verfahren, bei dem dank einer fünffach vergrösserten Anzahl von Bildpunkten die Auflösung von Fernsehbildern extrem scharf ist.

Imageprofilierung

Die positive Beeinflussung des Aussenbildes einer Unternehmung oder Organisation. Sie stellt für einen Grossteil aller sponsoringtreibenden Firmen einen der Hauptgründe für ihr Sponsoringengagement dar.

Indexierung

Das Erarbeiten von statistischen Vergleichswerten, die es erlauben, die Veränderung in Bezug auf Messdaten wie zum Beispiel Besucherzahlen von Events, Einschaltquoten von Sendungen, Anzahl Presseclippings usw. zu messen. Dank der Indexierung ist es möglich, den Erfolg von Sponsorships zu bewerten.

Es wird unterschieden zwischen folgenden Indices:

→ Eventindex, → Zielgruppenindex, → Sponsorindex

Inserts

In das laufende Fernsehbild eingeklinkte unbewegte oder bewegte Abbildungen von Logos oder Erkennungszeichen, die auf den Sponsor einer Sendung hinweisen. → *Billboards*

Institutionelles Sponsoring

Sponsoring von Einrichtungen, zum Beispiel im Sportsponsoring (Stadionneubau, Umbau von Sportstätten, Unterhalt von Sportstätten, Übernahme von jährlichen Betriebskosten, Übernahme von Löhnen und Gehältern für Trainer eines Clubs, Übernahme der Kosten für Juniorenbetreuung, für Trainingslager eines Verbandes usw.). Im Kultursponsoring zum Beispiel jährliche Betriebsbeiträge an ein Theater, ein Museum, ein Orchester, ein Kino usw. Im Wissenschaftssponsoring in Form von Kostenübernahmen für einen Lehrstuhl, für ein Forschungsprogramm, für eine Bibliothek, für Lehrveranstaltungen, Symposien usw.

Interaktive Werbung

Sie erlaubt dem Fernsehzuschauer, sich beispielsweise über eine sogenannte d-box in ein interaktives Programm einzuloggen und so innerhalb eines Werbespots weitergehende Informationen über Produkte und Unternehmen abzufragen.

IPTV (Internet Protocol Television)

Ein Verfahren, das den Einsatz des Internets zum Transport grosser Datenströme erlaubt und damit TV-Programme internettauglich macht, d.h. interaktives und auf Abruf konsumierbares Fernsehen ermöglicht. Im Sponsoring dürfte sich IPTV vor allem im Sport etablieren.

Jingle

Melodie als Wiedererkennungszeichen, zum Beispiel zu Beginn und am Ende einer (gesponserten) Radio- oder TV-Sendung, im Rahmen eines Billboards oder eines Werbespots.

JPG (Joint Photographic Experts Group)

Das weltweit am weitesten verbreitete Standardverfahren zur Digitalisierung von Bildern im Web.

Kommunikation

im Sponsoring umschreibt alle kommunikativen Massnahmen, die dazu beitragen, ein Sponsorship gegenüber der angestrebten Zielgruppe bekannt zu machen, also zum Beispiel Rundbriefe an die eigenen Mitarbeiter, Mailings an Kunden, Flyers, Inserate, Plakate, TV-Spots usw.

Kommunikationsvorteil

Die Argumente in Ihrem Sponsoringangebot, die herausarbeiten, welche Vorteile einem Sponsor aus der kommunikativen Umsetzung des Sponsorships erwachsen.

Kontaktkosten

Ein Index der Marketing- und Sponsoringkosten-Nutzen-Kontrolle, bei dem die Projektkosten dividiert werden durch die Anzahl der erreichten Personen (= Brutto-Kontaktkosten) oder dividiert durch die Anzahl Personen in den für den Sponsor relevanten Zielgruppen (= Nettokontaktkosten).

Kultursponsoring

Sponsorships im kulturellen Bereich, bei denen Unternehmen Projekte der darstellenden und bildenden Künste, der Musik, des Theaters, des Kinos oder der Literatur fördern und vom Imagetransfer von Museen, Künstlern, Ausstellungen, Filmschaffenden, Theaterleuten, Musikern, Schriftstellern und Verlagen profitieren.

Die Sponsoringengagements bestehen dabei nicht nur aus Geldmitteln, sondern oft auch aus Sach- und Dienstleistungen, in der Bereitstellung von technischer Infrastruktur, im Ankauf von Tickets für Kunden und Mitarbeiter, in der Übernahme von Risikogarantien für Aufführungen, im Ankauf ganzer Vorstellungen, im Ankauf von Bildern, in der Übernahme von Stipendien für junge Künstler, in der Auslobung von Preisen und Auszeichnungen, im Engagement für Kunst-am-Bau-Objekte oder in der Unterstützung von Büchern.

Charakteristisch für das Kultursponsoring sind die oft leidenschaftlich geführten Diskussionen über die Gegensätze von Kunst und Kommerz im Spannungsfeld von Künstlern, von Industrie und Handel und dem im Kunst- und Kulturbereich zusehends sensibler reagierenden, überdurchschnittlich gebildeten und interessierten Zielpublikum.

Leistungen

im Sponsoring bestehen in der Regel immer aus Leistungen, die ein Sponsor erbringt, also zum Beispiel Geld, Sach- und Dienstleistungen. Jeder Sponsoringvertrag baut auf dem System von Leistungen und → *Gegenleistungen* auf.

Leitbild

Die in der Regel schriftlich niedergelegte Grundsatzerklärung eines Unternehmens, die Auskunft darüber gibt, was ein Unternehmen oder eine Organisation tut, was sie nicht tut, was sie will, wohin sie will und welches die Zielsetzungen der Führung bezüglich Leistungserstellung, Mitarbeiterführung und sozialer Verantwortung sind. Die Philosophie und das Selbstverständnis einer Unternehmung und einer Organisation beeinflussen den Entscheid für oder gegen Sponsoring und die Art, wie Sponsoring verstanden und gehandhabt wird.

Mäzenatentum

liegt dann vor, wenn eine Einzelperson, eine Unternehmung oder eine Organisation jemanden oder eine Einrichtung unterstützt, ohne dafür eine Gegenleistung zu verlangen. Mäzenatentum ist auch heute noch weiter verbreitet als angenommen.

Mäzenatentum ist hauptsächlich im kulturellen Umfeld anzutreffen und äussert sich dort zum Beispiel in Form von Finanzierung von Stipendien, Ausbildungsbeiträgen, Forschungsbeiträgen, der Übernahme von Ankäufen für Museen, Sammlungen und Bibliotheken. – Für den Begriff verantwortlich ist der Römer Gaius Clinius Maecenas (70–8 v. Chr.), Diplomat, Grundbesitzer, PR-Berater und Freund des Kaisers Augustus und oft als Urvater des Sponsorings bezeichnet. Obwohl immer wieder gesagt wird, dass Mäzenatentum im Stillen wirke, kennen die Autoren dieses Buches kaum einen bekannteren Mann in der Branche als Gaius Clinius Maecenas ... → *Fundraising*

Marketing

Nach Kotler: «Tätigkeiten, die darauf abzielen, Austauschprozesse zu erleichtern und zu fördern, durch die wiederum Bedürfnisse befriedigt und Wünsche erfüllt werden.» Nach Heribert Meffert: «Planung, Koordination und Kontrolle aller auf die aktuellen und potenziellen Märkte ausgerichteten Unternehmensaktivitäten, mit dem Zweck einer dauerhaften Befriedigung der Kundenbedürfnisse einerseits und der Unternehmensziele andererseits.»

Media Player

Audio- und Videoabspielgerät für Streaming-Media mit Funktionselementen wie zum Beispiel Wiedergabe, Vorlauf, Rücklauf, Pause usw. (siehe auch → *Real Player*). Im Sponsoring wichtig für den Einsatz von Begleitinformationen zu Sponsorships, vor, während oder nach laufenden Sponsoringengagements.

Medienpotenzial

Der voraussichtliche Umfang und die Intensität der Presse- und Medienkontakte sowie der daraus resultierenden Medienwirkung, die ein Sponsoringprojekt zu generieren vermag.

Ein Projekt mit hohem Medienpotenzial erreicht grössere Zielgruppen und erlaubt die Ansetzung entsprechend höherer Sponsoringtarife.

Mit Medienpotenzial wird auch die Gesamtmenge der in einem Unternehmen oder einer Organisation vorhandenen Medienbeziehungen bezeichnet, die in die Kommunikationsarbeit eines Sponsorships eingebracht werden kann.

Mediensponsoring

steht für alle Sponsoringaktivitäten, die Unternehmen oder Organisationen mit den Medien zusammen realisieren, zum Beispiel Sponsoring der Wettervorhersage im TV, Sponsoring der Zeitansage, Sponsoring von Unterhaltungssendungen, kulturellen Programmen und Sportübertragungen. Im Rundfunkbereich sind die Themen von gesponserten Sendungen oft im Umfeld von Konsumenten- und Produktinformationen anzutreffen.

→ *Billboard*

Merchandising

Der Handel mit Artikeln, die mit dem Gesponserten in unmittelbarem Zusammenhang stehen und die als Imageverstärker, Werbe- und Kommunikationsmittel zugunsten von Gesponsertem und Sponsor eingesetzt werden. Klassische Merchandisingartikel sind im Sportsponsoring etwa Maskottchen einer Fussballmannschaft oder im Kultursponsoring Gegenstände, die im Rahmen einer Kunstausstellung verkauft werden wie Poster, Karten, Bücher, Taschen, T-Shirts, Foulards usw.

Mobil-TV

Mini-TV als Zusatzmedium, dessen Bedeutung zum Beispiel in der Welt des Sponsorings in Zukunft steigen dürfte. Auch hier werden vermutlich zunächst Nutzungen im Bereich des Sports im Vordergrund stehen.

Mobile Mehrwertdienste

Handy-Klingeltöne, SMS-Services, Logos, Videostreaming usw. Diese Dienste bieten zum Beispiel Sponsoren und Sponsoringpartnern neue Möglichkeiten zur Kommunikation und/oder Refinanzierung von Sponsoringengagements durch das Übermitteln und Herunterladen von Informationen in Bild und Ton.

Monitoring

Die laufende Überwachung, Interpretation und Auswertung der Umfeldreaktionen und Umfeldveränderungen, die Rückschlüsse erlaubt auf künftige Entwicklungen. Im Sponsoring erlaubt das Monitoring zum Beispiel, frühzeitig die Veränderungen von Trends zu erkennen; zum Beispiel im Sportsponsoring einen Trend von den klassischen Skidisziplinen hin zu Snowboard oder Variantenskifahren, im Kultursponsoring das zunehmende Interesse an Musical-Aufführungen usw.

Nettoreichweite

Gibt darüber Auskunft, wie viele Personen, ohne Berücksichtigung der genauen Anzahl Kontakte, mindestens einmal von einer Werbebotschaft erreicht werden. Sie wird folgendermassen berechnet:

$$\frac{\text{Bruttoreichweite in Prozent}}{\text{Anzahl der Durchschnittskontakte}}$$

Neues Mäzenatentum

Das «Neue Mäzenatentum» ist vor allem im Bereich des Kultursponsorings anzutreffen. Es ist geprägt von folgenden Charakteristika:
1. *Stabilität:* Wichtig ist seine feste Verankerung in der Unternehmung als Verlängerung der humanistischen Auffassung von Kultur.
2. *Vorreiterrolle:* Das Neue Mäzenatentum unterstützt Kultur der allerbesten Qualität, Kunst, die Neues bringt, die schwierig ist und deshalb niemals Kunst für ein breites Massenpublikum sein kann.
3. *Visibilität:* Darin unterscheidet es sich von der herkömmlichen Form des klassischen Mäzenatentums: Was gemacht wird, wird kommuniziert.

4. *Nutzen:* Damit werden gleich zwei Ziele erreicht. Einerseits profitieren die Kulturinteressierten davon, andererseits ist ein deutlich formuliertes, sichtbar gemachtes und nach aussen kommuniziertes Engagement in der Kunst und Kultur für den Mäzen unternehmerisch interessant, dies nicht zuletzt, weil der Mäzen damit den Wünschen und Ansprüchen verwöhnter Kulturkonsumenten gerecht werden kann.

Nutzwertanalyse

Im Rahmen der Sponsoringprojektbeurteilung eingesetztes Prüfverfahren, das Aufschluss über das richtige Preis-Leistungs-Verhältnis geben kann. Die NWA umfasst die Analyse von «Muss-Kriterien» und von «Kann-Kriterien», wobei die einzelnen Punkte gewichtet werden. Die Multiplikation von Gewichtung und Note ergibt eine Punkteanzahl, der ein kalkulatorisch ermittelter Nutzwert zugeschrieben wird.

Ökosponsoring

Sponsorships im Umweltbereich, bei denen Unternehmen Projekte wie zum Beispiel Sicherung von Hochmooren, Schutz gefährdeter Landschaften, Erarbeitung wissenschaftlicher Grundlagen für die Errichtung von Schutzzonen, Massnahmen für den Schutz gefährdeter Tiere und Pflanzen usw. fördern. Für Unternehmen in umweltsensiblen Branchen wie Energie, Chemie, Transport und Tourismus bietet Ökosponsoring hervorragende Möglichkeiten der Profilierung und Alleinstellung. Die Einbindung von Mitarbeitern in gesponserte Umweltprogramme oder die Kommunikation des Ökosponsorings am Standort macht diese Form zu einer punkto Glaubwürdigkeit und unmittelbarer Überprüfbarkeit besonders sensiblen, deshalb aber auch besonders attraktiven Form des Sponsorings.

On-Screen-Zeit

Misst die Dauer der Sichtbarkeit eines Logos, einer Marke oder einer Werbebande am Bildschirm.

Overkill

Das Übermass an Präsenz, hier eines Sponsors, das dazu führt, dass man nicht mehr wahrgenommen bzw. übersehen wird.

Personensponsoring

Das Sponsoring von Einzelpersonen. Im Sportsponsoring zum Beispiel Spitzensportler, im Kultursponsoring zum Beispiel Kulturschaffende wie Musiker, vor allem Popstars, Filmer usw. Die Problematik des Personen-Sponsorings liegt unter anderem in der Verwendung von sogenannten «Wohlverhaltensklauseln» in den Verträgen und im Einfluss, den Sponsoren zum Beispiel auf die private Lebensführung, auf die Zeitplanung usw. der Gesponserten nehmen möchten.

Im Bereich von Sportlern und Kulturschaffenden kann der Erwartungsdruck, den Sponsoren gegenüber ihren Protagonisten haben, oft zu kontraproduktiven Erscheinungen und zur vorzeitigen Auflösung von Sponsoringverträgen führen.

Product-linked Sponsoring

Nach Kolarz-Lakenbacher/Reichlin-Meldegg wird der Begriff wie folgt definiert:

Product-linked: Enge Beziehung zwischen Sponsorship und Produkt. (Beispiel: Skihersteller sponsert Skirennfahrer)

Product Image linked: Enge Beziehung zwischen dem Image des Sponsorships und dem Produktimage. (Beispiel: Hersteller von Gesundheitskost sponsert Fitnesseinrichtung)

Corporate Image linked: Enge Beziehung zwischen dem Image des Sponsorships und dem Unternehmensimage. (Im Publikum breit abgestützte Versicherungsgesellschaft sponsert Breitensport)

Non linked: Keine Beziehung zwischen Sponsor und Sponsoringnehmer. (Beispiel: Stahlbaufirma sponsert Wetterprognose)

Produkteprofil

Eine Zusammenstellung aller Details, die das Besondere eines Produktes, hier auch eines Sponsoringobjektes, auflistet und so seine Alleinstellung gegenüber anderen Produkten oder Sponsoringobjekten dokumentiert.
→ *USP*

Profilierungsstrategie

Die Strategie, die darauf abzielt, zum Beispiel die Images verschiedener Sportarten den Eigenschaften eines Sponsors zuzuordnen. Beispiel: Eine Sportwagenfirma sponsert ein Tauchsportprojekt.

Projektsponsoring

Sponsoring von einzelnen, genau definierten Projekten, zum Beispiel im Rahmen des Kultursponsorings die Unterstützung eines Jugendmusik-Talentwettbewerbes, im Sportsponsoring die Förderung eines Camps für Nachwuchsspieler oder im Ökosponsoring die Förderung eines Waldlehrpfades am Rande eines Naturschutzgebietes.

Public Relations

Das Verhalten und die Gesamtheit der bewussten, geplanten und kontinuierlichen Bemühungen, in der Öffentlichkeit sowie bei direkt oder indirekt betroffenen Gruppen gegenseitiges Verständnis und Vertrauen aufzubauen und zu fördern. (nach Herzog)

PVR/Timeshifting (Digital Personal Video Recorder)

Ein Recorder, der das Überspringen von Werbung ermöglicht. Dem Sponsoring erwächst dadurch kaum eine Gefahr, da Werbung auf Banden und Trikots bei Direktübertragungen durch den Konsumenten nicht zu überspringen ist.

Reaktanz (negativ)

Die psychologisch negative Reaktion von Zielgruppen auf überdimensioniert angelegte Sponsoringaktivitäten.

Real Player

Erfindung und Entwicklung von Real Networks zum direkten Einspielen von komprimierten Video- und/oder Audiodateien (Streaming media), die nicht extra heruntergeladen werden müssen.

Reichweite

Die Anzahl der Käufer eines Produktes, die mit einem werblichen Medium oder mit einer Sponsoringaktivität erreicht werden können.

Reminder

Wiederholte kurze Ausstrahlung eines Billboards. → *Billboard*

Segmentierung

Die Aufteilung eines Marktes oder Teilmarktes nach verschiedenen Kundenmerkmalen. Beispiel: Der Getränkemarkt wird zwar in Teilmärkte, zum Beispiel für Soft-Drinks, für alkoholische Getränke, für warme oder kalte Getränke usw. aufgeteilt, segmentiert werden diese Märkte und Teilmärkte aber nach den Eigenschaften der Konsumenten, also zum Beispiel in Segmente für Familien, für Vieltrinker, für Geniesser, für Gesundheitsbewusste usw.

Soft facts

Im Sponsoring zum Beispiel in der Wertvorstellungsanalyse verwendete Fakten wie Goodwill der Organisation, der Mitarbeiter, der Mitglieder, Image, Betriebsklima usw.

Soziosponsoring

Die Unterstützung sozialer Anliegen und Projekte durch Unternehmen zum Zwecke der Steigerung ihres Bekanntheitsgrades und ihres Images. Formen des Soziosponsorings: Sponsoring von Umweltprojekten, von Projekten der Jugendförderung und der Altenhilfe, Unterstützung von medizinischen Projekten, von Rettungs- und Präventionseinrichtungen, Wissenschaftssponsoring, Projekte in den Bereichen Aus- und Weiterbildung. Soziosponsoring erreicht heute gerade in einem Umfeld, das dem Sponsoringgedanken kritisch gegenübersteht, eine höhere Akzeptanz als die meisten anderen Formen des Sponsorings. → *Ökosponsoring*

Sponsorindex

Misst die Wahrnehmung einer Logo-Platzierung in den elektronischen Medien mit folgender Formel:

$$\frac{\text{Einblendedauer der Bande pro Sendung} \times \text{Einschaltquote in Mio}}{1000}$$

Sponsoring

Der Austausch von Image und Goodwill gegen Geld, Dienst- und Sachleistungen, das heisst die gezielte und geplante Bereitstellung von Geld und Sachmitteln zum Zwecke der Unterstützung von Organisationen, Einrichtungen, Veranstaltungen, Medienbeiträgen und Ereignissen sowie Einzelpersonen und Gruppen im Austausch gegen die Partizipation an Image und Goodwill der gesponserten Einrichtungen, Organisationen und

303

Personen. – Sponsoring hat sich in einer Zeit der zunehmenden Skepsis der Konsumenten gegenüber den traditionellen Formen von Werbung und Marketing als Kommunikationsinstrument überall dort bewährt, wo ganz bestimmte Zielgruppen mit den herkömmlichen Mitteln des klassischen Kommunikationsmix nur noch schwer oder mit steigendem Aufwand zu erreichen sind. Die häufigsten Formen von Sponsoring:

- Kultursponsoring
- Mediensponsoring
- Ökosponsoring
- Soziosponsoring
- Sportsponsoring

Sponsoring-Erfolgskontrolle

Die Kontrolle eines Sponsoringengagements durch Kontrolle der Umsetzung beschlossener Massnahmen (→ *Audit*), durch die Prozesskontrolle, das heisst die Kontrolle des Ablaufs einer Sponsoringmassnahme oder die Ergebniskontrolle, die die erreichte Wirkung und die Wirtschaftlichkeit kontrolliert. Die Sponsoring-Erfolgskontrolle liefert wertvolle Daten für künftige Sponsoringengagements. Sie sollte idealerweise immer vom Sponsor und dem Gesponserten zusammen realisiert werden.

Sponsoringhandbuch

Ein Manual, in dem ein Sponsor/oder ein Gesponserter die Richtlinien seiner Sponsoringaktivitäten sowie die Prozessregelungen des Sponsoringeinsatzes festhält. Sponsoringhandbücher sind in der Regel nur für den internen Gebrauch bestimmt.

Sponsoringkonzept

Die detailgenaue Ablaufplanung einer Sponsoringaktion mit Informationen über das Sponsoringobjekt, die Sponsoringziele, Zielgruppen, Massnahmen, Budget, Termine, Verantwortlichkeiten und Kontrollen.

Sponsoringmassnahmen

Massnahmen, mit denen ein Sponsoringengagement umgesetzt wird. Der Katalog möglicher Massnahmen ist fast endlos. Ausschlaggebend für die Realisierung von Sponsoringmassnahmen sind deren Eignung für das Sponsorship an sich, deren Kommunikations- und Medienfähigkeit, das Preis-Leistungs-Verhältnis und die Praktikabilität in der Umsetzung. Daneben spielen natürlich Überlegungen wie die Alleinstellung gegenüber möglichen Konkurrenten, die Dauer der Wirkung, der optimale Einsatz zum Beispiel auch im Rahmen internationaler Strategien und die Beanspruchung personeller Ressourcen eine zunehmend wichtige Rolle. Bei den meisten Sponsoren geht der Trend weg von vielen, breit angelegten Massnahmenpaketen hin zu wenigen, aber breit kommunizierbaren, qualitativ hochstehenden und damit «risikoloseren» Sponsoringmassnahmen.

Sponsoringpyramide
Definiert die Kriterien der Vermarktung an Sponsoren eines Projektes. Es definiert die Auslegeordnung, die Pflichten und Rechte der einzelnen Sponsoren.

Sponsoringrechte
Veranstaltungsrechte, bzw. Titelrechte und Übertragungsrechte, d. h. die Nutzungs- und Verwertungsrechte, die ein Sponsor durch den Abschluss eines Sponsoringvertrages erwirbt.

Sponsoringrichtlinien
Das Grundlagenpapier zur Sponsoringpolitik eines Unternehmens oder eines Sponsoringnehmers. Die «Verfassung», die festhält, was ein Unternehmen im Bereich Sponsoring tun will und was es explizit nicht tun will. Für Sponsoringnehmer, vor allem im sensiblen sozialen Non-Profit-Bereich, sind Sponsoringrichtlinien die Leitlinien, die «Philosophie», die Richtschnur ihrer Sponsoringaktionen, die gegenüber Mitarbeitern, Mitgliedern, Gruppen oder der Öffentlichkeit zu vertreten sind.

Sponsoringstrategie
Das Vorgehen und der Mitteleinsatz, mit dem die angestrebten Sponsoringziele erreicht werden sollen, oft unterteilt in eine generelle Strategie und in eine Detailstrategie.

Sponsoringtarife
Im Sponsoring sollten nie fest fixierte Tarife zur Anwendung kommen. Sogenannte «Paket-Lösungen» oder «pfannenfertige Elemente» haben in der Tarifberechnung nichts zu suchen. Die Sponsoringtarife sollten dagegen aufgrund der mit jedem Sponsor individuell ausgehandelten Leistungen und Gegenleistungen individuell festgelegt werden. Die Höhe der Tarife wird von der Grösse der erreichten Zielgruppe und der Qualität der gebotenen Leistungen gleichermassen bestimmt.

Sponsoringvertrag

Mündliche oder besser schriftliche Vereinbarung zwischen Sponsor und Gesponsertem über die ausgehandelten Leistungen und Gegenleistungen im Rahmen eines Sponsorships. Die Grundlagen eines Sponsoringvertrages finden sich – da eine eigene Sponsoringgesetzgebung weder in Deutschland noch in Österreich oder der Schweiz existiert – im BGB (Deutschland), im ABGB (Österreich) und im OR (Schweiz).

Sponsoringvision

Ein wichtiger Bestandteil jedes Sponsoringkonzeptes. Die Sponsoringvision beschreibt in die Zukunft gerichtet den Zustand, den man dank des Einsatzes von Sponsoring in einem Zeithorizont von drei, fünf oder zehn Jahren erreichen will. Die Sponsoringvision soll zwar visionär sein, jedoch so ausgestaltet, dass sie nicht unerreichbar scheint.

Sponsoringziele

Klare und messbare Vorgaben, die mittels Sponsoring für Sponsoren und für Gesponserte zu erreichen sind. Es wird dabei unterschieden zwischen psychografischen Zielen (zum Beispiel Einbindung von Mitarbeitern, Kunden, Aktionären, Erreichen von Verhaltensänderungen bei dieser Zielgruppe) und ökonomischen Zielen wie zum Beispiel Sicherstellung der Finanzmittel für ein Projekt in Höhe von Euro x bis zum Zeitpunkt y, Steigerung des Absatzes von Produkten oder Zunahme von Mitgliederzahlen um x % usw.

Spotäquivalent

Es werden jene Sequenzen auf dem Bildschirm gemessen, in denen eine Sponsoringbotschaft sichtbar ist. Dieser Zeit werden die Kosten zugeordnet, die für eine zeitgleiche Präsenz am Bildschirm in Form von Werbespots aufgebracht werden müssten. Dieser Betrag ist zu gewichten, da die Werbewirkung im Sponsoring nicht mit derjenigen der Werbung zu vergleichen ist.

Sportsponsoring

Die am meisten angewandte Form des Sponsorings, bei der ein Sponsor Geld, Sach- oder Dienstleistungen zur Verfügung stellt, um Sportarten, sportliche Aktivitäten, Sportvereine, Mannschaften, Nachwuchssportler oder Einzelsportler zu fördern – und im Gegenzug dafür in seiner Kommunikationsarbeit von Image und Goodwill der Gesponserten profitieren kann.

Besonders markante Beispiele des Sportsponsorings sind zum Beispiel die Förderung ganzer Sportarten durch die Unterstützung von Jugendsportanlässen, die Förderung von Fussball- oder Radsportmannschaften, die massive Unterstützung von Einzelsportlern in imageträchtigen Sportarten wie Tennis oder Golf, die Übernahme des Patronates über international beschickte Leichtathletikmeetings, die Förderung von Nationalmannschaften, etwa im Skisport, durch Geld, Ausrüstung, Transport und Dienstleistungen oder die Stellung von Kommunikationsinfrastruktur bei Anlässen des Breitensportes.

Subsidiarität

Die Abhängigkeit der Unterstützung eines Projektes, zum Beispiel von der Kommune, von der Unterstützung des Projektes durch die Länder und durch jene des Bundes.

Titelsponsoring

Wenn ein Sponsor, bei mehreren Sponsoren in der Regel der Hauptsponsor, seinen eigenen Namen oder den seines Produktes dem Titel einer zu sponsernden Veranstaltung voranstellt: zum Beispiel Credit-Suisse Hallen Masters, Canon European Masters usw.

Triple Play

Der Einsatz von Internet, Telefonie und TV über eine Leitung, wie sie von Kabelnetzbetreibern und Telecom-Unternehmen angeboten wird. Die Entwicklung dürfte den Sportrechte-Markt in Bewegung bringen.

Umweltsponsoring

Sponsoring von Projekten aus dem Bereich Umwelt, Umweltschutz, Umweltpflege, Natur- und Tierschutz. → *Ökosponsoring*

USP

Unique selling proposition, das heisst die Alleinstellungsmerkmale, die ein Produkt, eine Dienstleistung oder hier ein Sponsoringengagement von anderen, vergleichbaren Engagements abhebt. → *Produkteprofil*

Verbote im Sponsoring

Grundsätzlich gilt die Regel, dass Unternehmen, die für bestimmte Produkte und an bestimmten Orten keine Werbung oder nur eingeschränkte Werbung betreiben können, auch Einschränkungen im Sponsoring unterliegen.

Vernehmlassung

Befragungsprozedere, bei dem den Mitgliedern einer involvierten Zielgruppe zum Beispiel ein Konzept, ein Grundlagenpapier oder ein anderes Dokument im Entwurf zur Begutachtung und Meinungsäusserung zugestellt wird.

Video on Demand

Auf Deutsch als «Abruf-Video» bekannt. Als Dienstleistung eingeführt, die es dem Nutzer erlaubt, jederzeit aus einer vorgegebenen Auswahl einzelne Videos abzurufen und abzuspielen.

Virtual Advertising

ist eine Technologie, die es erlaubt, bei TV-Übertragungen virtuelle Veränderungen am laufenden Bild vorzunehmen, d.h. zum Beispiel die Bandenbeschriftungen zu überblenden durch elektronisch eingearbeitete Logos oder Werbeaussagen, bzw. ganze Banden neu in ein TV-Bild einzuarbeiten. Die Technik ist so ausgereift, dass der Fernsehzuschauer die virtuellen nicht von den reellen Banden zu unterscheiden vermag.

Web-Casting

Zeitunabhängige Übertragung von Events auf dem Internet mithilfe eines neuen Computer-Empfangsgerätes. Web-Casting bietet dem Sponsor die Möglichkeit, zusätzliche Besucher auf seine Homepage zu bringen.

Web-Sponsoring

Web-Sponsoring besteht in der Zurverfügungstellung von Geld, Sachleistungen und Know-how vonseiten einer Unternehmung zugunsten der Website einer Organisation im Austausch gegen Image, um die Kommunikationsziele der Unternehmung zu erreichen. So wird der Sponsor auch in den Inhalt oder in die Nähe davon einbezogen. Im Internet geschieht dies meistens durch die fixe Integration des Sponsor-Logos im Erscheinungsbild der Web-Site bzw. in bestimmten Teilen einer Website (Rubriken, einzelnen Inhalten).

Werbung

Die gezielte und geplante Beeinflussung von Zielgruppen, mit dem Zweck, den Absatz von Produkten und Dienstleistungen zu fördern.

Zielgruppenindex

Misst das Zielgruppenpotenzial eines Events oder einer Sportart mit folgender Formel:

$$\frac{\text{Übertragungsdauer in Sekunden} \times \text{Reichweite in den relevanten Zielgruppen}}{1000}$$

Zielgruppenkontakte

Kontakte zu den für den Sponsor und den Gesponserten relevanten Personen.

Michael Urselmann

Fundraising

Professionelle Mittelbeschaffung
für Nonprofit-Organisationen

4. Auflage 2007. 288 Seiten, 80 Abbildungen, 13 Tabellen,
gebunden
CHF 58.– (UVP) / EUR 38.50
ISBN 978-3-258-07243-2

Dieses Buch liefert Ihnen einen systematischen Einstieg in professionelles Fund-raising. Es basiert einerseits auf den neuesten wissenschaftlichen Erkenntnissen zu Nonprofit-Management und Fundraising. Andererseits baut es auf der jahre-langen Praxiserfahrung des Autors aus über siebzig Beratungsprojekten auf. Dank seiner didaktischen Erfahrung aus langjähriger Lehr-, Seminar- und Vortragstätigkeit gelingt es dem Autor, alle wichtigen Aspekte modernen Fundraisings übersichtlich und leicht verständlich darzustellen. Die vierte Auflage ist nicht nur eine vollständige Überarbeitung und Aktualisierung der dritten Auflage. Sie umfasst vielmehr einen vollkommen neuen Teil zum Fundraising-Management einer Nonprofit-Organisa-tion. Zahlreiche Beispiele, Abbildungen und Tabellen veranschaulichen praxisnah, wie Fundraising mit Hilfe von Planung, Controlling und Qualitätsmanagement zielorientiert gesteuert werden kann. Auch Fragen der Innovation, Führung und Organisation des Fundraisings werden anschaulich erläutert. Ein umfassender Service-Teil nennt Vertiefungsliteratur sowie Adressen von Fachverbänden und Dienstleistern in Deutschland, Österreich und der Schweiz. Auch für kleinere Organisationen werden zahlreiche Tipps und Empfehlungen gegeben.

«Ein guter Überblick über die Aufgaben der Fundraiser!» *Financial Times*

«Urselmanns Buch ist ein Klassiker – wissenschaftlich fundiert und trotzdem in einer gerade auch für den Einsteiger lesbaren Sprache, vermittelt es die wertvollen praxisnahen Tipps, die einem Fundraiser die tägliche Arbeit erleichtern.»
Dr. Martin Gubser, Vizepräsident des Schweizerischen Fundraising Verbandes

 **Haupt Verlag** Bern · Stuttgart · Wien
verlag@haupt.ch · www.haupt.ch